U0351355

植物资源的
多维度应用与保护研究
ZHIWU ZIYUAN DE DUOWEIDU YINGYONG YU BAOHU YANJIU

吴金山　王亚沉◎著

 中国原子能出版社

图书在版编目（CIP）数据

植物资源的多维度应用与保护研究 / 吴金山, 王亚沉著. –– 北京：中国原子能出版社, 2017.7（2024.8重印）
ISBN 978-7-5022-8246-2

Ⅰ.①植… Ⅱ.①吴… ②王… Ⅲ.①植物资源 – 研究 Ⅳ.①Q949.9

中国版本图书馆CIP数据核字（2017）第168239号

植物资源的多维度应用与保护研究

出版发行	中国原子能出版社（北京市海淀区阜成路43号 100048）	
责任编辑	王　朋	
责任印刷	潘玉玲	
印　　刷	三河市天润建兴印务有限公司	
经　　销	全国新华书店	
开　　本	787毫米*1092毫米　1/16	
印　　张	14.75	
字　　数	256 千字	
版　　次	2017 年 11 月第 1 版	
印　　次	2024 年 8 月第 2 次印刷	
标准书号	ISBN 978-7-5022-8246-2	
定　　价	50.00元	

网址：http//www.aep.com.cn　　　E-mail:atomep123@126.com
发行电话：010-68452845　　　　版权所有　翻印必究

前　言

　　植物是人类赖以生存的物质基础，是发展国民的物质资源。但随着人类繁衍和进步造成了植物资源的迅速下降，生态环境恶化。人类不能为了从自然界中获取资源就肆无忌惮的开发自然，应该对人与自然和谐相处的途径进行积极探索。为此，植物保护与开发利用的最终目的应该是实现对这些濒危植物的可持续利用。

　　我国河流纵横，湖泊众多，气候多样，自然地理条件复杂，为生物及其生态系统类型的形成与发展提供了优越的自然条件，形成了丰富的野生动植物区系，是世界上野生植物资源最众多、生物多样性最为丰富的国家之一。但是，由于野生植物利用的范围不断扩大，经济发展严重破坏了野生植物的生存环境，使野生植物资源面临过度利用和生存环境恶化的双重危险。目前，我国野生植物物种和资源蕴藏量都急剧下降，并且有进一步恶化的趋势。据统计，在我国约有5000种植物处于濒危或受威胁状态,有些甚至已经灭绝。目前缺乏针对性强、明晰的野生植物管理法规和珍惜濒危植物保护机制，是造成各地在植物管理上比较混乱的重要原因之一。

　　为对野生植物的管理和珍惜濒危植物的保护进行深入研究，提倡可持续利用，为修订和完善野生植物资源保护与管理的相关政策及法律法规提供理论支持，以适应对野生植物资源可持续利用及管理的需要，作者在广泛研究了大量相关资料的基础上，结合了自身的实践经验和研究成果，撰写了《植物资源的多维度应用与保护研究》一书。

　　本书共有六章，内容具体安排如下：第一章是植物资源分布格局以及利用前景。从植物的分布格局、植物资源的属性与价值和植物资源的利用前景三方面进行描述。第二章是植物资源的保护。重点是我国植物资源的利用保护现状，人类发展与植物资源保护关系。第三章是当前影响植物资源发展的主要因素分析。从气候，人为，污染，生态链等因素对植物资源的影响进行分析。第四章是植物资源保护的具体实施对策。主要是进行一些宣传和出台相关的法律推行一些相关的保护项目对濒危植物进行重点保护等。第五章是野生植物资源的利用与保护研究。从生植物资源的种类与分布格局、我国野生植物资源现状分析评价和野生植物资源保护管理现状与对策三方面进行描述，并列举西北野生药用植物红茂草的例子进行分析。第六章是观赏植物资源的可持续利用。对观赏植物资源的可持续利用进行描述。

本书由海南大学吴金山、王亚沉共同撰写而成，具体分工如下：第二章、第三章、第五章由吴金山撰写；第一章、第四章、第六章由王亚沉撰写。

本书的写作汇集了作者辛勤的研究成果，值此脱稿付梓之际，深感欣慰。本书在写作过程中，虽然在理论性和综合性方面下了很大的工夫。但由于时间仓促，在专业性与可操作性上还存在着较多不足。对此，希望各位专家学者和广大的读者能够予以谅解，并提出宝贵意见，当尽力完善。

作　者

2017年6月4日

目　录

第一章

植物资源分布格局以及利用前景

第一节　植物的分布格局

植物地理学知识对于保护工作中决定在什么地方进行植物资源的保护至关重要。而了解形成植物分布格局的原因是问题的关键，为我们决定采取哪种最好的行动和方法提供了有用的信息。

一、植物的分布格局

在植物保护中有关地理学等方面的特征是一个主要的考虑因素。如果不掌握一些有关植物分布的知识，就不可能知道哪些植物正濒临灭绝。[1]除非知道某些植物资源分布在什么地方，否则就不可能做出明智的管理计划方案。保护的总体效果取决于我们对"什么地方是这种资源最广泛的分布区域？哪些地方是这种资源分布比较少区域？我们的重心将放在什么地方？"等问题的正确判断。

因为保护有多种目的，对于今天我们所看到的在自然条件和人为压力下所形成的植物分布格局进行考虑是非常有用的。自然分布格局是那些人类从未涉足的环境条件所存在的植物分布格局。尽管在揭示人类对植物地理分布上所造成的影响过程中，有很多问题还带有不确定性，但对于就地植物保护工作来说，保护植物的自然分布格局作为一个要素是非常重要的。

用于绘制植物物种分布图的粗略数据资料仅仅是有关这些植物出现在某个地方的记录，以文件档案、出版物和标本馆等形式长期保存。从事植物区系研究的学者，应该特别注意植物的分布地，如果条件允许的话，应用详细的地图和全球定位系统等仪器确定这些区域。在野外，可以鉴定出许多植物、能够使用植物志、标本馆以及分类学家分类的资料、鉴定植物的植物学家，是系统调查和记录一个地区植物区系组成的核心力量。当一些记录和种类存在质疑时，保存在标本馆中的植物标本允许对后来采集到的标本记录进行再确认。

野外植物学家通常喜欢去那些比较容易到达的地方，因此，关于植物种类的记录就不一定能准确地反映出它们的真实分布状况。出于记录的目

---

[1] KALEMA H,BUKENYA-ZIRABA R.Patterns of plant diversity in Uganda [J]. Boplogiske Skrifter,2005,55:331-341.

的，可以将一个地区划分为几个小的区域，注意现有的记录中植物是如何分布的，然后安排去那些已经被研究过的地方以做进一步记录，这样就可以对整个地区的植物分布状况有一些全面系统的了解。研究框架中所设计的区域通常位于一定的政治或行政的边界范围之内，这样也有许多好处，如得到当地人的认可、获得当地植物学家的支持，他们会因为是"他们自己的植物"感到骄傲，因此乐意贡献他们的知识。[1]记录的地区面积应该大体相当，这样可以通过将大一些的政治或行政单元划分为两个或更多的小区域来完成。这个方法瓦特森（Watson）曾于1874年使用过，为了记录植物，他将不列颠群岛一些较大的郡县进一步细分，建立他的"次县"体系。另外一个鼓励系统记录的方法也是一种可以使统计分析变得更加容易的方法，那就是将一个区域划分为无数的小区域，像在英国用来绘制植物区系分布图的做法那样，将整个区域划分为10km×10km的小区域。[2]

　　植物保护工作中的野外调查通常是调查植物在当地的分布情况。这样做有多方面的作用。第一，调查的结果可以为物种的保护现状提供信息；第二，这种调查可以揭示研究地区植物分布的总体格局，为保护规划提供有用的信息；第三，当考虑如何平衡植物多样性保护与植物资源利用之间的关系时，这些关于植物资源分布和数量的信息是非常有用的。

　　在野外植物调查中，会经常用到样方法。样方通常是一些比较小的区域，根据所记录的植物特征和相关的环境变量来设计其大小。在采用样方法之前，首先要确定样方的数量、样方设置的位置、样方大小、形状和记录的内容等指标。这些指标的确定取决于工作的具体目的、取样的难易程度、取样时间以及其他可利用的资源，还有统计学家的建议。决定在什么地方取样是至关重要的。这一点可以从当地知识（特别是有丰富的当地知识的人）那里获取一些有用的信息，如有关植被分布格局的航空照片或卫星影像资料、可能影响植物种类分布的各种因素的假设。进行当地项目时，还应该包括植被类型、植被的演替阶段、海拔高度、坡向和坡度等信息。[3]统计学家（尤其是那些从未参加过野外工作的）提倡随机取样来设计样地的位置。但总体上来说，随机取样在许多情况下很难或不可能实施（例如，比较密集的森林中或陡峭的区域）。取样也是比较耗时的，有时

[1] JONSELL R. Swedish provincial Floras – a survey of their history and present status [J]. Watsonia, 2003, 24: 331–336.

[2] PRESTON C D.Perceptions of change in English county Floras, 1660–1960[J]. Watsonia, 2003, 24: 287–304.

[3] TUXILL H, NABHAN G P.People, plants and protected areas [M].Earthscan, London, 2001.

也会造成当地合作者对工作兴趣的降低。分层随机取样可能更受欢迎。在这种情况下，根据已有的知识将一个区域有目的地划分为更小的单元，然后在每一个小的单元中进行随机取样。科学知识和当地知识都可以用来决定如何进行一些区域的划分。在热带地区的许多植物保护工作中，沿着样带一定间隔进行取样的方法是一种被广泛推荐的方法。[1]

在进行植物分布的调查研究中，如果有当地居民的参与，调查效率将会大大提高。其中一个好处就是记录工作可以常年展开，因为一些物种只在某些季节才出现或可能进行识别，所以当地人参与是非常有用的（比如由于开花的季节性）。对植物有某种特别兴趣的当地居民作为调查工作的合作者对调查工作更有意义。他们可能是当地植物历史、用途及管理方法的活信息库。他们的知识可以有助于确保新的管理计划切实可行。

"赤脚分类学家"（Parataxonomist）这个术语通常用来形容当地熟知植物的村民，尤其是那些生活在热带农村地区的当地人，他们对于植物多样性编目和评估贡献特别大。[2]"赤脚分类学家"经过专业植物学家的培训后，不仅可以按分类学要求采集当地植物的标本，有时还可以根据形态对这些标本进行分类，给植物数据库提供有用的信息。在人与植物项目中，有一个在马来西亚沙巴基纳巴卢实施的民族植物学研究项目（Projek Etnobotani Kinabalu，PEK），在这个项目中就雇用了"赤脚分类学家"，这是一个有关知晓当地植物的"赤脚分类学家"的典型例子。这次工作的结果在增加植物区系方面的知识上十分鼓舞人心，类似这样的研究（方法上稍有改进以适应当地的情况）应该在世界其他植物区系的科学信息比较缺乏的地区进行尝试。

"赤脚分类学家"对某些国家的植物区系知识的积累贡献很大，像澳大利亚、瑞典和英国等国家，一部关于英国和爱尔兰植物区系的新版地图包含了上百万个记录，它就是基于政府部门和自愿者机构共同合作完成的。一些业余植物学家（他们中有些是与协会有联系的，如大不列颠植物协会）提供了很多记录。[3]由于自然历史的传统，业余植物学家在世界上大部分地区数量都很少，但不能就认为当地没有人对植物多样性感兴趣。对

[1] CUNNINGHAM A B.Applied ethnobotany: people, wild plant use and conservation [M]. Earthscan ,London,UK,2001.

[2] BASSET Y, NOVOTNY V, MILLER S E,et al.Conservation and biological monitoring of tropical forests：the role of parataxonomists [J].Journal of Applied Ecology , 2004,41:163−174.

[3] PRESTON C D,PEARMAN D A,DINES T D.New atlas of the British and Irish flora [M].Oxford University Press,Oxford,UK,2002:210.

当地植物资源依赖程度很高的农村人拥有丰富的当地的植物知识，如对植物的种类、分布、用途以及管理方法。研究表明，生活在中国西双版纳农村的傣族人可以识别出分布在森林中和庭园内80％以上的植物物种。[1]传统医生通常是当地居民中最有植物知识的人。

　　采用两种或多种方法对一个地区的植物分布格局进行调查可以得出一些互为补充的信息。在坦桑尼亚乌桑巴拉山脉东部进行的以保护为目的的植物分布格局调查研究的例子中，研究者同时采用了两种不同的方法。一个研究方法包括在山脉的不同坡面设置3个样带，并沿海拔梯度等间隔地设置小样方，这种方法对于许多植物学家来说很熟悉，在每一个样方内，详细记录植物种类组成，同时对环境因素（如土壤类型以及人为干扰状况）也做了观察，这样可以对植物区系调查结果进行合理的生态学解释。另外一个研究方法是林业工作者通常使用的用以确定商业木材储藏量的调查方法，尽管在本研究中已经扩展到所有的乔木（不仅仅是木材树种），这一调查项目涉及沿样带上的大量取样和快速记录，样方只设置在那些可以"进入"（能够进行机械砍伐）的地方，所以这种调查与其他调查相比显得不够全面。图1-1展示了如何利用定量分类技术将第二种方法中取样资料划分成不同的林地类型，图中的字母代表了根据海拔、人类活动的影响程度和其他特征划分出的林地类型，除了揭示5种森林类型的分布情况外，同时也对它们所包含的地方物种数量进行了分析。对于那些分布完全局限在乌桑巴拉东部的当地特有种，或者是几乎局限于此地的、接近于本地特有的物种，比起那些广布种来说，其保护的权重更大。总而言之，本项工作的成果被用来建议在该山脉建立一个自然保护区，这一地区相对来说还处于人为破坏不太严重的地区，而且也是许多特有种集中分布的区域。这个地方位于此山脉中的主峰东南面，多多少少包含在阿马尼—塞格（AmaniSigi）森林保护区内（该保护区当时已存在了）。该地区也是乌桑巴拉山脉东部向四周低地提供水资源的地方。建立新自然保护区的建议已经获得批准，随后阿马尼（Amani）自然保护区就成立了。[2]

[1] WANG J,LIU H,HU H,et al.Participatory approach for rapid assessment of plant diversity through a folk classification system in a tropical rainforest:case study in Xishuangbanna, China [J].Conservation Biology ,2004,18: 1139-1142.

[2] HAMILTON A C,SMITH R. Forest conservation in the East Usambara Mountains,Tanzania [M]. IUCN,Gland, Switzerland, and Cambridge,UK,1989.

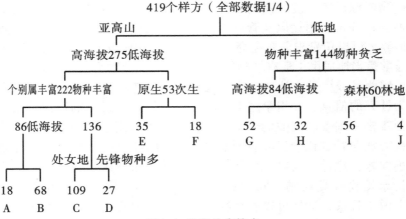

图1-1 定量分类技术

注：双跨度 TWiNSPAN（往返指示物种分析）是一种用于样方分类的计算机程序，分类主要依据为样方中所记录的物种．首先将所有样方分为两类（在此例中，将样方分为两组，分别包含275个和144个样方），然后再分成4组，依次方式直到最后。上图中 A 至 I 为森林类型，J 为林地。

二、植物的进化

植物物种是一个短暂的现象，有其来源、生活史直到最后的消亡。当新的遗传变异出现在一个现有的物种种群之中时，就出现了一个新的物种。染色体加倍现象完全可以发生在一个世代内。一般情况下，这种杂交的后代是不育的，因为染色体在减数分裂期间不能正常配对，但是如果染色体的数目杂交后刚好成倍，那么后代植株就可能是可育的（因为染色体可以配对）。据估计，有30%～80%的高等植物有多倍体来源，其中许多是由亲缘关系较远的类群之间杂交来。[1]大量的作物（包括小麦）都是异源多倍体（不同物种之间杂交而得的多倍体）。[2]

近年来通过多倍化所形成的物种具有异常的自交能力，它们不需要与其他个体进行异花受精来产生可育的种子或孢子。当该物种适宜生存的范围较大时，这种自交能力可以增强它们的竞争能力，因为它们可以产生对其生存环境具有较高生态适应性的基因型。这种多倍体没有它们相应二倍体植株的缺点。多倍体定居的成功例子之一是蕨类植物铁角蕨

[1] CHASE M. Consequences of polyploidy [J] .Kew Scientist, 2001, 3: 3.

[2] ARNOLD M L. Natural hybridization and the evolution of domesticated, pest and disease organisms [J]. Molecular Ecology, 2004 , 13:997-1007.

（Asplenium），该属植物在上一个冰期末从南方的生物避难所一直到北欧都有广泛分布。铁角蕨属中欧洲的50个种中有一半是二倍体，而另一半是多倍体。二倍体曾被认为是多倍体的来源，多多少少只限定在地中海盆地生长，那里被认为是冰河时代的温暖适宜的生物庇护所。它们大部分通过有性繁殖后代，传播蔓延的能力很小。相反，多倍体却散布在整个欧洲大陆，包括不列颠群岛和斯堪的纳维亚半岛，已经从上个冰河期末从南欧扩散到了北方，表现出很强的自我受精能力。[1]

近年来，细胞器官研究基因和蛋白质的分子学研究已经极大地推动了人类对有关植物起源以及它们如何与其他生命形式相互联系等问题的认识。这些发现对已经确立的植物进化观点提出了挑战。我们现在知道，大多数真菌属于一个单独的进化群，与动物的关系比植物更紧密一些。但有个例外就是卵菌（Oomycota）的一些类群，它们传统上被划分在真菌中，但事实上，它们与植物的关系比动物更近。从最初的绿色植物到有花植物（被子植物），形成了许多进化分支，它们依次为绿藻类、苔藓类、石松类、蕨类和裸子植物。将有花植物分为单子叶植物和双子叶植物的经典分类现在从进化角度来看是一种误导，应该是单子叶植物来自于双子叶植物。被子植物早期分化出两条线路，即在新苏格兰生长的灌木安柏木（Amborella）和睡莲（莲科），然后是4个小科组成的小组：澳泊树科（Austrobailevaceae）、八角科（Illiciaceae）、五味子科（Schisandraceae）和特里梅科（Trimeniaceae）。木兰亚纲[樟目（Laurales）、木兰目（Magnoliales）、胡椒目（Piperales）和冬兰目（Winterales）]是一群被子植物，是从被子植物的主干上早期分化出来的。双子叶植物的大部分归为真双子叶类（eudicot），它本身分为两部分：菊亚纲（asterids）[包括菊科（Asteraceae）、唇形科（Lamiaceae）、茜草科（Rubiaceae）和其他科]，以及蔷薇亚纲（Rosids）[包括十字花科（Brassicaceae）、豆科（Fabaceae）、蔷薇科（Rosaceae）和其他科）。令人吃惊的分子学研究发现，松叶蕨植物（Psilotum）与瓶儿小草（Ophioglossidae）相关，而不是从化石记录中所知的是维管植物的后代，像松叶蕨（Psilotophytes）。裸子植物买麻藤目（Gnetales）中的三个不同寻常的[麻黄属（Ephedra）、买麻藤属（Gngrum）和二叶树属（Welwitschia）]属于一个进化群（elade），这个进化群很接近松科（Pinaceae）[冷杉属（Abies）、松属（Pinus）等]。这两个群和其他所有松类植物完全不同[柏属（Cupress）、

[1] VOGEL J C,RUMSEY F J,SCHNELLER J J,et al.Where are the glacial refugia in Europe? Evidence from pteridophytes[J].Biological Journal of the Linnean Society, 1999,66: 23-37.

水杉属（Metasequoia）、红豆杉属（Tarus）等]，就像传统植物学家所认为的松叶蕨与有花植物联系不是很紧密。

三、决定植物格局的因素

植物在地球上的分布并不均衡。决定植物物种分布的因素有两类，即现代环境因素和历史因素。现代环境因素包括气候、土壤类型以及海拔高度（作为一种与气候和其他相关因素相关联的因素）等因素，以及小范围的生态过程（如林窗的形成和生态演替）。历史因素指的是植物进化和较大范围的生态过程，包括与此相关的主要气候变化过程。

气候是一种在大尺度上限定植物可以在什么地方生长的最重要的现代环境因素。随着纬度和海拔高度的变化，一些主要植物区系组成也呈现出梯度变化，即随着纬度和海拔高度的增加，植物种类数量呈现下降趋势。土壤因素对于决定区域性的物种分布非常重要，像在石灰石和碱性岩石附近分布有明显不同特征的植物种类，有时在十分狭窄区域分布许多特有种类。[1]植被和土壤不断重复的变化格局在地球上的很多地方都很明显，如一座山的山顶、山坡和山谷三个不同地方，都有着各自特殊的物种组合。湿地植被更是与众不同的一类植被类型，其变化与土壤层的变化、周期性的水淹和水质的酸度有很大关系。

现在地球上植物分布的方式有着漫长而复杂的历史，先是新物种的出现，然后是在新物种继续蔓延到新地方和在当地灭亡两种情况之间不断地变化。自然地理条件的变化（例如大陆漂移、山脉上升，以及海平面和气候的变化）影响植物的地理分布格局。在历史上，有些地方特别有利于一些新物种的形成。

了解现代物种形成的中心对于植物保护方案的确定很有用处。在南美，安第斯山脉北部阻止物种迁移的障碍，加上一些植物的零星分散，为物种的形成创造了理想条件。这个形成物种的温床在植物保护中是必须优先考虑的。现在需要做的是沿着安第斯山脉东坡建立保护区网络，这样就可以伴随着物种的形成而对植物的多样性和它们的生境进行保护。与此相反，在亚马逊低地，优势物种是广泛分布的古老植物，所以保护区的确切位置就不那么重要了。一个好的策略应该是建立覆盖区域比较广的保护

---

[1] MAY R M. Understanding diversity in the natural world and in higher education[J].Bulletin ofthe British Ecological Society，1998：8-9.

区，较少的强调保持原始的环境，而更多的强调可持续利用。[1]

可以根据植物区系的差异性来进行全世界地理区域的划分。根据这种划分原则，全世界可以划分为5个植物区系区：泛北极区、新热带区、古热带区、好望角植物区和澳大利亚区。这种划分的顶点是5个植物区——泛北极区、新热带区、好望角植物区和澳大利亚区。该划分方法让我们关注到南非一个很小的地区，那里植物种类非常独特，这里就是好望角植物区。这种划分也说明了与近赤道地区以及南方大陆上的植物区系成分相比，北方温带地区（北美的北部和欧亚大陆北部都位于泛北区）植物区系组成相对具有一致性。尽管南半球大陆分离已经很久了，但是一些植物的相似性仍然存在，因此人们认为这是由于四处分散的南方大陆有它们共同的祖先。这一"冈瓦纳大陆"（Gondwanaland）类群都能在澳大利亚、南非和南美这些大陆中的两个或更多的地区生长，这些类群包括山龙眼科（Proteaceae）和帚灯草科（Restionaceae）、南洋杉（Araucaria）和南山毛榉（Notbofagus）。

热带美洲、非洲和亚洲的植物区系组成上有很大的区别。非洲和亚洲在一些共有的科和属的组成上相对来说比较相似，但仍然有一些大的差异。在东南亚的许多森林中，龙脑香科（Dipterocarpacese）的植物是常见的，然而在非洲雨林中却没有这些植物（仅个别亚种零零星星地出现在一些非洲林地中）。热带美洲最具特征的两个科，即凤梨科（Bromeliaceae）和仙人掌科（Cactaceae），在旧世界植物区中也存在，更不用说很少见的附生仙人掌（Rhipsalis）（在非洲和斯里兰卡有分布）。从遗传学研究中发现，很多植物能够穿越大洋。例如，有20%的亚马逊地区乔木植物属于南美植物群，这些植物在100万年前南美形成陆地之后就已经定居了。[2]然而，在物种水平上，非洲的热带森林植物区系和南美洲的几乎没有共同之处，当然也有几个例外，包括森林树种酸渣树（楝科，Carapaprocera）、灰李树（蔷薇科）（Parinari excelsa）和猪李（藤黄科）（Symphoniaglobulifera）。[3]

[1] FJELDSA J, LOVETT J C. Biodiversity and environmental stability[J]. Biodiversity and Conservation, 1997, 6: 315—323.

[2] WOODWARD F l, LOMAS M R, KELLY C K. Global climate and the distribution of plantbiomes[J]. Philosophical Transactions of the Royal Society B, Biological Sciences, 2004, 359: 1465. 1476.

[3] REJMANEK M. Species richness and resistance to invasions[M]. In Biodiversity andecosystem processes in tropical forests（eds. Orians, Dirzo&Cushman）. Springer-Verlag, Berlin, Germany, 1996: 153–172.

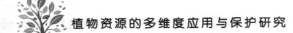

总的说来，非洲热带植物区系在种类上要比其他热带大陆地区的少，估计有26000种，而南美洲有90000种，东南亚有50000种。[1]据推测，造成这种结果的原因，部分可能是由于非洲干旱期间引起物种的灭绝，在这方面，非洲更易受气候影响。无论从种类数量上还是属地丰富程度上讲，棕榈类植物在非洲的森林中都远远比不上南美和东南亚。在非洲大陆上，大约只有50种棕榈科植物，而在其他大陆，仅哥伦比亚和印度尼西亚就分别有277种和477种之多。在中国棕榈科植物有110种以上，80%分布在热带地区，特别是云南热带和海南岛。仅在东南亚的一个地区--婆罗洲（Borneo）地区的基纳巴卢（Kinabalu）山地，蕨类和兰科植物的种类就分别超过600种和700种，比非洲的任何一个地区都多。

长期的地理隔离造就了迥然不同的植物区系组成，如在马达加斯加、新西兰和许多海岛都很明显。大陆内的地理隔离也有相似的结果，南美东面的大西洋沿岸的森林和东非的东部拱形区（Eastern Arc）森林的植物区系的迥异性就很好地说明了这一事实，这两个地方分别通过亚马逊和刚果两地已然存在了数百万年的干旱气候区与它们大陆内的主要森林区隔离开来。[2]今天有些地方被河流阻挡分开，但植物区系成分有相似性，有些是因为以前它们都通过陆地相连在一起。冰川时期的海平面低，大陆之间相连，导致马来西亚半岛、婆罗洲以及苏门答腊岛位于[巽它海峡（Sunda）大陆架浅滩处]澳大利亚与新几内亚，以及北美与欧亚大陆的植物区系都有一定的相似性。

与东亚和北美地区相比，欧洲的温带森林中的植物种类相对比较贫乏。人们认为这可能是由于前几百万年里，欧洲北方地区越来越冷，气候条件也越来越恶劣，造成了大量的植物灭绝。由于冷-热气候的变化而使物种的南北运动在欧洲比在其他大陆更难，这是因为有许多东西走向的山脉横亘于欧洲大地上，如阿尔卑斯山。从化石记录上看到的温带属出现在欧洲的中新世和上新世（2400万年前到180万年前），但是后来这些自然情况没有了，这些属包括风香属（Liquidambar）、木兰属（Magnolia）、世界爷属（Seguoia）和落羽杉属（Taxodium），所有这些属今天都可以在东亚或北美找到。另一个造成欧洲植物区系成分变化的原因是地中海地

[1] PLANA V Mechanisms and tempo of evolution in the African Guineo-Congolian rainforest[J]. Philosophical Transactions ofthe Royal Society B，Biological Sciences，2004，359：1585—1594.
[2] BURGESS N D，CLARKE G P，RODGERS W A. Coastal forests of eastern Africa：status，endemism patterns and their potential causes[J]. Biological Journal of the Linnean Society，1998，64：337. 367.

区逐渐干燥的气候。这归咎于一种在当地曾经存在过的常绿森林照叶林（Laurisilva）的消失，照叶林的特点就是分布着许多长并有革质的常绿叶子的树木（有些是属于樟科Lauraceae），现在这些种在加那利群岛和大西洋中的马德拉仍能看到，因为这里的气候仍然相对稳定。地中海地区的气候也深受550万～450万年前的一个重大事件的影响，那时地中海突然干涸了，可能由于地壳运动，导致当时南欧的气候更加干燥，毫无疑问也导致许多物种灭绝。

四、冰川期的影响

冰川期的到来导致了气候变化，在过去230万年里极大地影响了植被类型的分布。在这个时期，据推测大约100万年前约有20次气候剧烈变化，那时冰河作用变得很严重。在冰川期，世界上的许多地区都经历了气候潮湿的变化过程，使温带地区的冰川期和热带地区的干旱期相互联系了起来。[1]

在冰川期最恶劣的气候阶段，许多物种逐渐局限于小的适宜生境中（生物避难所）。在两个或两个以上的避难所内，单一物种的种群有时彼此隔离，在这种情况下，它们的遗传分化的可能性就会增加。避难所在恶劣气候持续期间倾向于同一个地方。对有些分类群，分布于不同的避难所内的种群在分类学上似乎相似，表明分化仅仅发生在近期。对另外一些分类群，分布于不同生物避难所内的种群在分类上（在变种、亚种或者种水平）迥然相异，这有可能在早期彼此就分离了。

冰川期结束后，宜人的气候开始了，为物种从其避难所向外扩散创造了机会，它们以不同的速度逐渐扩散。[2]今天我们发现从以前的避难所向外扩散的物种数量越来越少。对于冰川期生物避难所位置的确定对保护工作很重要，主要有以下几个原因：第一，这些生物避难所通常是物种丰富的中心区域；第二，生物避难所内的物种在遗传多样性上比在其他地方更加丰富。[3]这就意味着保护以前的避难所的种群对于遗传多样性的保护将会

---

[1] MALEY J. The impact of afid phases on the African rain forest through geological history[M]. In African rain forest ecology and conservation（eds. W. Weber, L. J. T. White, A. Vedder&L. Naughton-Treves）. Yale University Press, New Haven, USA, and London, UK, 2001: 68. 87.

[2] HAMILTON A C.Distribution paRems of forest trees in Uganda and their historicalsignificance[J]. Vegetation, 1974, 29: 21. 35.

[3] HEWITT G M. Post-glacial re-colonization of European biota[J]. Biological Journal of the Linnean Society, 1999, 68: 87—112.

有很高价值；第三，以前的避难所很有可能成为下一个冰川期的生物避难所，因为下个冰川期肯定会到来。

据推测，冰川期气候的变化可能导致整个植被随着纬度而迁移，最终导致许多物种再也不会在上个冰川期生存下来的地方生存了。相反，似乎许多物种通过向山坡迁移或在生物避难所附近的地方生存下来。

从上个冰川期（18000年前）到今天，有关植物区系历史的知识对于理解局域范围内植物的地理分布特征特别重要。这一时期包括了从冰川期到后冰川期转变的一段主要的气候转变期（13000年前到10000年前）。在上个冰川期，北美北部许多地方都覆盖大大的冰川，北欧的冰川小一点，但仍然十分巨大。喜热植物局限在南方地区，一些分布有温带森林物种的主要生物避难所坐落在北美洲的南方阿帕拉契亚山脉（Appalachian）和欧洲的南部。由于一些物种分布不止在一个欧洲南部的半岛上，所以当温暖气候一到来，这些隔离的物种之间就通过竞争占据北欧。巴尔干半岛的物种通常会获胜，这得益于东西走向的山脉（如比利牛斯山脉）对它们向北扩散的阻力较小。[1]

在上个冰川时期，热带非洲比现在还要干燥，热带森林大部分在西非、刚果—加蓬，刚果（金）基伍（Kivu）东部以及靠海的东非生物避难所。在乌干达的一项研究表明，一旦不重视现代环境因素的影响，目前森林树种的分布所揭示的是历史上形成的格局。自从上个干旱期末（12500年前至10000年前），物种迁离生物避难所的能力就各不相同。这个分析对保护工作很有用，因为它有助于确认出在中非地区保护森林物种的最重要区域。

五、人类与植物地理学

将植物划分为自然存在的（特有的或乡土物种）和由人们引进来的（引进的或外来入侵物种）两种类型，对于植物保护工作来说很有价值。人们可以有意或无意地将某些物种引入新的地区。通常我们无法确定这些物种是否是本土的，尤其对那些已经定居很长时间的物种来说，比刚刚引入来物种更难确认是否是外来物种。定居已经很长时间的外来物种也常常在文化上被认为是"真正的当地物种"。最近出版的一份英国的植物区系地图册的作者发现，可将引入的物种划分为三类[1]：（1）古植

[1] HEWITT G M. Postglacial distribution and species substructure: lessons from pollen, insects Andhybrid zones[M].In Evolutionary paRems andprocesses（eds. D. R. Lees&D. Edwards）. Academic Press, London, UK, 1993: 97. 123.

物（archaeophytes）（公元1500年之前就已经归化的物种）；（2）新植物（neophytes）（公元1500年之后就已经归化的物种）；（3）临时物种（casuals）（这些植物种群在野生条件下生存不超过5年）。

一个物种是否是本地物种，可能在立法过程中具有一定意义。北极花（Linnaea borealis）是英国针叶林里一个濒临灭绝的物种。因为该植物被认为是一种乡土植物，因而被列入生物多样性保护行动计划中，然而这种植物可能是人为引入的一种植物。另一个例子是一种唇形科草本植物鼬瓣花（Galeopsis segetum），在英国被列为灭绝的乡土农田杂草。鼬瓣花被看做是乡土植物，意味着可能会实施一项重新引入该植物的计划。

作物多样性是植物多样性的一方面。传统农业系统中常常拥有丰富的作物多样性。伟大的俄国地理学家和遗传学家瓦维洛夫（N.I.Vavilov）将全世界分为8个区，在这8个区中作物多样性特别高，他认为这些地区是许多作物的起源地。它们是中国、印度、亚洲内陆、亚洲山地、地中海、埃塞俄比亚、南墨西哥/中美洲以及南美安第斯山脉地区（表1-1）。如今，人们认为作物有时可以在它们最初被驯化的地方之外的地方表现出多样性。作物的传统品种对于植物保护有特别的意义，因为它们对于作物育种工作者非常有用。

表1-1　瓦维洛夫栽培植物起源中心概况

起源中心	主要地域范围	已知植物种数/种	代表植物
1.中国中心	中国中部和西部山区	136	小米、荞麦、大豆及柑橘、梨、苹果、李子
2-1.印度中心	印度北部和西北部边境，东北部的阿萨姆，还包括缅甸	117	水稻、甘蔗、豆类、芒果、柑橘
2-2.印度-马来西亚中心	印度支那和马来半岛、爪哇、婆罗洲、苏门答腊、菲律宾岛	55	姜、柚、椰子、香蕉、黑胡椒、豆蔻
3.中亚中心（帕米尔中心）	印度西北部、阿富汗、塔吉克、乌兹别克斯坦和天山南部	42	普通小麦、豌豆、蚕豆、油菜、亚麻、大麻
4.近东中心	小亚细亚内地、外高加索全部、伊朗和土库曼高地等	83	小麦、黑麦、葡萄、无花果、石榴
5.地中海中心	非洲东北部、小亚细亚西部及南部、意大利、希腊、叙利亚、巴勒斯坦、西班牙等	84	油橄榄、甘蓝类蔬菜、熏衣草、啤酒花

---

[1] PRESTON C D,PEARMAN D A,DINES T D.New atlas of the British and Irish flora [M].Oxford University Press,Oxford,UK,2002:210.

续表

起源中心	主要地域范围	已知植物种数/种	代表植物
6.阿比西尼亚	埃塞俄比亚、阿拉伯山地等	38	大麦、咖啡、硬粒小麦、圆锥小麦、双粒小麦
7.墨西哥和中美中心	墨西哥南部和中美洲的危地马拉、洪都拉斯等地	49	玉米、甘薯、南瓜、菜豆、辣椒、陆地棉、可可、凤梨
8.南美中心	秘鲁–厄瓜多尔–玻利维亚、智利、巴西–巴拉圭	45	马铃薯等几十种茄属植物、烟草、花生、金鸡纳树、巴西橡胶树

多少年以来，人们已经引进了越来越多的物种，引入的物种对当地植物区系的累积效应可以通过地中海地区柑橘属的例子来说明。在罗马时期唯一的柑橘属物种只有香橼（Citrus medica），这是一种典型的药用植物。后来在伊斯兰教复兴时期又引入4种柑橘属植物，在10~11世纪期间这些物种到达古伊比利亚群岛。这些植物包括柠檬（Cftrus limon）和酸橙（Cautantiifolia），甜橙（Citrus aurantium）是15世纪或16世纪引入的，柑橘（Creticulata）和葡萄柚（C paradisi）是大约在18世纪到19世纪之间引入的。[1]

欧洲人发现美洲大陆（1492）导致两个大陆之间作物和其他植物资源的交换活动（又被称为哥伦布交换）。马铃薯、玉米、西红柿以及木薯等作物就是从美洲引入世界各地的，与此同时，小麦、咖啡和甘蔗也从其他地方引入到美洲。

植物是整个欧洲帝国（16~20世纪）经济的重要成分。[2]在英伦帝国鼎盛时期，在英国进行交易的大宗商品包括从北美的棉花（Gossypium）和烟草（Nicotiana tabacum），西印度群岛的甘蔗（Saccharum officinarum）以及中国的茶叶（Camellia sinensis）（购买这些的钱来自从印度到中国贩卖鸦片而赚得的）。使得欧洲人逐渐打开非洲大门的关键是人们使用了奎宁来治疗疟疾，奎宁是从南美的金鸡纳（Cinchona）树的树皮中提取的。

植物园、树木园以及实验农场网络自公元1750年就开始分布于世界各地，对作物和树木种植园进行试验期为帝国找到新的经济资源。这一

[1] RAMON—LACA L. The introduction of cultivated citrus to Europe via Northern Africa and theIberian Peninsula[J]. Economic Botany, 2003, 57: 502–514.

[2] JAMES L. The rise and fall of the British Empire[M]. Abacus; Little, Brown and CO., London, UK, 1 998.

举措就进一步增加了植物的迁移活动。大约在1835年，N.沃德（Nathaniel Ward）发明了沃德箱（微型温室），使通过水上长距离的植物运输变得容易而又安全。植物资源开发者曾深入到喜马拉雅山脉和安第斯山脉偏远的地方去为欧洲的公园寻找新的奇迹。世界各地的木材树种大量被引入，包括现代林地里来自北美的平展松（Pinus patula）和辐射松（P.radiata）、澳大利亚的银桦树（Grevillea robusta）和桉树（Eucalyptus），以及日本的柳杉（Cryptomeria japonica）。重要的木材树种铁杉（Pseudotsuga menziesii）、北美云杉（Picea sitchensis）和日本落叶松（Larix kaempferi）等在内的植物在1827—1861年间被引入到英国。

　　人类引入植物的一个负面影响就是导致入侵植物的传播。这个问题随着人类旅行的增长而扩大化。就拿加拉帕戈斯（Galapagos）岛来讲，那里的乡土植物所面临的主要威胁就是人为引进的植物和动物。1535年以前，加拉帕戈斯岛还没有人类居住。到了1970年，每3～6个月就有一班货船到达该岛，到了1980年，每周有一班航班飞往此岛。如今大量的航海船只过往此岛，而且每天都有航班进出[1]。说到夏威夷，首批抵达者是波利尼西亚人，3000年前就在此定居了，早在欧洲人到来之前（1778年），仅杂草植物中，就有7种是人为引入的，如苦山药（Dioscorea bulbifera），28种是无意引入的，以及16种乡土植物，它们早先就适应了波利尼西亚人农业耕种所创造的阳光充沛的环境条件。而今天，杂草的种类已经有240种，包括一些可以入侵乡土林地的物种，这些物种在受到干扰时入侵能力更强，如楹树（Albizia chinensis）、克利野牡丹（Clidemia hirta）和丝胶树（Funtumia elastica）。[2]

第二节　植物资源的属性与价值

　　无论是人类社会发展的初期还是科学技术高度发达的今天，植物界都是人类直接或间接获取日常生活中绝大多数生活必需品的主要来源，人类也由此为各种植物赋予了不同的价值、用途和意义。本节探究人们赋予植

---

[1] AVIS. MERLEN G New introductions and a special law for Galapagos[J]. Aliens，1998，7，10—11.

[2] WHISTLERA. Weeds ofSamoa[J]. Aliens，1998，7：8-9.

物的一些价值和植物的一些主要用途类型。人们对一种植物本身价值和意义的评价程度，是构成以社区以及与任何社会群体为基础的植物保护工作的基础。

一、植物资源的属性

植物并非仅仅是人们所看到的物质实体，它们更是精神概念，可以传达个人经历中的一切含义，深受文化的影响。植物可以激发人们的记忆和感情。人们赋予植物各种各样的属性，如把它们看成属于某个人的，有经济价值或者美学价值。

了解人类心灵深处对植物的一些认识和理解的相关经验和知识，便可以知道他们是如何看待世界的基本构成以及人类的行为机制。通过对植物在传统习俗、宗教仪式和神话中的角色与作用的研究，可以为我们了解其中深层次的含义提供一些线索。一些传统神话有这样一种道德规范，表述一些事项诸如某人以社会不能接受的方式进行相关活动所带来的恶劣后果。[1]

要探究人类如何理解与植物以及与自然有关的"野生状态（或原初状态）"，我们完全可以通过了解人类对自然界基本属性的认识来达到这种目的。在刚果森林地区一些空旷地带的农业社区中，人们认为森林是一个野生的和有威胁的地方，与村寨和农田的意义正好相反。也有一些与这些情况完全相反的例子，与他们毗邻的俾格米人（Pygmy）中的阿帕格贝特人（Apagibeti）不仅把森林看做是一种资源，而且还将森林看做是一种身份的象征。他们通过宗教仪式活动防止外来村寨对森林所造成的威胁。[2]一些社区或许会把从景观中消除"野生"成分看做是一种进步的象征。科学家之所以支持在澳大利亚限制当地少数民族放火的实践活动，就是担心大火会失去控制，这在今天看来，科学家的担心完全是不明智的。在北美殖民时代，最现代化的城镇居民被认为是树木的砍伐者；他们将阿帕拉契亚山脉（Appalachians）的森林大面积砍伐，由于他们对所谓的"改善当地环

[1] NAKASHIMA D. Conceptualizing nature: the cultural context of resource management [J]. Nature and Resources, 1998, 34: 8-22.

[2] ALMQUIST A. Horticulture and hunting in the Congo basin[M]. In African rain forest ecology and conservation (eds. W. Weber, L. J. T. White, A. Vedder&L. Naughton-Treves). Yale University Press。New Haven, USA, 2001: 334-343.

境"作出了贡献而受到人们的表扬。[1]拉丁美洲的一些政府也把森林看做是需要开发的无用之地，因此鼓励人们把"未开化的荒地"变成"文明"的土地，并在其间建设纵横交错的道路。[2]20世纪初，中国云南和华南热带地区森林茂密，由于极高的物种多样性而被认为是"低价商品林"，大面积开垦作为橡胶树种植园，其结果是海南岛和云南热带地区大部分热带森林已被橡胶园所取代。目前这一趋势仍在蔓延之中，特别是在云南西双版纳地区。因为橡胶市场价格不断上涨，种植橡胶有利可图。

野生植物，一方面可以被看成是一类具有特殊价值的资源，另一方面野生植物可能是一种导致退步的象征。生长在美国的野生西洋参（Panax quinquefolius）在东亚市场上以10倍于栽培人参的价格进行出售，由此产生的直接后果是该物种的野生种群受到严重威胁，虽然可以通过人工栽培西洋参来获得丰厚的利润。[3]生长在中国东北长白山区的野生人参不仅在市场上颇受消费者的欢迎，而且其价格也远远高于栽培人参的市场价格。这两个例子说明，之所以会出现这种现象可能是因为野生植物药用功效相对更为显著，当然也可能与"野生的就是比栽培的好"这种不科学观念影响有直接关系。诸如此类的例子在许多药用植物资源中还有许多。与上述例子相反的有土耳其的食用植物资源，在土耳其人们更喜欢栽培的植物，因为他们认为栽培植物更可口、更有营养。同时一些兰花爱好者认为，因为野生兰花花冠不整齐的外观非常有趣，栽培的兰花不可与野生的兰花相提并论。另一方面，在东非人们普遍认为，野生食物的利用与贫穷和低下的社会地位联系在一起。东非的马塞人（Maasai）不以野生动物为食，他们认为这是一种退化行为，最好留给穷人和狩猎者。中国新疆吐鲁番一带维吾尔族不采野菜食用，认为野生植物是属于牛、羊的食物，人不应该去吃它。

许多植物是一些国家或地方身份的象征。枫树（Acer）是加拿大的象征，樱花（Cerasus yedonensis）是日本的象征，雪松（Cedrus libani）是黎巴嫩的象征，水仙花（Narcissus pseudonarcissus）是威尔士的象征，山茶花是中国云南最有代表性的植物，琼花（Viburnum macrocephalum，: keteleeri）是中国扬州的象征等。从英国到澳大利亚的移民都种植橡树

---

[1] CAMPBELL B M, LUCKERT M K. Uncovering the hidden harvest: valuation methods forwoodland and forest resources[M]. Earthscan, London, UK, 2002.

[2] BUDOWSKI G Building bridges between botanists and developers in tropical countries[J]. Symb. Bot. Ups, 1988, 28: 281—286.

[3] SHELDON J W, BALICK M J, LAIRD S A. Medicinal plants: can utilization and conservation coexist[J]. Advances in Economic Botany, 1997, 12: 1-104.

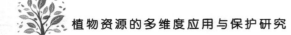

（Quercus robur）以表示他们对祖国的思念之情。居住在埃塞俄比亚亚的斯亚巴巴（AddisAbaba）南部的古拉格人（Gurage）拥有传统的领土，当他们定居在城市中时，在他们的庭园中也种植具有象征意义的象腿蕉（Ensete ventricosum），这种与香蕉近缘的植物对古拉格人来说有许多不同用途，如生产各种淀粉类食物，当地叫"普拉"，如同面粉一样，十分便宜。

有些地区或国家对一些植物的自豪感是推动这些植物自然保护实践的一种主要动力。范·奥普斯托曾注意到，在欧洲受到国家法律保护的植物中，有相当数量的植物实际上并未受到威胁，他相信这些植物是由于政治原因而被保护起来的。[1]鸟类生命基金会（BirdLife）的工作人员发现在印度尼西亚当地的一些官员（如省级和地区级官员）中，当他们被通知他们所负责的地区存在稀有的种类或鸟类聚集地时，他们表现得很自豪，而且对这些事情十分感兴趣。在印度尼西亚，国家荣誉感已经是建立新国家公园背后的一种主要推动力量。[2]民主刚果共和国（扎伊尔）也有相同的情况，在那里前任总统蒙博托（Mobutu）极力扩大保护区网络，说是出于保护国家遗产的需要。对一般的英国人来说，保护英国的所有物种对他们的吸引力远比仅仅保护某一个物种的吸引力大。地区荣誉感引发的保护潜力是使孤立海岛上的植物能够被保护下来的原因之一，尽管事实上这些植物中有很多种类已经遭受到很大的威胁。岛民们常常为他们位于岛屿上的家园所具有的独一无二的植物种类或其他自然景观而感到自豪。

在英国和美国，人们看待自然的方式一直是全球自然保护运动背后的一股强大力量，这是因为这些国家的文化、经济和政治的强大影响力。[3]在19世纪的英国，新工业城市的污染和压力导致人们怀念过去乡村田园生活的安逸。这种现象最终导致英国第一个国家公园的建成，该国家公园基本上被认为是一块老式农田，在这块农田里严格禁止造成污染的现代开发活动。在美国，新的定居者极度欣赏他们所获得的自由，这是因为他们已经从欧洲宗教信仰的束缚和沉闷的阶级结构中解脱出来。然而，当越来越多的土地被打上"文明"的烙印后，就产生了一种保留神话般的、超过了边界局限的"原始荒原"的需要。美国的第一批国家公园（如约塞米蒂国家

[1] VAN OPSTAL A. Lecture at Third European Conference on the Conservation of Wild Plants[C]. Prague, 23—28 June, 2001.

[2] JEPSON P. Biodiversity and protected area policy: why is it failing in Indonesia[D]. phD, Oxford, Oxford, UK, 2001.

[3] SCHAMA S. Landscape and memory[M]. HarperCollins, London, UK, 1995.

公园）被认为是野生地的纪念碑、未被破坏的自然、充满神秘感和净化人类心灵感的土地。非洲的自然保护一直受英国和美国对自然保护态度的影响。非洲许多早期国家公园是在殖民时代以"娱乐场所"保留地的形式开始，根据英国特定动物猎杀和限制协会的意愿而建立的，由五大动物（狮子、大象、水牛、美洲豹和犀牛）取代了鹿。接下来，与美国密切相关的保护态度似乎在非洲的保护运动中成为主导因素，在实践中更加重视野生生物和生境的保护。

植物与巫术、宗教信仰以及超自然世界存在密切的联系。在非洲存在一种普遍的看法，认为某些植物具有治疗疾病、营养和保健的功能，还有一些植物被占卜者通过超自然的方法用来控制某些事件的发生。[1]肯尼亚的洛伊特马塞人（Loita Maasai）在举行宗教仪式和传统习俗活动过程中会利用到许多植物。其中油橄榄（Olea europaea）是宗教仪式中的最常用植物，该植物被认为可以为人类带来好运。为妇女祈福所举行的仪式是在有山地榕（Ficus thonningii）的情况下进行的。[2]植物的色彩和形状可以传达一定含义。具有两种颜色的种子，如红色与白色或黑色的组合（如相思豆Abrus precatorius和缅茄Afzelia quanzens具有红黑相间的种子），在非洲被普遍认为是与超自然世界联系的象征。[3]与叶子和植被相联系的绿颜色，被普遍用于现代市场交易中，来显示所销售产品为天然、品质高和卫生的产品。与帕拉色素斯（Paracelsus）（1493—1541）相联系的"表象学说"在16～17世纪的欧洲医药文献中出现频率非常高，该学说认为植物的外形标示着它们的医药用途，这是上帝给他尘世间的孩子的施舍的标志。类似的信仰在世界上很普遍。在不列颠群岛，槲寄生（Viscum Coloratum）是魔力和爱的象征，而红豆杉（Taxus baccata）则是常常栽培在墓地的树木，在民间传说中经常被提到。冬青（Llex aquifolium）和圣诞树（一般是挪威云杉Picea abies）与圣诞节有密切关系。尖叶木樨榄（Olea ferruginea）在巴基斯坦北部温带地区的伊斯兰墓地中经常可以找到，而在中国西北地区的

---

[1] I ThNINGHAM A B. The "Top 50" listings and the Medicinal Plants Action Plan[J]. Medicinal Plant Conservation, 1997, 3, 5—7.

[2] MAUNDU P, BERGER D, OLE SAITABAU C, et al. Ethnobotany of the Loita Maasai: towards a community management of the Forest of the Lost Child[R]. People and PlantsWorking Paper n0. 8 UNESC0, Paris, France, 2001.

[3] CUNNINGHAM A B. Medicinal plants and miombo woodland: species, symbolism and trade[M]. hl The miombo in transition: woodlands and welfare in Africa（ed B. Campbell）. Centerfor International Forestry Research, Bogor, Indonesia, 1 996; 1 66.

一些墓地中经常可以发现侧柏（Platycladus Drientalis），该植物在云南楚雄地区被彝族看做是他们的祖先或彝族的"恩人"，同时也是一种吉祥的象征。用藏红花制成的墨汁（来自藏红花Crocus sativus的花粉囊）写成的很多圣伊斯兰经，被认为带有特殊的力量。万寿菊（Calendula officinalis）被广泛用于印度的宗教仪式中，狗牙根（Cynodon dactylon）献给印度教的神（Ganesh）会获得好运，该仪式是当地结婚典礼的关键部分。释迦牟尼在菩提树（Ficus retie,iosa）下修炼得到了感悟，从而创立了佛教。除菩提树之外，无忧花（Saraca indica）、婆罗双（Shorea assamica）、莲（Nelumbolz，cifera）、银杏（Ginkgo biloba）等植物都在佛教文化中具有重要意义。在中国西南部许多原住民族中，迄今仍然保留着植物崇拜的习俗，如苗族对枫香树（Liquidambar formosana）的崇拜；彝族对马缨花（Rhododendron delavayi）的崇拜；白族对滇朴（Celtisyunnanensis）、黄连木（Pistasia chinensis）和合欢（Albiziajulibrissin）的崇拜；傣族对大榕树（Ficus spp.）的崇拜等。

自然保护需要来自于人类精神和意识领域中最深层次的基本价值观的支持。基于有用或经济收入的唯物论的论点虽然非常重要，但是仅仅靠这些还是不够的。人类经济和人类赋予植物的价值都在随着时间的变化而发生变化，所以把保护完全建立在当代经济价值的基础上显然是愚蠢的。在比较传统的社会里，关键资源的保护不仅受到以理性论据（有些人认为是合理性）为基础的实践活动来实现，而且还通过宗教信仰和精神信念来得到加强。强调影响人类生活的基础力量可以通过短暂事件来减少这些重要资源丧失的机会。

保护工作者需要通过不断努力，根据现代人的思维方式探索在人类意识的较深层次上为什么能够促进植物的保护实践。植物生命国际（Plantlife International）在英国通过呼吁重视英国人对生长在野风信子林（包括Endymion nonscriptus）或传统的干草草甸中的野生花卉的兴趣取得了一些成功。当然，迄今为止还没有人绘制出一幅可以作为植物保护普遍接受的范例的图画，就像动物界的大熊猫一样。本书作者最有经验的领域是药用植物，药用植物是可以在各种文化中都能引起共鸣的植物资源。

二、植物资源的价值

植物保护工作者必须跟与他们一道工作的人们对植物的需求、动机和价值进行充分考虑和重视。在瑞典，整个国家的当地群众，对稀有植物保护的监测项目有足够的兴趣。英国的自然科学家也对稀有植物像其他某些特殊的植物类群（如兰科植物）一样十分感兴趣，这些情况在许多自然保护区的建设中都具有重要价值。另外，住在乌干达布温底（Bwindi）林区附近的当地人也对能够提供给他们药物和编织材料的森林植物备感兴趣。这里有一个工作规范，即不管植物保护工作者在哪里工作，他们都需要想方设法让当地群众参与到保护实践中来，从当地人最感兴趣的植物世界的那些方面开始工作。

评估植物价值的活动能够让人们对植物重要性的问题进行思考，并能帮助他们理解他人对这些植物的看法。价值评估活动也能为政府机构制定相关政策时提供有用的指导性信息。虽然野生植物资源对发展中国家的农民有多方面的生计用途，他们也可以采集野生植物在当地市场上进行出售，而植物的这些价值经常被政府部门所低估。问题是这些植物资源中所获得的产品很少能够进入正式市场。因此，在官方统计里并没有记录。[1]国际环境和发展研究所（IIED）创造了一个词汇"隐藏的采集"来激起人们对这个问题的更多注意力。

"人与植物项目"（People and Plants Initiative）已经出版了一部专著，在该书中介绍了许多用于评估农村家庭所利用的植物的经济价值的方法。这些方法中有市场调查的工具、非市场评价、决定形成框架及成本一效益分析等。

用于对人类利用植物的价值进行打分和排序的方法十分有用。杰普森发展了一个用于与自然保护相关的评估价值的框架。动机价值是一种产生直接行为趋势的价值。杰普森把动机价值分为两类，即内在的和外在的，前者是基于自然本身的特点和属性的一种内在价值（独立于人的利用之外的价值），而后者则考虑了物质的利用价值。杰普森表示，该框架具有广泛的适用性。

价值评价活动可以说明这些价值是否在不同的个人或群体间进行分享。这种信息在考虑如何进行资源管理时是很有用的。不同的人对植物价值的评价是不同的。一些杂草在有些文化中是可以食用的绿色植物，而在另一些文化则不可以食用。在中国云南，根据一项价值研究的结果可以发现，不同民族（少数民族）赋予茶（Camellia spp.）不同的价值（表1-2）。鱼腥草（Houttuynia cordata）在中国长江以北除了作为传统中药

---

[1] GUIJT l, HINCHCLIFFE F, MELNYK M. The hidden harvest: the value ofwild resources in agricultural systems—a summary[M]. International Institute for Environment and Development, London, UK, 1995.

外，没有人认为该植物可以食用，而在我国西南地区（如四川、云南和贵州等）该植物是一种颇受欢迎的蔬菜。在坦桑尼亚乌桑巴拉山脉东部所进行的一项价值评估活动揭示了三个主要的森林权所有者——林业部、茶叶生产公司和当地社区对森林的态度上有许多相同的考虑，其中对不同所有者之间的共识所进行的评价在以前并没有得到正确的认识。该评价活动显示，三个林权所有者都重视森林，但目的不同。问题的关键是没有任何一方愿意毁坏森林。林业部重视森林是因为森林丰富的生物多样性、涵养水源的功能以及是木材生产的重要区域（历史上）。茶叶生产公司重视森林，是因为森林为茶的生长提供了适宜的气候环境和工厂里烤茶所需的燃料。当地社区重视森林，是因为森林提供了多种原材料和在维持降雨、水资源，以及可以在传统祈雨仪式中作为圣林等。在研究期间，林业部门对森林的管理方法被认为是"传统的"（垄断式的、远离人民的），应该说趋向于疏远社会。约翰·凯斯认为林业部门所面临的核心挑战是如何寻找新的途径和方法，建立与其他两个林权所有者之间的合作联盟，考虑他们的不同利益。[1]

表1-2 茶（Camellia sinensis）在中国云南省5个少数民族中的传统利用比较

民族	社会关系	宗教信仰	药物	经济收入
布朗族	+++	++	++	+++
佤族	+	+++	+	—
基诺族	+++	++	+	+
哈尼族	++	++	++	+
傣族	+++	—	++	

注：+++ 2/3 的访谈者提及；++1/3 的访谈者提及；+ 少于 1/3 的访谈者提及；—访谈者没有提及。

研究表明，许多不同的文化中，人们对自然界的内在价值非常重视[2]在津巴布韦两个不同的地方，五种具有重要价值的植物中，有三种植物的价值是非物质的（表1-3）。很明显，价值的相当一部分内容表现在人们的内心世界里。坦勒是明智的，在他申请英国的一项关于自然保护的系统研究

[1] KESSY J F Conservation and utilization of natural resources in the East Usambara Forest Reserves: conventional views and local perspectives[M]. Wageningen Agricultural University, Wageningen, The Netherlands, 1998.

[2] KHAN A U. History of decline and present status of natural thorn forest in Punjab[J]. Biological Conservation, 1994, 67: 205.210.

项目时，将重点放在自然的非经济价值上。他曾说，乡村的保护触及英国思想和精神恢复的深层需求。有人曾经批评国际保护非政府组织（NGOs）间流行的一种趋势，即在发展中国家开展的项目中逐渐忽略自然的内在价值。[1] 杰普森认为，那些NGOs趋向于为保护而重视经济发展的论点，表现为专横、感情用事、非专业和不科学，不重视内部原因。一些NGOs从发展部门获得相当多的基金，他相信，这些现状已经开始使他们对公众的态度出现偏激。杰普森有证据证明，在印度尼西亚（作为发展中国家的一个例子）当地社区成员参与到保护实践中来，其中许多人都是受自身对保护的认识的驱动，也与西方国家的自然保护的情形是一致的。他认为，如果对环境的"道德约束"的观念重视不够时，那些保护措施的实施可能会举步维艰。[2]

表1-3　林地资源的价值

重要性顺序	价值	举例植物	价值种类
1	水源保持	好望角榕（Ficus capensis）	环境
2	祈雨仪式	好望角榕（Ficus capensis）	文化
3	做橼	头花居柏木（Julbernardia giobiflora）	直接用途
4	自然遗产	毛风车子（Combretum molle）	文化
5	美学	缅茄（Afzelia quanzensis）	文化
6	水土保持	毛风车子（Combretum molle）	环境
7	放牧	马如拉果（Sclerocarya birrea）	直接用途
8	薪柴	磨盘豆（Colophospermum mopane）	直接用途
9	野果	猴面包（Adansonia digitata）	直接用途
10	化妆	缅茄（Afzelia quanzensis）	文化
11	纤维	猴面包（Adansonia digitata）	直接用途
12	防风林	榕树的一种（Ficus sp.）	环境

[1] JEPSON P. Biodiversity and protected area policy: why is it failing in Indonesia[D]. phD, Oxford, Oxford, UK, 2001.

[2] JEPSON P, CANNEY S. Biodiversity hotspots: hot for what[J]. Global Biogeography and Ecology, 2001, 10: 225—227.

续表

重要性顺序	价值	举例植物	价值种类
13	遮阴	非洲苦木（Kirkia acuminate）	环境
14	神山	榕树的一种（Ficus sp.）	文化
15	工艺品	非洲苦木（Kirkia acuminate）	直接用途
16	药材	猴面包（Adansonia digitata）	直接用途
17	栅栏	毛风车子（Combretum molle）	直接用途
18	季节指示物	缅茄（Afzelia quanzensis）	环境

注：此表是津巴布韦金嘎（Jinga）和马特丢茨（Matendeudze）地区的男性、女性和孩子能辨认出的林地资源的价值。直接用途是用于维持生活或者出售。

除了询问当地人的观点外，另一种获得人们赋予植物某种价值的方法是研究人们如何对待植物。例如，所种植的作物种类可以反映出农民对这些作物基本价值的看法。研究显示，保证食物的供给是世界各地农民选择作物背后的一个重要驱动力。农民之所以要种植各种各样的作物，而不是集中种植很少的一些高产作物品种以提高粮食产量，主要原因是为了降低收成风险。现代作物品种可能会比传统作物的产量更高，但是如果大规模种植，假如受到某种病虫害或气候因素的影响而导致歉收，这时结果将会是灾难性的。30年前作物学家就预测到20世纪末期，传统作物品种将会接近完全消失，这种预测显然是错误的，尽管他们的推测是在很大范围进行调查的基础上做出的。

夏威夷是个例外的例子，当地所有卡瓦胡椒（Piper methysticum）、甘蔗（Saccharum officinarum）和芋头（Colocasia esculenta）品种在生态上和遗传上都非常相似，所以看起来并不像是因为实用原因而进行的选择。事实上，对它们的人工选择很大程度上是因为文化原因，包括占卜应用、审美价值和保持自然属性本身的意义。

允许采集野生植物资源可以帮助穷人缓冲来自于外界的冲击和潮流的影响。野生植物可以给人类提供许多产品，这些产品可以在短时期内获得，并且不需要经济付出，同时这些资源的开发不需要高水平的正规技术，所有这些特性都与较贫困农村家庭的经济需求和社会结构相适应。[1]野生植

[1] CAMPBELL B M, LUCKERT M K. Uncovering the hidden harvest: valuation methods for woodland and forest resources[M]. Earthscan, London, UK, 2002.

物可以在饥荒时给人们提供救荒食物，婆罗洲的西米椰子树（Metroxylon）含有淀粉的树干、坦桑尼亚的三叶白花木（Maerua triphylla）的根、印度旁遮普的刺茉莉（Salvadora oleoides）的果实、中国的野葛（Pueraria lobataOhwi）含有淀粉的根和薯蓣（Dioscorea spp）的块根等都是这样的植物资源。中国古代典籍《救荒本草》就是一部记述野生食用植物资源的重要著作。

对植物多样性的经济价值进行评价时需要格外谨慎。在问题的一个极端，植物多样性一些方面的价值如此之大，以至于我们都无法准确评价其价值，如玉米（Zea mais）和一些属（如松属Pinus）的植物。如果一种植物的平均价值可以通过统计学方法计算的话，那么每年价值会有成千上万美元。下面是一些有关方面的记载：

一种来自植物的新药所带来的平均经济收益据计算大约有4.9亿美元。据统计，仅2001年从红豆杉一种植物中获得的药物每年全部的销售收益（如紫杉醇）为23亿美元。[1]在世界上，或许最昂贵的草药成药就是在中国由石斛（Dendrobium candidum）所制造出来的枫斗，是一种来自兰科植物石斛的加工品，每克的价格比黄金还要昂贵。该成药传统上主要是供戏剧演员清喉润嗓用，目前也有些官员用于保护他们的嗓子。这种石斛在中国现在已经濒临灭绝，但人工栽培已获成功。

据估计，1999年"遗传资源产品"（主要是植物）的全球市场价值为5 000亿~8 000亿美元，主要包括以下部分：主要作物（3 000亿~45 000亿美元）、药品（150亿~750亿美元）、生物技术（600亿~1 200亿美元）、植物药（200亿~400亿美元）、园艺（160亿~190亿美元）、化妆品和个人护理产品（20亿~80亿美元），以及农药（6亿~30亿美元）。[2]

据估计，1999年全球草药市场产值大约为194亿美元，其中欧洲居首位（67亿美元），接下来是亚洲（51亿美元）、北美（40亿美元）、日本（22亿美元），其余国家和地区位于最末（14亿美元）。[3]

一些研究发现，热带森林中的非木材林产品资源具有很高的经济价

[1] LAIRD S A, TEN KATE K. Linking biodiversity prospecting and forest conservation[M]. In Selling forest environmental services（eds. S. Pagiola, J. Bishop&N. Landell-Mills）. Earthscan, London, UK, 2002：151. 172.

[2] TEN KATE K, LAIRD S A. The commercial use ofbiodiversity[M]. Earthscan, London, UK, 1999.

[3] LAIRD S A, PIERCE A R. Promoting sustainable and ethical botanicals：strategies to improvecommercial raw material sourcing[M]. Rainforest Alliance, New York, USA, 2002.

值。据估计，在秘鲁的一个森林中采集非木材林产品，每年的净收入为341美元/hm²，巴西的一个森林非木材林产品的年净收入为564美元/hm²。在目前，已经有人对那一套做法提出了批评，所以实际收入可能更低此。

第三节　植物的利用前景

一、植物利用前景展望

生活中各种各样的个人和各种社会团体，都能够在植物保护工作中扮演他们各自的角色。由于兴趣、优势和能力各不相同，因此在实际工作中所能发挥的作用也各不相同。人们和社会团体应该在更大的层面上，站在他们自身的角度上评估哪些事情应优先去做。在全球范围内进行研究的国际组织，可能有机会在主要方面为他们项目的实施选择地点；政府部门可能会对在哪里建立新的保护区或者哪个种类应该受到法律保护等问题感兴趣；森林管理员可以从他们的角度来确认哪些植被类型和植物种类应该受到特别关注而对保护工作做出贡献；使用野生植物资源的企业可以确认他们所利用的植物中哪些需要受到更好的管理；保护项目中的成员应该知道，在他们项目范围内哪种植物应受到特殊的关注。

现存的植物保护格局反映了人们过去的选择。为了了解为什么保护区要建立在这些地方或为什么有些物种受到法律的保护等问题，就必须对历史有一个很好的了解。

同样地，人们利用的植物类型也是历史的产物。在了解了一些植物的性质的基础上，人们才选择这些植物来进行利用。据报道，在热带地区人们喜欢利用有些科或属的植物进行木雕，这是因为不同地区的人们都对树木有一些共同的兴趣。这些被选择的树木，要么是木材质地好，要么不容易裂开，要么外表有吸引力。这些用于雕刻木材的科（和属）包括夹竹桃科（Apocynaceae）[鸭脚木属（Alstonia）、止泻木属（Holarrhena）、倒掉笔属（Wrightia）]、柿树科（Ebenaceae）的柿属（Diospyros）、豆科（Fabaceae）[黄檀属（Dalbergia）、阿富木属（Pericopsis）、紫檀属（Pterocarpus）]、芸香科（Rutaceae）的花椒属（Zanthoxylum）和檀香科（Santalaceae）的檀香属（Santalum）[426]。某些科（有时是它们中的一些属）同样已被选作主要粮食作物。它们有葫芦科、豆科[菜豆族（Phaseoleae）和蚕豆族（Vicieae）]、禾本科的小麦族（Triticeae）和茄科。另外，这种选择并非偶然，因为它起初只是在世界的某一地区开始。例如，分布于亚洲亚热带山地的一些植物驯化中心某些野生植物，其生活史已经为驯化奠定了基础。这些生长得很快的野生植物的种子保存着丰富的营养，因此当雨季开始后，它们就会很快萌发和生长。这些植物能够快速产生营养丰富的种子，而这一特征也正是被农民注意和利用的特征。[1]

尽管有这么多例子，一些种类还是由于凑巧和人类的活动惯性而被选用和保留下来的。不管怎么说，如果已经知道一个物种能生产商品，那为什么还要费力气去替代它或者引进其他种类?这种态度会随着物种的商品化和市场知名度的提高而变得更加坚定。值得注意的是，在马来西亚半岛生长的3 000多种树种中，只有400个物种的木材得到了市场的认可，其中有30种大量供应市场。在世界的其他地方，木材市场甚至更为挑剔，市场上木材物种的数目更少。[2] 在坦桑尼亚市场上销售的家具中，用安哥拉紫檀（Pterocarpus angolensis）作为材料制作的家具占到85%。

评价人们对植物种类和地方价值的方法各种各样，对人们优先选择植物和保护地方的行为进行排序和打分的方法也多种多样。评价活动对帮助人们更好地理解他们对物种和保护地点选择的优先程度十分有用，也对了解其他人对物种和保护地点选择的优先程度十分有用。有关人们真正关心的问题方面的信息，在政治团体之间进行对话和谈判解决他们之间冲突过程中非常有用。然而科学家、资源管理者和当地人之间，普遍存在着对其他人所关心的事情的忽视。例如，科学家会关心某些被划分为受威胁物种的命运，但资源管理者和当地人却常常不知道哪些种类是受威胁物种。资源管理者同样会忽视当地人的优先选择权。乌干达布温底全封闭式公园的管理者们，当这一地区开始进行严格的保护时，他们并不知道采集茜草科皱树（Rytigynia vangueria）的树皮对当地人是多么重要，由此为产生矛盾而埋下了种子。

有些问题对人们是如此的重要，以至于没有商量的余地（特别重要的问题是不能跨越底线）。然而，不同利益之间的平衡通常是可以实现的，而且也能达成协议。对保护工作者来说，一个有关特别重要的问题是某一区域特殊的环境内分布着许多受威胁物种，这一地区是其他地区所不可替

[1] LENNIi J M，WOOD D. Plant diseases and the use of wild germplasm[J]. Annual Review of Kenya[J]. Economic Botany，2001，55；32—46.

[2] JENNINGS S B，BROWN N D，BOSHIER D H，et al. Ecology provides a pragmatic solution to the maintenance of genetic diversity in sustainably managed tropical rain forests[J]. ForestEcology and Management，2000，127：1—10.

代的，所以必须对其建立保护区而进行保护，这绝对是非常重要的。在资源面前，有些植物种类（特别是那些具有很高文化价值的种类）根本没有替代种类。另外，有些栖息地或其他资源是能被替代的。

在保护实践中，在不同利益群体之间寻求最好的平衡是极其普遍的事，也不可避免地会产生辩论，发生矛盾的问题有：在这个保护区内哪种采集利用是被允许的?在这片农业生态系统中可以施用多少农药?牧场管理与药用植物生产保护之间，应该优先考虑哪一个?杰普森（2001）认为，保护工作者了解和掌握其他资源拥有者如何看待自然的价值，这一点是非常重要的。如果这样做，他们更有机会获得社会信誉，由此更有机会达到保护的目的。他相信主动地接触会保持公众对保护工作的支持，并避免使保护工作变成一项抽象的科学探索。这样做也会提高生物多样性政策和战略的社会透明度和责任感，如同公众实体和非政府组织所设想的那样。

一些分类技术的基础是多元变量和复杂的公式，但是从实践角度来看，这种精确度通常没有必要。最终一般只需要一个简单的估计。经验丰富且能够获得所有信息资料的人所进行的判断是最好的。以对一个地区植物区系中的一个物种其保护状态的评估为例，各种证据都能影响此问题，如关于该物种分布变化的资料和关于物种如何应对环境变化趋势的预测等。但是，最后区系研究的工作者必须对整个情况作一个简单的概括性判断。[1]

一种三元分类系统（threefold system）已经被应用或正打算被应用于几个与保护相关的例子中，这是令人备感惊奇的：第一，同事确认出坦桑尼亚米翁波（miombo）林地的三种植物资源利用强度为：主要、次要和没用的。第二，为了对植物资源的管理提出建议，坎宁安（1996）将乌干达地区人们所利用的植物资源分为三类：（1）被很多人利用的，影响大，为人们所需要的野生采集种类；（2）只被专家利用，影响小（允许有限的采集）；（3）影响程度不确定（需要研究和监测）。第三，哥伦比亚的保护工作者已经采用了一个"非官方"的三重模式来划分濒危植物种类，以求达到实际目的：濒危、非濒危和资料不充分。第四，据图希尔和纳夫安报道，孟格斯（Menges）和高尔顿（Gordon）建议应该有三种作用水平来处理珍稀植物，以求最好地利用资源：（1）考察目标植物的分布地，包括其他适合该物种生存的区域，并记录该物种是否持续存在、消失或扩散（最

[1] PRESTON C D. Perceptions of change in English county Floras, 1660. 1960 m Watsonia, ' 2003, 24: 287. 304.

不重要）等情况。对物种的丰富程度仅做粗略的估计。（2）对物种的丰富度和栖息地的植物区系成分进行定量测算。（3）通过对植物不同年龄阶段和大小的个体进行标记，并统计其数量来完成种群数量统计学研究，同时也可以记录其他统计学的变量，选择正确的变量对物种的生活史才能有所了解，这一点十分重要。

一些分类方案试图服务于国际标准。例如，世界保护联盟（IUCN）濒危物种红皮书和重要植物区（IPAs）。物种或者地区的设计必须是可信赖的，这意味着设计的理由必须是合理的，经得起推敲的（不一定是可定量化的）。IUCN所采用的濒危物种分类定义已经被修订了两次，[1]以使列举濒危物种过程中的主观因素更少。

为了使分类方案得到广泛应用，在陈述分类方案中如何使用一些属性的规则时需要一定程度的正规化，可以用于原则、标准和指标等概念中，由于保护在设置可持续森林管理的标准时得到应用，因此在保护工作领域中人人都应熟知以下概念：[2]（1）原则是最基本的法规和规范，可以作为行动的指南（例如，为了生物多样性的维持，森林应当依法进行管理）。（2）标准是某一事物的显著特征，可以借此来判断该事物（例如，一个森林中的植物多样性）。（3）指标是一个变量，可以结合某一特殊标准进行测量（例如，濒危植物的种群数量）。

在制定标准和进行优先选择时，标准的稳定性是非常重要的。德克莱门曾指出，在进行哪些物种要受法律保护的筛选工作中，如果标准经常改变，那么所列出的名录就会变得不可信。他还指出，在立法的背景下，名录的长度很重要，因为较短的保护名录看起来不够专业，而一个长的名录又不能抓住重点。为了能够使保护名录得到广泛应用，还要考虑尊重原先的计划。杰普森早就认识到，在印度尼西亚，有关优先保护地区的新建议毫无用处，部分原因就在于此，杰普森认为，政府官员和科学家多年来一直按照早期的规划进行工作，他们可能对新的提议会无所适从（他认为，在任何情况下，早期的规划从科学上来说更好些）。[3]

仅仅某一个地区或者植物受到特别关注，并不意味着其他地区或植

[1] BALICK M J, COX P A. Plants, people and culture: the science of ethnobotany[M]. The Scientific American Library, New Yorld, USA, 1996.

[2] JAYARAMAN K S. India seeks tighter controls on germplasm[J]. Nature, 1998, 392, 536.

[3] JEPsON P. Biodiversit）, and protected area policY: why is it failing in Indollesia[D]. phD, Oxford, Oxford, UK, 2001.

物没有被保护的必要，对此植物保护工作者应该非常清楚，背景是最重要的。例如，肯尼亚和坦桑尼亚的东部拱形（Arc）山脉完全有可能选择出一些特殊的森林类型，这是由于从植物学角度讲这一地区比其他地区更为重要，这里的物种更为丰富，特有物种也十分丰富。这类信息对还未做出决定在哪里实施的项目来说是非常有用的。然而，所有拱形山脉东部的森林都需要优先保护，他们为当地人提供了森林产品，有助于地区水资源供应的调节，同时也是生态岛屿链中的重要成分，展示了引人入胜的进化模式。对于一个居住在相对较小的地区（从整个背景类判断）的保护工作者来说，帮助拯救当地森林斑块将是对保护最重要的贡献，这也是他们所能做到的。

尽管写的都是关于优先保护的内容，但机会在植物保护中仍然很重要。如果一些可行的事情能够实现，即使可能性很小，也比管理更大的资源到最后一无所获要更需要实施。在保护实践中，正如人类在其他事务中一样，偶然会集到一起的一些情形也会有助于保护实践的成功。

二、合理开发利用

（一）建立资源数据库

开发利用野生植物资源。首先要对该地区野生植物资源的情况有一个全面、深入的了解，包括各类资源植物的种类、分布、生境、资源蕴藏量、生产及利用情况、民间的利用经验等。其次，需要全面掌握国内、外资源开发利用的最新信息。因此，应该建立一个植物资源数据库，数据库中不仅要收录该地区资源植物的基本资料，而且要将国内外主要期刊最新研究成果编译入库。[1]有了这样的数据库，就可以掌握世界各国野生植物应用研究的种类、化学成分和用途等信息，然后帮助我们筛选出经济价值大又适合我们需要的种类进行开发利用。

（二）研究、寻找可利用新种类

目前，人类赖以生存的粮食作物和当今社会上的许多重要产品。如橡胶、可可、咖啡、茶叶、三七和天麻等.都是从野生植物中发掘出来的。野生植物中还有许多是很有潜力的种类，至今仍然被埋藏在深山老林中，这就要靠我们去研究、去挖掘。在当今市场激烈的竞争中，谁率先推出新产品，谁就能迅速占领市场。

---

[1] 杨光圣，员海燕.作物育种原理 [M].北京：科学出版社，2009

（三）因地制宜，充分发挥本地优势

如沙棘果具有很高的营养价值.而且其枝叶茂盛、根系发达。在水土保持方面有明显的作用。沙棘的根系还有固氮作用，能改良土壤，所以沙棘已成为"三北"干旱、半干旱地区深受欢迎的资源植物。绞股蓝主产于我国南部，湖南绥宁县中药饮品厂利用本县十分丰富的绞股蓝资源研制出系列产品。产品销往北京、广东等十多个省市，部分产品还进入国际市场。辽宁省清原满族自治县建起了野果制品公司，生产出许多获奖产品，如原汁猕猴桃酒、映山红小香槟及其他40余种饮品，对繁荣山区经济起到积极作用。

（四）深度加工和综合利用

过去对植物资源的利用多为传统的单一生产经营方式，提供给市场的植物产品常常是原料、初级产品，运销成本高。经济效益差，而且在生产过程中，常产生大量的余料，一方面造成资源的浪费，另一方面，余料的处理又会造成环境的污染。例如在砍伐森林时，采伐区剩余物和加工剩余物占采伐量的1/3-1/2。这些剩余物给更新造林带来了困难。解决问题的途径就在于森林资源的综合利用，发展"树叶饲料""树皮肥料""人造板工业"和"木质燃料工业"等，从而提高产值。因此，提高产品的加工深度，使同样经济收入所消耗的资源量大幅度下降，是植物资源开发利用的必由之路。

（五）重视资源植物基地的建设

对某些分布零星、产量低的资源植物，将其就地种植或者是迁地种植。建立生产基地，实行集约化管理，植物既易成活，又能保持其有效成分不变，投资少、见效快，避免了野生资源因过度开发而枯竭。

除了上述几种方式。还可以发展生物技术有效利用植物次生代谢产物。

第二章

植物资源的保护

第一节　植物资源的特点与保护

一、植物资源的特点

（一）植物资源种类的特点

反映物种脆弱性的指标有很多（表 2-1）。可以设计出评分系统，这种系统可以同时采用好几个指标，从而为物种的脆弱性提供一个完整的定量评价结果。[1] 通过应用这种技术，列出了土耳其十种濒危状况最严重的药用植物名单，它们是菖蒲（Acorus calamus）、安杰花（Ankyropetalum gypsophylloides）、拔罗塔草（Ballota saxatalis ssp.brachyodonta）、巴里兰（Barlia robertiana）、黄龙胆（Gentiana lutea）、丝石竹（Gypsophila arrostii vat.nebulosa）、海金沙（Lycopodium annotinum）、小花牛至（Origanum minutiflorum）、马氏牡丹（Paeonia mascula）和假叶树（Ruscus aculeatus）。[2] 其中，巴里兰是 40 种用于制造"沙里布"（salep，用于制造冰激凌和其他食物的一种成分）的兰科植物中的一种。

有时所有的稀有物种都被当作濒危物种来对待。[3] 这不是近似的一种假象，因为现代社会中人类的影响范围无处不在，自然灾害也可能在任何地方会不期而至。然而，对稀有性进行更为详细的分析是非常有用的，通常可以将物种的稀有性划分为三类：第一类，它们的栖息地非常特殊，而且常常是稀有的。它们的持续存在，证明了它们的生存能力。它们的种群表现出低水平的遗传多样性，这可能是它们遗传上适应当地环境的结果。第二类，它们以低密度种群存在，但或多或少地散布在相对广大的区域。如果这些物种的栖息地退化或者破碎，它们就会变得脆弱，特别是在有其他增加自身脆弱性的特征时（表2-1）。第三类，它们的分布限于一些地区，但对栖息地的选择没有明显的理由。在美国，大多数被划分为濒危植物的种类都属于这种类型。

---

[1] CUNNINGHAM A B. The "Top 50" listings and the Medicinal Plants Action Plan[J]. Medicinal Plant Conservation, 1997, 3, 5. 7.

[2] OZHATAY N, KOYUNCU M, ATAY S, BYFIELD A. The wild medicinal plant trade in Turkey[M]. Dogal Hayati KorulTlja Dernegi, Istanbul, Turkey, 1997.

[3] WALTER K S, HILLETT H J. IUCN Red List ofThreatened Plants[M]. World Conservation Union, Gland, Switzerland,1997.

　　有关物种进化历史的知识在评估它们的脆弱性方面是很重要的。一项分析英国和爱尔兰1930——1960年和1999年间植物区系成分变化的报告显示，耕地上的杂草种类和其他开放生境中的植物种类出现了大幅度下降趋势。这些物种在先前的温和型的耕作方式下很兴旺，但是随着工业化农业的扩张在不断减少，工业化农业牵涉改进的作物种子的筛选、除草剂的应用和精耕细作，这些物种中有很多是伴人植物（archaeophytes）。

　　有关植物种群历史的知识对于评估它们对其遗传多样性丧失的敏感性很有用处。由于人类的影响，如今植物种群数量的快速下降非常普遍。近期出现的种群数量缩减的物种，其遗传多样性可能要比那些长期都处于小数量种群的高，瑞士的蕨类植物冠突鳞毛蕨（Dryopteris cristata）的情况就说明了这一点。因此，快速行动起来，保护近期种群数量缩减的物种，有时可能会保护更多的原始遗传多样性。

表2-1　反映植物脆弱性的一些指标

标准	指标
物种	
数量	许多当地物种
地理分布范围	物种的地理分布范围有限
受威胁状态	许多受威胁物种
指示物种	指示某些生境类型需要进行保护的物种
关键物种	在生态系统中扮演重要角色的物种
进化	物种形成的活跃中心
存在的栖息地类型	
保护状态	局限分布的栖息地类型
生态系统服务	具有重要生态服务功能的生境类型（气候调节、水资源供应、土壤稳定等）
变化恢复力	受干扰后恢复很慢的栖息地类型
对变化的敏感程度	人们乐于为了其他目的而实施改变的土地类型或地点
对退化的敏感程度	生产的产品可能是非持续采集的栖息地类型

续表

标准	指标
资源	
物质资源	是当地物质资源的重要来源
文化意义	具有重要文化价值的地点
遗传资源	包含优先物种或者遗传多样性
生态系统的变化	
暖期气候变化	基于预测，能保持植物保护价值的地点
冰期气候变化	基于预测，能保持植物保护价值的地点

注：①一个物种的分布区（area of occurrence）是指一个最小的、有连续的虚构边界范围，其内包括了所有已知有该物种出现的区域，在此区域内不包括尚未确定的地点。占有区（area of ccupancy）包含在分布区内，是一个物种实际占有的区域，也不包括不确定的地点。②英国皇家植物园（邱园）、密苏里植物园和纽约植物园采用此概念，用于描述世界植物名录中植物物种保护状况的大概情况。

　　一些植物很难找到，但有时候偶然就会出现在眼前。例如星果泽泻（Damasonium alisma）和桃叶堇菜（Viola persicifolia）的例子。另一个例子是美丽并蕨（Trichomanes speciosum），该植物由于19世纪采蕨者的原因，已经在英国东部和大部分欧洲大陆绝种。但是这种蕨类前不久已经被重新发现，它实际上存在于几个被认为已灭绝的区域，以看不见的配子体形式生存下来，用非专业的眼光根本就辨认不出来是蕨类植物。[1]

　　如果认为优先选择的目的是为了达到实践结果，那么选择最好是由那些进行实际操作的人（或者与其合作）去做出。由这些人参与选择的情况可以用人与植物项目中在尼泊尔喜马拉雅地区进行的一个项目为例来说明。这个项目涉及由掌握藏族传统医学（被称为 Sowaripa，与佛教和苯教密切相关的一种传统）的传统藏医（amchis）对最受威胁的药用植物进行确认。首先让传统医生将他们作为药用的植物样品带到研讨会上，确定它们科学分类身份，然后讨论传统医生如何评价这些物种的丰富度以及他们所关注的与保护相关的内容。结果显示，传统医生采用植物种群的"厚"和"薄"来形容植物的丰富度，他们最为关注的是丰富度的下降，而不是物种自身

[1] MOORE P D. Frondless ferns lie low to survive[J]. Nature, 1998, 392.661–662.

的稀有性。最初涉及的物种罗列出一个很长的物种名单，这份名单最后被削减至22种优先考虑的物种，最后对这些物种的管理提出了一些建议（表2-2）。这些建议现在已经被提交到世晃自然基金会（WWF）尼泊尔项目部，同时也将该结果编写成册，广泛分发到传统医生和资源管理者手中。

表2-2 分布在尼泊尔喜马拉雅高海拔地区的22种药用植被
确定为需要进行高度保护的四个例子

藏名	植物学名	药用部位	植物变得稀少的原因	管理建议
bashaka	兔耳草 Lagotis kunuwurensis	叶、花和根	生长在当地；大量采集	只收获50%的植物；收集种子，并在疏松的土壤中种植
honglen	胡黄连 Neopicrorhiza scrophulariiflora	整株植物	生长在当地栖息地；交易的需求量大	政府加强禁止商业性采集；采集50%（成熟）的植物，为再生留下种源；栖息地栽培
Tongzil serpo	巨萼紫堇 Corydalis megacalyx	整株植物	只生长在高海拔地区（生长缓慢）	收获后，将土掩盖好，促进种子萌发（该植物不能进行人工栽培）
Upal ngonpo	大花绿绒蒿 Meconopsis grandis	花	野生的很少	只采集部分花朵，让其他花朵产生种子；传播种子；进行人工栽培

另一个确认优先保护植物的做法的例子是，以对墨西哥恰帕斯州（Chiapas）高地的玛雅人（Maya）提供医疗保障的植物资源作为考虑的对象，并将当地人的观点考虑在内。玛雅人知道20种主要的健康问题（以及250种次要健康问题），和采用600多种药用植物治疗这些疾病的方法。目前已经分离出50种优先考虑的药用植物成分用于治疗8种最重要的疾病。最初的实验室生物活性筛选业已证明，这些植物中几乎所有种类都显示出很强的生物活性。但也有一个例外，在治疗某一特殊疾病时，这些物种的用途都有些相互排斥。考虑到玛雅人民族药典的核心基础，这些植物是被大家广泛了解的用于治疗最重要疾病的最有效药物。它们构成了发展药用植物园的基础，为治疗疾病提供了更多方便，减少了对野生种群的采集压

力。2000年有人对该地区玛雅人社区访问过，在柏林（Brent Berlin）教授支持下建立的社区药用植物园，在伊科苏尔（Ecosur）一个社区的药用植物园里收集栽培了大约200种药用植物，每种植物都标有编号和名称，保存有统一制作的植物档案。在与社区成员座谈时，玛雅村民很高兴进行这种对社区有益的活动，他们认为传统草药是他们唯一的治病方法，在当地没有现代医疗设施和医生，他们没有钱到需要3小时车程的圣·克里斯多巴（San Cristobal）去看病，也不愿意去，因为医院是白人开办的。

保护评估和管理计划（CAMP）是为进行快速的物种保护评估过程所提出的一个概念。第一步是决定要考虑保护的一组物种，如尼泊尔喜马拉雅地区的药用植物。第二步由10～40名专家聚集在一起进行研讨。选择专家要考虑几个方面，在尼泊尔的例子中，可以选择野外植物学家和植物标本馆的植物学家、科研工作者、林业部门的官员、植物园的专家、传统医生、草药商贩、政策制定者和非政府组织的成员。在讨论的基础上，把这些物种划分到不同的濒危等级中，并为这些物种的保护行动和进一步研究提出建议。

综合性最强、权威性最高的全球植物保护状况的编目是世界保护联盟（IUCN）编写的濒危物种红皮书。物种保护状态等级的确定根据不同的标准，这些标准在1994年和2001年都进行了修正（见表2-3）。[1]如果物种被划归为极度濒危、濒危或易危（见图2-1），这些物种就被认为是受威胁物种。一个濒危物种被定义为在不久的将来面临灭绝风险很高的物种，在这个定义中没有对时间范围进行精确的界定，但我们可以理解为从近期到未来几千年的时间（对于寿命很长物种来说）。所有要求加入世界保护联盟红皮书名单的申请必须提交一份评估报告，在报告中必须包括一些最为必需的信息。在接受之前，每个评估报告必须由至少两名红皮书权威组成员对其进行评价，这些成员一般是世界保护联盟物种生存委员会（SSC）的相关分类学及地理学专家。2001年世界保护联盟物种保护状况的分类如下：

（1）灭绝类。①灭绝种（EX）。这类物种是，详细调查结果显示，最后一株植物毫无疑问已经死亡。②野生灭绝种（EW）。这类物种是指只有栽培的、限于人工环境中的或归化种群在生存能力和数量上最多与以前一样多。（2）濒危物种类。①严重受威胁物种（CR）。在野生状态下，面临严重灭绝危险的物种（也就是说，当最有力的证据显示它们符合表2-3、中

[1] IUCN. IUCN Red List Categories and Criteria: version 3. [R]. Species SurvivalCommission, World Conservation Union, Gland, Switzerland and Cambridge, UK, 2001.

所列举的严重受威胁物种的指标中A条至E条中的任意一条）。②受威胁物种（EN）。在野生状态下，面临很高灭绝危险的物种（也就是说，当最有力的证据显示它们符合表2-3中所列举的受威胁物种的指标中A条至E条中的任意一条）。③易受威胁物种（VU）。在野生条件下，面临高灭绝危险的物种（也就是说，当最有力的证据显示它们符合表2-3中所列举的易受威胁物种的指标中A条至E条中的任意一条）。（3）其他类别。①接近受威胁的物种（NT）。目前尚不符合严重受威胁物种、受威胁物种或易受威胁物种的条件，但在不久的将来有可能接近或符合某一濒危类别的物种。②需要给予一定关注的物种（LC）。目前尚不符合严重受威胁物种、受威胁物种或易受威胁物种的条件的物种，这一类型的物种分布广泛，物种丰富度高。③资料尚不完整的物种（DD）。缺乏足够的用来直接或间接进行物种灭绝危险状态评估的资料和数据，根据其分布和种群状态尚无法确定其濒危状态的物种。这一类别的植物，人们对其研究可能已经很彻底，人们对其生物学特性也非常了解，但尚缺乏有关其分布和丰富度的合适资料。资料的缺乏并不是威胁程度的一个类型。

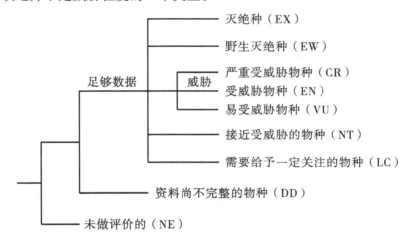

图2-1　2001年世界保护联盟颁布的红皮书中各保护类别间的关系

表2-3 世界保护联盟物种濒危等级划分标准（A条至E条）

标准A条至E条	严重受威胁物种（CR）	受威胁物种（EN）	易受威胁物种（VU）
A种群数量下降（10年或3代以上的时间段所测量出的下降幅度）			
A_1	≥90%	≥70%	≥50%
A_2、A_3和A_4	≥80%	≥50%	≥30%

A_1基于下面所罗列的情形，观察、估计、推断或猜测到过去种群数量呈下降趋势，导致下降的原因明显是可逆的、能够理解的而且这些原因也已停止：

（a）直接观察；

（b）适合这一物种的丰富度指数；

（c）EOO、AOO和生境质量下降；

（d）利用的实际或潜在程度；

（e）引入的物种、杂交：病原、污染物、竞争者或寄生虫的作用

A_2基于A_1中的（a）~（e）项情形，观察、估计、推断或猜测到过去种群数量下降呈下降趋势，导致下降的原因尚未停止，或可能无法让人理解，或是不可逆的A_3基于A_1中的（b）~（e!一项情形，预测到种群数量将会在将来出现下降（最大至100年）A_4基于A_1中的（a）~（e）项情形，观察、估计、推断或猜测到种群数量下降（最大至100年），时间段包括过去和未来，导致下降的原因可能还没有停止，或不可理解，或非可逆的。

表2-4 B在B1（分布的范围）和（或）B2（占有面积）情形下的地理范围

B1EOO	< 100km²	< 5000km²	< 20000km²
B2AOO	< 10km²	< 500km²	< 2000km²
至少下面2条			
（a）严重片段化的分布区数量	=1	≤5	≤10

（b）下面指标中任一指标持续下降：

（i）EOO；（ii）AOO；（iii）分布区的面积和（或）生境的质量；

（iv）分布区或亚种群的数量；（v）成熟个体的数量。

（c）下面指标中任一指标的极端浮动范围；

（i）EOO；（ii）AOO；（iii）分布区或亚种群的数量；（iv）成熟个体的数量

表2-5　C小的种群数量和下降

成熟个体的数量	< 250	< 2500	< 10000
C1和（或）C2			
C1估计的持续下降至少在最长到100年	3年或1代内25%	5年或2代内20%	10年或3代内10%
C2持续下降，并且出现（a）和（或）（b）的情形			
（a）（i）在每一亚种群内成熟个体的数量	< 50	< 250	< 1000
标准A条至E条	严重受威胁物种（CR）	受威胁物种（EN）	易受威胁物质（VU）
（ii）在每一亚种群内个体的百分比	90%	95%	100%
（b）成熟个体的数量处于极端的变化中			
D种群非常小或有限,符合下列任一条件者			
（a）成熟个体数量	≤50	≤250	≤1000
（b）局限于AOO	不可用	不可用	AOO < 20km² 或分布区≤5km2
E定量分析			
指出野生状态的灭绝概率为	在10年或3代（最大100年）内≥50%	在20年或5代（最大100年）内≥20%	在100年内≥10%

注：AOO 占有面积；EOO 出现范围（概念的具体含义见表2-1）

物种的保护地位可以具体到当地水平上进行评价，而将整个世界看成一个整体。因为有很多保护工作是以国家为基础的，因此对红皮书来说，国家水平是一个明显的选择。国家水平的红皮书介绍了如何考虑国家之外所出现的物种记录问题。总而言之，一个物种在一个国家可能是濒危的，但是在另一个国家却不是。在芬兰和瑞典进行的一项测试指出，在应用世界保护联盟红皮书标准处理国际层次上的此类问题中，应该进行许多调整。最引人注意的建议是对非国家水平上的特有物种所采取的两步操作过程：（1）如果它们是这个国家的特有物种，对它们进行初步评价。（2）

根据它们分布区对初步评价进行调整。[1]尽管植物学家付出了很大的努力，一些物种保护现状资料仍然很贫乏，特别是热带和亚热带物种。总的来说，人们对植物的类型、分布和保护状况的了解仍然比对一些动物物种（如鸟类）的了解要少，尽管植物的种类比鸟类多很多（全世界维管植物大约为270 000种，鸟类大约为9 700种）。另外，有更多业余的鸟类学家能够胜任在野外对鸟类进行准确的科学记录，而能够胜任野外类似工作的业余的植物学家却很少。应用世界自然保护联盟1994年红皮书颁布的标准，将全球各种植物类群中物种的保护水平进行评估，它们分别为：苔藓植物<1%，裸子植物为72%，双子叶植物<5%和单子叶植物<4%。[2]

有关热带植物的保护状况，在个体水平上进行的逐种评估资料我们所知甚少。造成这种结果的部分原因是世界上还有一些植物学研究非常少的地区，如新几内亚、马达加斯加和南美洲的部分地区，这些地区可能有大量的植物种类正等待着人们去发现，1991-1994年间，对马达加斯加的棕榈科植物进行的一项野外调查使该岛上的棕榈科植物数量从116种增加到176种（除了其中的4种，其他都是特有种）。在非洲大陆（这是棕榈科植物研究最为透彻的地区之一）更多的棕榈类植物等待着人们去发现。即使有相当可信的热带地区植物名录（有时是这种情况），一般情况下人们对它们的保护状况却了解不多。一篇关于马来西亚沙巴的棕榈科综述文章表明，当地131种已知的棕榈科物种中只有18种植物的保护状况是清楚的。为了获得更好的数据，唯一的方法就是把当地人纳入到植物区系成分的编目和保护评估活动中来，但这些只在当地水平上进行的调查如何能够更好地换算成国家或地区水平的评估结果，目前似乎还不太确定，有待进一步研究。

（二）植物资源分布地的特点

表2-6列举了一些可以用于确认对植物保护有特别重要意义的地区的指标。植物物种数量仅仅是一个枯燥的统计量，对一个地点保护的重要性来说几乎没有任何指导价值。有关一个物种当地状态和其分布地的信息需要进行合适的评价。如果对这些信息没有进行合适的评价，仅仅根据物种的相对丰富程度，那么英国一些被外来物种严重入侵的城市郊区花园和海岛会被错误地视为是应该进行优先植物保护的区域。有关与某些地区植物区系特征相适应的过程的信息也是需要的，因为这些资料将有助于帮助建立

[1] GARDENFORS U. Classifying threatened species at national versus global levels[J]. TREE，2001，16：511.516.

[2] HILTON—TAYLOR C. 2000 1UCN Red List of threatened species[M]. IUCN, Gland, Switzerland, and Cambridge, UK, 2000.

最有用的管理方法。

表2-6　确认重要植物保护地的一些指标

标准	指标
物种	
数量	许多当地物种
地理分布范围	物种的地理分布范围有限
受威胁状态	许多受威胁物种
指示物种	指示某些生境类型需要进行保护的物种
关键物种	在生态系统中扮演重要角色的物种
进化	物种形成的活跃中心
存在的栖息地类型	
保护状态	局限分布的栖息地类型
生态系统服务	具有重要生态服务功能的生境类型（气候调节、水资源供应、土壤稳定等）
变化恢复力	受干扰后恢复很慢的栖息地类型
对变化的敏感程度	人们乐于为了其他目的而实施改变的土地类型或地点
对退化的敏感程度	生产的产品可能是非持续采集的栖息地类型
资源	
物质资源	是当地物质资源的重要来源
文化意义	具有重要文化价值的地点
遗传资源	包含优先物种或者遗传多样性
生态系统的变化	
暖期气候变化	基于预测，能保持植物保护价值的地点
冰期气候变化	基于预测，能保持植物保护价值的地点

在英国，率先应用指示物种来标示有特殊保护意义的地点，以识别

"古代树林"。就在前不久，腊伞菌（Hygroeybe，属真菌）被发现是对英伦诸岛未施肥草地进行分类的最佳指示物种，这些草地中的一些具有重要的国际保护价值。[1]

一般意义上，越接近自然的生境类型要比受人类干扰的生境类型更具植物保护意义。例如，在热带非洲次生林（例如分布在弃耕地上或严重伐木地的森林）包含了许多分布范围较广的物种，而原始森林则包含着分布范围更为局限的物种（分布区较狭窄的特有物种）。例如，在对坦桑尼亚潘德（Pande）和奇洛（Kiono）的森林研究后显示，没有受人类干扰的森林中存在着分布局限的物种（包括一些有很高地区特异性的植物），而受到人类严重干扰的森林包含了分布范围非常广的植物种类。[2]

尽管这是很普遍的现象，但还是有一些次生生境具有重要的保护价值。例如，欧洲部分地区的半自然草地，甚至包括一些类型的耕地，随着精耕细作的扩展，在欧洲的一些地区，栽培环境中的一些杂草已经变得十分稀有。

当地人能够利用许多不同的栖息地类型，虽然它们中的一些类型可能在某些特定目的上要比其他类型更为重要。在秘鲁坦波帕特（Tambopata）进行过一项对六个植物区系的森林类型利用情况的研究中，要求当地的梅斯提佐人（mestizo）提供在每一森林类型中出现的木本植物的资料。结果显示，所有森林类型中木本植物的树干被当地利用的比例很高（平均值达94%），而且大多用于日常生活而非商业目的。一种加权技术名叫"信息报告员索引"（informant indexing）应用于具有特别用途的物种的识别，把它们从仅有较少用途的物种中分离出来。这一结果显示了森林类型在利用程度上存在明显的不同，早期形成的冲积平原上分布的成熟森林用途最大，主要是由于它们被用于建筑材料和食物的价值很高；低地冲积平原是药用植物最重要的栖息地。从这个研究可以推断在亚马逊其他地区，文化和生活需要让亚马逊地区的人们能够利用所有的当地森林类型，对已经形成的冲积平原森林应该受到优先保护，保护工作者应该协助当地社区获得对冲积平原上资源的控制权。在中国，民族区域自治是一项十分成功的社会政策，这项政策还应延伸到生态系统的保护中去，让当地民族管理不同类型的森林、草地、河流等。农耕系统的传统方式能够在"自治"的前提下充分实施，

[1] WOODS R. Botanising on the lawn[M]. Plantlife, Autumn, 2002. 17.

[2] MWASUMBI L B, BURGESS N D, CLARKE G E Vegetation of Pande and Kiono coastal forests, Tanzania[J]. Vegetation, 1994, 113: 71-81.

对外来干预和影响拥有自己的决定权。值得注意的是当前中国正在推行"林权制度改革"的新政策，大幅度放开对集体林的管理权限，允许把责任分配到户进行林业资源的开发。根据过去历次林权变革的历史经验，每次变革都会发生不利于森林物种保护的事件，而关键是与政策相配套的技术指导不够明确和落实。由于市场经济的强大吸引力和农民生计发展的需求，必然会出现把集体林中的具有物种多样性的天然林植被改变为物种单一的经济林（如热带地区的橡胶林发展、亚热带地区桉树林的发展等）。这种担心的消除，只有等到新一轮林权改革的结果才能被证实。

作为遗传资源，所有植物都是有价值的，因为它们要么是已知有用的，要么具有潜在的应用价值。然而，用于保护的资源是有限的，所以需要进行价值的比较研究来决定保护的优先权。迄今为止，最具保护优先权的一类植物资源是对作物育种有实际或潜在用途的植物。正是由于这一原因，作物多样性中心或包含作物野生近缘种的地区常常被认为是植物保护的优先地区。在这种背景下，人们有时认为只有作物多样性的主要中心才具有抗病基因资源，这是根据有用的抗性只有通过野生物种长期与抗原的联系才能得到进化这一观点推断而来的。然而，分布在多样性次级中心中的品种也具有提供疾病抗性基因的价值。

重要植物保护地（Important Plant Areas，IPAs）概念已经得到大力提倡，特别引人注目的是植物生命国际所做的工作，重要植物保护地概念是在适合国家水平的计划和野外实践管理中，吸引人们对某些重要区域进行植物保护注意力的手段之一。[1]最终希望所有的国家都能在自主选择的基础上（但要参考某些基本标准）认同重要植物保护地，确保国家之间有合理的可比性。原则上，重要植物保护地试图将低等植物和真菌与高等植物都包括在内。重要植物保护地从其本身来说并不是一个官方的保护地（如保护区），根据环境的不同需要许多方面的法律和其他手段来保障重要植物保护地功能的实施。重要植物保护地的选择方法的建立是通过重要植物保护地的公开、严格和透明等特点使植物学家、政府官员和外行认识到它们的价值。为了达到重要植物保护地的要求，一个保护地点必须具备以下条件中的一项或者多项（表2-7）：

A.该地点拥有一种或多种具有全球或者地区性保护价值的种群。

---

[1] ANDERSON S. Identifying important plant areas–a site selection manual for Europe，and a basis for developing guidelines for other regions of the world[M]. Plantlife International，Salisbury，UK，2002.

B.在其所在的地理位置上，该地点在本地区拥有独一无二的丰富植物区系成分。

C.该地区具有全球或地区植物保护意义和植物重要性的植被类型或生境的类型。

表2-7　重要植物区（IPAs）的选择标准

标准	描述	临界值	注释
A（i）濒危物种	包含全球性濒危物种的区域	所有已知、猜想或推断包含有5%或更多的国家级种群的地点就可以被选择，或5个最好的地点，曾经是最合适的（种群必须是可育的或希望通过保护措施而恢复繁育能力）	
A（ii）濒危物种	包括地区性濒危物种的区域		
A（iii）濒危物种	包含国家特有物种，且这些物种面临明显的威胁的地区，这些威胁不包括在A（i）或A（ii）中		
A（iv）濒危物种	包含近似的特有物种或分布范围局限的物种的地区，这些物种面临的明显威胁不包括在A（i）或A（ii）中		
B 植物学丰富度	在特定类型的栖息地或植被类型中包含大量物种的地点	每个栖息地或者植被类型占国家资源（面积）的10%，或5个最好的地点，这些地点是适合的	
C 受威胁的栖息地或植物类型	包含受威胁的栖息地或植被类型的特点	所有已知、猜想或推断包含有5%或更多的濒危生境的国家级种群的地点就可以被选择，或占国家资源的20%—60%，这是最适合的	

注：①特殊情况之一：在整个国家少于10个地点或某一物种有5～10个大种群，仍然可以选择10个地点。②特殊情况之二：对某一特殊生境类型中物种十分丰富的地点（如有5～10个），一旦达到10个地点就可以作为备选生境类型。③对标准A，应用1994年或2001年IUCN颁布的标准[427-428]，濒危物种必须列为严重濒危（CR）、濒危（EN）、易危（Ⅶ），或应用IUCN1994年以前的分类方法列为灭绝/濒危（EX/E）、濒危（E）或易危（V）。

土耳其是进行重要植物保护地认证工作最早的国家，早在1994年就开始了相关工作，1998年开始实施了一个重要项目。土耳其是一个植物资源非常丰富的国家，这里大约有9000种本地产维管植物（其中特有植物约占

33％）。在先期阶段，根据当地植物学家的知识和公开发表的资料，以及标本馆记录，初步列出了一个候选地点名录。这一工作最后确认出大约150个候选地点，相关学科的专家学者随后对这些候选地区进行了考察，记录这些地区的特征、植被的多样性和性质、稀有物种的存在度和种群大小、现存的和潜在的威胁等资料。随后进行的主要调查工作包括来自17所大学的40名植物学家。最后，被认可的候选地点数量减少为130个，覆盖了土耳其陆地面积的9％。这些地点的面积大小差异很大（从72万～125万hm²）。为了确定哪种方法最适合保护网络功能的发挥，以及在什么水平（国家、地区或当地）上实施这些方法等问题，进一步研究是非常必要的。这些答案将视各地本身所存在的威胁类型和威胁程度而定，保证更大范围保护的政治因素也将对这些答案有很大影响。[1]

在土耳其所进行的调查研究中发现，在不同的生境类型中，国家级稀有物种的数量变化十分巨大。例如，在被称之为"山地/森林"的栖息地类型中，有251种国家级稀有物种，而在高地沼泽（raised bog）类栖息地中只有4种国家级稀有物种。研究者强调，必须在生境类型的物种总体丰富度和它们的濒危程度的背景下理解这些统计数据。山顶栖息着许多特有种；但是很多此类生境通常受威胁程度比较低。相比之下，土耳其境内只有一个高地沼泽["阿格克巴什"（Agagbasi）泥沼]，受威胁程度最为严重。

对植物保护有重要意义的一些地区，也对植物以外其他分类群的保护具有重要意义。也有一些与重要植物保护地相似的行动也计划对其他生物群体的重要地区进行确认，如鸟类（重要鸟类分布区）、真菌和蝴蝶。有人提议，对于那些作为好几个分类群的共同重要分布区应当作为"重要物种分布区"（ISAs）或"生物多样性关键区"（KBAs），后者除了物种本身之外还包括多样性等方面的内容。

二、植物资源保护

地球上除苔藓植物和真菌外，有30多万种植物。植物是构成地球上众多生态系统的最基本的成分。它们是生态系统的生产者，它们利用太阳能将无机物转化成其他生物能够利用的有机物，同时将太阳能转化成化学

[1] BYFIELD A. Important Plant Areas in Turkey: a model for Europe[M]. In Proceedings of the First European Conference on the Conservation of Wild Plants（ed J. Newton）. Plantlife，Hyrres，France，1995：229-232.

能，供其他生命形式或生命过程利用。因此植物是构成生态系统的物质基础，同时也为其他各种有机体提供了赖以生存的资源。植物为人类的日常生活提供了食物和其他物质.同时也与许多有益于人类生存和发展的生态过程密切相关。一方面，人类文化与植物界密切相关，植物在一定程度上影响人类传统文化的产生和形成过程：另一方面，人类文化也在一定程度上影响着生物多样性。地球表面上的植被能够显著影响气候、水资源和土壤的稳定性。

在过去的500多年里（尤其是过去50年间）。人类与其所在的星球（包括其中的植物）之间的关系已经发生了明显改变。在这个时期之前，绝大多数人生活在农村，他们在很大程度上都依靠和利用当地所生长的栽培及野生植物。随着越来越多的人逐渐融入全球范围的各种活动，他们也逐渐成为更为广泛的经济、文化和社会体系中的一部分。由于人口的快速增长，大量农村人口涌入城市，远离了栽培植物和野生植物，与此同时，人类对地球资源的压力也成倍增大，他们中很大一部分已经开始享用过去只有贵族才能享用的自然资源。

随着人类数量的增加以及对资源需求压力的增加，资源的保护问题已经在更大范围内凸显出来。人类很早以前就已成为引起当地生物灭绝的主要因素（在这方面，人类对受威胁的动物的记载要比对植物的记载更为详尽），而且人类也因此遭受了自然资源周期性短缺的惩罚（如目前世界上的饥荒就很好地说明了这一点），人类应该为地区环境的退化（如森林大面积消失和水土流失）负责。就目前的情况而言，人类正在全球范围内加速物种的灭绝，他们对自然资源进行掠夺式的开采，并造成严重的环境污染，从而使许多物种的生存受到严重威胁。来自中国和英国，长期从事植物多样性保护和植物资源保护工作人员。在该领域共事近20年。在中国和亚洲、非洲等许多国家都有实际工作经验，他们的主要目的就是要对一些可以用来改善植物生存状况的方法进行介绍，给予植物保护相关的学者和从事植物保护的工作人员提供参考。

"保护"包含主动和被动两种含义。在主动的含义中。保护是采取行动确保有价值的东西可以有更多的机会继续存活。世界上植物的特点远远超出了保护工作所能关注的范畴，这些特点包括植物种类、植物种内遗传多样性、植物资源的类型和植被类型等。主动意义上的保护、物种保存与植被恢复密切相关，为了提高主动保护的保护价值，主动保护不仅仅只是保护人们所关注的一些方面。

在被动的意义上，保护指没有保护意识或只有部分保护意识的人们所采取的一些有益于植物保护的行为.也就是说人们下意识地进行了植物的保护，如有研究记载的一些传统保护实践。主动的植物保护的一个主要目的是规范人们的日常行为，使其行为有利于植物的保护。总之，保护应该被提升为一种文化。植物资源的保护不仅仅是一门应急的学科，同时也应该是人们日常行为的一种习惯。

（一）植物资源保护概述

植物资源的概念有广义和狭义之分。狭义的植物资源是指一切对人类有用植物的总和，吴征镒等曾将我国植物资源按用途划分为食用、药用、工业用、防护与改造环境用及种质资源五大类，共计在2400种以上。

1985年长期从事植物资源研究的美国学者D.M.贝茨（D.M.Bates）提出了植物利用库（Plant Utilization Pool）的概念。这一概念是根据植物资源的多样性和人类利用目标单一化的特点，检验了人类参与植物利用的程度，按照人类对某一植物种依赖程度的大小，把被利用的所有植物种群视为"植物利用库"，并划分为I级、II级和III级三个等级，具体可见图2-2所示。之后，贝茨在他发表的另一篇文章"新作物的潜力"中再次论述了从II级和III级库中开发新作物的可能性，并预测人类为了发展生计的需求将继续依赖少数物种（I级库），但会随着需求的增长加大对其他植物资源（II级和III级库）的开发机会，包括农业的多样化、综合性发展和其他植物管理系统的需求。广义的植物资源是指地球表面所有的植物总称。植物的价值有很多类型，包括利用价值或其他方面。由于这一定义涉及面很广泛，认为所有植物以及其遗传多样性都是资源。从材料使用的角度来看，世界上的植物种类大约有20%或更多已被人类用于各种各样的目的。[1]

在植物资源保护中植物资源的现状或存在程度是一个重要的考虑因素。植物资源变为稀缺或灭绝，主要表现的几种方式：全球范围的灭绝——这种植物资源在地球上已经完全消失了；局部范围内的灭绝——这种植物资源仅在当地没有了；商业性的灭绝——这种植物资源在商业生产中供给停止；文化上的灭绝——这种植物或植物的某个部分过去被认为很有价值，但现在已经不再被认为是一种资源加以利用了。

---

[1] 董炳友．作物育种技术 [M]．北京：化学工业出版社，2012

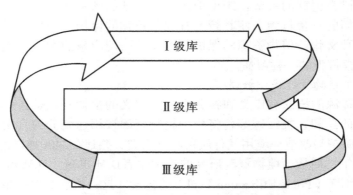

图2-2 植物资源利用库之间的相互关系图解

注：Ⅱ级库和Ⅲ级库中的植物都具有进入Ⅰ级库的潜力．Ⅲ级库中的许多具有较高利刚价值的野生植物在一些地区常常被当地人以传统厅式进行引种驯化而进入Ⅱ级库．在当地社区的日常生活中发挥着重要作用。

人们利用大量植物资源，而这些资源又分布在如此多样的生境条件下，因此植物资源的供给问题也就常常与植物多样性的保护问题紧密联系在一起了。有些时候，植物多样性的保护取决于对植物利用和管理实践的连续性，如在欧洲与传统农业相联系的管理实践。在发展中国家，生活在农村的人们依赖于许许多多的野生植物资源。在一个社区里，经常是那些最没有经济能力的人对野生资源的依赖程度最大，因此他们必须竭尽全力去采集野生植物资源，以求资源供给正常。在发展中国家，野生植物以低成本的建筑原料、燃料、生计收入、食物补充以及草药的形式为生活在广大农村地区的人口提供了一种绿色的社会安全保障。关注和保护当地的野生植物资源是以社区为基础的植物保护途径的关键因素。

"可持续性"（Sustainability）一词近年来在许多有关社会、经济和生态学等问题的讨论中被多次提及。"可持续性"最早出现在林学中，是指以木材恢复速率为基础的木材利用，这种利用方式可以达到木材和燃料长久利用的目的。如今"可持续性"已经不再单纯地与单一的自然资源的管理联系在一起，该词已经扩大成为一个"稳定和被人们所能接受的经济、社会和生态发展"的代名词。植物资源应该本着可持续性的原则进行合理利用。在生物多样性公约（CBD）中，可持续利用被定义为"生物多样性利用的方式和速度不能导致生物多样性的长期降低，以此保证它们不仅能够满足当代人的需要，还可以满足子孙后代的需要"。可持续性原则是寻求人们与环境更加和谐相处方法的一个核心思想。植物资源可持续利用最简单的理解就是在一个具有明显边界的管理区域内，建立采集速率与植物资源再生速率之间的平衡。在这种情况下，可以对可持续利用下一个更为简单的定义：以一种适当的采集水平利用植物资源，以使植物可以持续不断地供给人们所需。以实用为目的的可持续利用不仅仅指植物利用与管理的生物学和生态学方面，而且也涉及经济、文化和社会可行性。为了使资源利用与管理体系持续下去，就必须使这些体系具有经济上的可行性，以及足够的吸引力来引起人们的注意。在相关人群的知识和技术背景下具有可实践性，而且操作过程中惠益和成本在整个社会中的分配能够被人们接受。

（二）植物保护的途径

生物多样性公约（CBD）作为一个重要的国际性保护公约，为大多数国家认可，他们为生物资源的可持续利用而努力。CBD的一个重要约定就是利用生态系统的方法作为主要的工作框架。生态系统方法（从CBD角度）的准确含义仍处于不断的争论中；但从广义的角度来讲，它激发人们以系统为单位思考这一问题，并牢记人类在几乎所有情况下都是生态系统中的主要因素。[1]采取生态系统途径意味着在分析保护问题时必须将生态系统所有方面都考虑在内——生物学、生态学、社会学、经济学、文化以及政治等方面，同时也意味着在不同的地理尺度上工作，如手上一些相关的问题。另外一个考虑因素是为生态系统如何运作及为控制生态系统的功能而设计一些人为干预所产生的实际效应的不确定性，提供一个管理自然的适宜途径的建议。

生态系统途径用于植物保护的最大好处之一就是分析人和植物之间的相互关系完全可以通过一种和谐的方式来实现。传统上，保护工作者倾向于人是问题的根源，并在分析人与植物之间关系时将精力集中在人所带来的威胁上。当然有必要找出这些威胁，但是，在分析这些负面影响时也需要兼顾积极的影响，做到切实可行的保护工作。应该把人看成既是制造问题、同时也是解决问题的部分因素。如果不这样做的话，容易让人产生一种印象：如果没有人存在的话，地球就会变得更好，而这样的心理对于获得公众对植物保护的支持是无益处的，人往往对正面的信息会产生强烈响应。

所有保护途径中所面临的一个共同问题（与包含在生态系统途径中一样）就是保护工作看起来很复杂而且也无法清晰明确怎样做才最好。通常的意见是将当地生态系统摆在中心位置，并且将焦点放在人与植物之间的关系上。就此而论，世界上的任何地方都可以是当地的。当地是关键，因为这是植物生长的地方，也是人们与植物直接相互作用的地方，同时在这

---

[1] 臧德奎 . 观赏植物学 [M]. 北京：中国建筑工业出版社，2012

里才能实施可行的计划，平衡保护与利用之间的关系。在最后的分析中，旨在植物保护的所有工作都应在植物生长时对它们产生积极的结果——而这通常是在当地水平上进行的。这也意味着为了达到真正意义上的保护中的利用，围绕此核心而采取的所有有利于植物保护的行动最终都应反馈到当地。如图2-3所示。

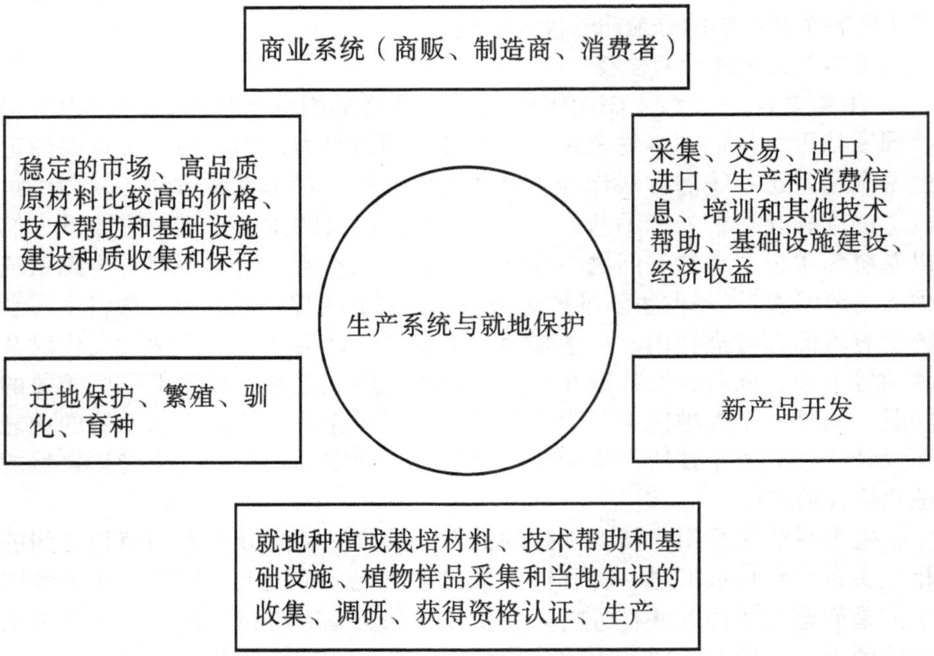

商业系统（商贩、制造商、消费者）

稳定的市场、高品质原材料比较高的价格、技术帮助和基础设施建设种质收集和保存

采集、交易、出口、进口、生产和消费信息、培训和其他技术帮助、基础设施建设、经济收益

生产系统与就地保护

迁地保护、繁殖、驯化、育种

新产品开发

就地种植或栽培材料、技术帮助和基础设施、植物样品采集和当地知识的收集、调研、获得资格认证、生产

图2-3 以当地为轴心的植物资源保护

注：在远离此轴心的任何一个地方所采取的行动在最终的分析中都必须反馈到当地，只有这样才能对保护工作有意义。

　　生态系统方法提倡我们在利用自然为人类服务的时候要时刻保持警惕性。保持警惕性的原因包括人类对生态系统功能认识存在局限性，以及对于人为干扰所产生负面影响有其必然性，其中有些影响我们根本无法进行有效的预测。应用于自然环境中的最基本预防原则是，在发展的同时，应尽可能在很小程度上改变自然系统，即尽可能保护自然生态系统的原生面貌和内容。这种方法与传统方法形成了鲜明对比，传统方法在利用自然条件为人类获得及时利益时看不到任何问题，将剩余资源零零散散地散落在一些角落而再无人问津。也就是说应该将发展与自然协调起来，而不是随心所欲地发展而不顾自然。

（三）植物资源分布区的保护

不同的国家给予各种不同的植物保护途径的权重是不同的，尤其与各国的经济状况、文化背景以及各国植物区系的特点有关。保护濒危物种的大规模工作和努力，采用逐种保护策略，并将就地保护和迁地保护方法有机地结合在一起，是目前相对比较发达国家或珍稀濒危植物对本国较重要的国家所采取的主要方法。目前尚无经济价值的植物属内许多杂交种的项目只有在资源利用比较好，同时也有深厚的自然历史传统的国家才有可能被接受。在苏格兰，已经建议实施一个保护柳树（Salix）的类似项目。在一些海岛上，在逐种保护基础上实行就地保护和迁地保护途径相结合的手段既是可行的，也是必要的，这样可以在特殊的植物区系中构筑岛屿或国家的自豪感。

如果在逐种保护的基础准备实施一项保护濒危物种的项目，那么必须对所采用的方法（对某些特殊植物种类进行保护的办法等）进行仔细选择。1999年在美国密苏里州首府圣路易斯举行的第16次国际植物学大会的一次讨论中，威廉.邦德（William Bond）指出，一个物种的种群可能会因受到外部因素及种群本身因素的影响而发生变化，在对种群直接采取处理之前，必须认清这些影响因素，保护工作才能取得成功。因此，如果植物种群所生活的群落不稳定，种群可能会消失（例如，植被处于某一演替阶段）。除此之外，还有大范围的过程都会影响植物种群，如气候变化、营养的丰富程度等，都会导致保护工作的一切努力付诸东流，直到他们精疲力竭。

栖息地保护不是对物种保护的替代，这是因为如果要保护物种，栖息地的保护不管怎么说都是关键的。同时，为了植物保护，也需要对栖息地进行仔细地分类。我们可以在各种不同水平上认识和了解栖息地。最详细的分类，尤其是以栖息地所包含的物种名录为基础的分类，也可能对以植物保护为目的的工作没有多少用处，原因是历史上处理问题时存在随心所欲的做法。

在世界上的许多地区，阻止重要栖息地的退化和破坏，以及找到激发人们对植物保护行动兴趣的方法是植物保护中的两个最紧急的任务。只有在这种情况下，保护项目中一些对当地具有重要文化或经济意义的野生物种才有可能被纳入最受关注的物种之列，对拓宽经济有重大贡献。因此，项目的基本要求就是要学习当地人对植物所赋予的文化和经济价值，并确定此地区被广泛交易的植物资源有哪些。应该经常在不同水平上进行资源可持续利用能力的评估。

这种关注具有文化和经济价值的物种保护方法，已经在墨西哥的一项保护热带干性森林的项目中得到应用，热带干性森林是世界上受威胁程度最严重的植被类型。橄榄科的光叶橄榄（Bursera glabrifolia）就是一种被选择出需要给予特别关注的物种，它是一种生长缓慢用途较多的植物，它有一种用途是可以用作"阿列布里斯（alebrijes）的彩色小雕像的雕刻材料。自20世纪80年代，"阿列布里斯"的市场需求量就大幅度增长，为很多人提供了经济收入来源，但由于过量采集而导致该物种面临着濒临灭绝的危险。重点放在加强"阿列布里斯"的就地保护管理实践上，可能会提高热带干性森林在当地人眼中的价值，并提高他们承担长期管理这些资源义务的意识。近年来，中国对植物资源分布区保护方面取得了很大成效，目前保护区面积已占到国土面积的15%。据统计，65%的植物物种都在保护区内有分布，为有效保护物种的栖息地提供了条件。然而，无论是保护区内或保护区以外，物种栖息地的保护需要建立一套合理、可行而有效的方法。在保护区内推行保护区与当地社区共管的方法，已经取得了初步成效。在保护区以外的重要植物栖息地开展以社区为基础的保护，是各国都在探索的问题。近年来共同设计和实施的"在社区水平上应用药用植物保护方法的研究"项目，已取得了初步成效。该项目是植物生命国际与中国科学院昆明植物研究所的一个植物保护合作项目，在中国云南省西北部丽江的鲁甸乡建点实施，三年来（2005-2008年）已经取得了令人鼓舞的进展。该项目充分考虑到社区丰富的药用植物资源、纳西族传统医药知识和村民依靠药用植物发展生计等特点，开展了一系列工作，如建立村民药用植物保护协会，发展推广庭园种植药用植物，培训传承民族医药知识，建立MPCA等。

（四）大尺度植物分布格局的保护

植物种类在地球上呈不均匀分布。有人基于大量植物区系分布和其他来源的资料进行分析，最后确认出六个植物种类特别丰富的地区：哥伦比亚的乔科（Choco）—哥斯达黎加、安第斯山脉东部热带地区、巴西大西洋地区、东喜马拉雅山—云南地区、婆罗洲北部地区和新几内亚。仅中国云南一个省就包含了约17000种种子植物，占中国所有植物种类总数的56%。[1]另一项与非政府组织保护国际（CI）联合进行的研究显示，50%以上的维管植物（和一些脊椎动物）仅分布于34个热点区，这些热点区仅占地球陆地面积的2.3%（表2-8）。

[1] ZHANG Q. TAO G，GONG X，et al. Wild ornamental fruit plants from Yunnan，China[M]. Foreign Languages Press，Beijin9，China，2003：245.

表2-8 包含全球所有维管植物中50%的全球热点分布区

北美和中美洲	欧洲和中亚	亚太地区
加利福尼亚植物省	高加索	东美拉尼西亚
加勒比海群岛	伊朗-阿纳多里安	喜马拉雅地区
马德里松-栎林地	地中海盆地	印度-缅甸
中美洲	中亚山脉	日本
		中国西南地
南美洲	非洲	新喀里多尼亚
大西洋森林	好望角植物省	新西兰
塞拉多	东非海岸森林	菲律宾群岛
智利冬雨瓦尔第维安森林	东非山地	波利尼西亚/密克罗尼西亚群岛
通贝斯-乔科-马革达莱热带安第斯山脉	西非几内亚森林	澳大利亚西南部
	非洲之角	巽它岛
	马达加斯加和印度洋群岛	华莱士岛
	马普托-庞德-阿尔巴尼	西高止山/斯里兰卡
	南非洲的干燥台地高原多浆植物石山	

一项题为"植物多样性中心"项目的详细研究在全球范围内确认出许多具有重要植物保护价值的地点。已有234个主要地点和数百个次要地点最后被确定下来。此项目的结果出版了3卷出版物，内容包括对所有地点的描述、地区概况，该出版物是目前全球已经完成的最为全面的植物地理学调查资料。每个大陆和每个主要栖息地类型（如雨林）确认的地点数量，大体与它们的物种相对丰富度相对应。在当地水平上，人们很信任熟悉当地情况的植物学家的观点和意见，即使在有关植物分布的定量资料很少的地区（特别是热带地区），这也是一种比较合理的途径，而不是依靠统计数字所给出的一小点定量信息确定许多地区植物的分布情况。选择地点的基本标准为：（1）该地区物种十分丰富，即使所出现的物种还无法知道确切的数量；（2）已经知道该地区有很多特有物种。

大多数分布在大陆上的地点有1 000种以上的维管植物，其中至少100种是此地点的特有物种（严格特有种）或者是此地点所在的植物地理区的特有种。在所有情况下，所有选择的地点至少有一些严格特有种。世界自然基金会广泛应用植物多样性中心数据选择出全球200个作为生态保护区优先地点。

在被确认为全球植物保护热点地区和其他类群或生物多样性保护的热点间存在着一定程度的重叠。例如，曾经被保护国际在全球范围内选择的25个重要生物多样性点中，据报道与植物多样性中心点有82%的重叠，与世界自然基金会的全球200个重要地区有92%的重叠，与鸟类生命国际的特有鸟类分布地区（Endemic Bird Area Sites）有68%的重叠。[1]在重要植物分布区与其他生物类群重要分布之间出现较高的重叠是在情理之中的，这是因为它们在功能上的相互依赖性（例如，一些植物有特殊的传粉者）和共同的历史（如与冰川气候变化相关）。但是，植物种类丰富的地区其他类群也不一定很丰富。在亚马逊地区进行的一项关于特有鸟类的分布与其他特有类群之间的一致性研究显示，表明在大的尺度上呈现出它们之间有良好的吻合度。[2]

第二节　我国植物资源利用和保护现状

一、我国植物资源的保护

我国经济植物物种非常丰富。但这并不意味着我们可以随意地采伐利用这些植物。根据可持续发展的需要，我们必须在开发利用植物资源的同时，对现有的植物资源加以有效的保护。我国在植物资源的保护方面已经采取了一些有效的措施，自然保护区的设置是保护重要物种有效途径之一。

自然保护区是为了保护各种重要的生态系统及环境，拯救濒临灭绝的物种和保护自然历史遗产而划定的保护和管理特殊地域的总称。自然保护区在全球范围内的广泛建立，是当代自然资源保护和管理的一件大事。19

[1] MYERS N, MITTERMEIER R A, MITTERMEIER C G, et al. Biodiversity hotspots for conservation priorities. Nature, 2000, 403: 853–858.

[2] BUSH M B. Amazonian speciation: a necessarily complex model[J]. Journal of Biogeography, 1994, 21: 5–17.

世纪中期以前，"自然保护区"这个名词还不为人们所熟知。1872年美国成立了第一个国家公园——黄石公园（Yellow Stone），随后它就像雨后春笋在全世界不同国家、不同地域破土萌生。在20世纪50年代以后，自然保护区已经在全世界广泛设立，有些国家自然保护区的面积超过了国土面积的10%,自然保护区的数量达到1 000个以下。而且从目前的趋势看，全世界自然保护区的数量和面积仍在不断增加。

我国的第一个自然保护区——鼎湖山自然保护区由中国科学院于1956年在广东省肇庆市建立。截至2007年1月，我国自然保护区已达到1 800个，占国土面积的16%左右，形成了较完善的保护网络，重点物种的90%主要栖息地得到有效的保护。我国非常重视野生植物的保护问题。当前国家林业局正全力实施"全国野生动植物保护及自然保护区工程建设"，到2010年的近期目标是：加强濒危物种拯救和种质基因保存，实施大熊猫、苏铁植物等15个大物种为主的拯救项目。大力加强科学研究.全面强化野生植物的保护措施，使野生动植物资源得到有效的保护。

（一）国际上植物遗传资源保护的立法与现状

1992年联合国在巴西召开"环境与发展大会"，150个国家的与会首脑签署了《生物多样性公约》，使得生物多样性的保护步入了国际化和法制化的轨道。公约规定了遗传资源的国家主权原则及国家有权对遗传资源获取进行管理，并且规定了利用遗传资源产生的惠益如何分享问题。对此，2002年4月公约缔约方大会在海牙举行的第六届会议，通过了《关于获取遗传资源并公正和公平分享通过其利用所产生惠益的波恩准则》，对于惠益分享问题作出了具体规定，建立了一个遗传资源惠益分享的国际体制。

2001年11月3日，在意大利首都罗马举行的联合国粮农组织第31届大会通过了《粮食和农业植物遗传资源国际公约》。该公约的宗旨与《生物多样性公约》相一致，即为可持续农业和粮食安全而保存并可持续地利用粮食和农业植物遗传资源以及公平合理地分享利用这些资源而产生的利益。该公约充分考虑了农业生产者今后对粮食和农业植物遗传资源多样性的需求.确保今后能够公平、公正地共同分享这一资源。公约对于农业植物遗传资源的保护作了比较具体的规定。规定了农业植物遗传资源的收集保存制度，植物遗传资源可持续利用的措施，建立了农业植物遗传资源获取和利益分享多边系统，特别是确立了各国农民在农业遗传资源的权利。

这些国际公约都规定了生物遗传资源的国家主权原则和关于对生物遗传资源利用的惠益分享机制，我国虽然加入了这些公约却没有相应法律配套实施。

20世纪以来，植物遗传资源的保护和利用受到了越来越广泛的重视。

各国政府也认识到保护植物遗传资源的重要性。纷纷立法保护植物遗传资源。在发达国家，重视对植物新品种保护制度和对生物技术的专利保护，典型的是美国和日本，它们都对植物品种和基因技术授予专利。欧盟也改变传统做法，于1998年7月6日通过了《关于生物技术发明的法律保护指令》，对生物技术加以专利保护。而我国的《专利法》却把植物品种、微生物、基因的遗传物质排除在外，只对符合《植物新品种保护条例》的某些植物新品种予以保护，相对其他发达国家来说是一个较弱的保护制度。

在发展中国家，由于发达国家对发展中国家的植物遗传资源进行掠夺、剽窃。而许多发展中国家纷纷制定生物多样性保护和遗传资源保护的专门性法律。例如，印度、秘鲁、澳大利亚等等，这些国家都明确了遗传资源的国家主权原则：设置了植物遗传资源的专门管理机构，对遗传资源的取得进行行政许可管制；规定遗传资源的研究、开发和商品化应在本国进行，要有本国研究人员和企业充分参与；规定了惠益分享制度和保护植物品种的专利制度。我国目前还没有保护遗传资源的综合性立法，对植物遗传资源的保护没有全面的法律制度支撑。

（二）我国植物遗传资源保护的立法现状

我国已颁布的一些与植物遗传资源有关的法律，如《中华人民共和国种子法》《中华人民共和国进出境动植物检疫法》；行政法规有：《中华人民共和国野生植物保护条例》《中华人民共和国植物新品种保护条例》《植物检疫条例》《野生药材资源保护管理条例》《中华人民共和国自然保护区条例》等；部门规章有：《珍稀濒危保护植物名录》《农业野生植物保护办法》《植物新品种保护条例实施细则》等。但是现行植物遗传资源管理规定是在其他法律法规下附带的，内容很不完善，也不具体，尤其是在植物遗传资源的取得、惠益分享方面基本是一片空白，无法同国际规则接轨。我国法律制度的不健全主要体现在以下几个方面：（1）我国缺乏一部关于植物遗传资源保护的专门性法律，现有法律法规比较分散，没有形成植物遗传资源保护的完整立法体系，并且现有法规仅仅局限于农作物（包括林木）遗传资源的管理，如《种子法》《植物新品种保护条例》《进出口农作物种子（苗）管理暂行办法》等，对于野生经济性植物、观赏性植物、药用植物等遗传资源的管理缺少法律规定。（2）现有法律重点放在国内植物种子的市场经营管理，而对于控制种质资源的流失和遗传资源的进出境管理的内容比较薄弱，特别是对国际和国家间遗传资源的获取没有详细规定，也没有严格健全的管理制度。（3）对于植物遗传资源的知识产权保护制度还不完善。我国在生物技术专利保护上采取保守态势，我国的《专利法》把植物品种、微生物、基因的遗传物质排除在外。我国加人植物新品种保护联盟使用的是1978年文本，而不是更具反映现代生物技术特性的1991年文本。我国只对符合《植物新品种保护条例》的某些植物新品种予以保护，相对其他发达国家来说保护制度较弱。（4）对于野生植物物种来说，现有法律仅保护列入国家重点保护名录的珍稀濒危物种，而对未列入名录的野生植物物种的保护却没有明确规定。保护濒危物种固然重要，但是因此而忽视占大多数比例的其他普通植物物种的保护自然是不合理的。（5）我国现有法律与国际法规接轨程度较低，尚未能解决国际和国家间遗传资源获取的方式、程序、制度、商定条件和惠益分享的机制。（6）植物遗传资源的收集和保存制度、植物遗传资源保护基金制度等都很不完善。

　　我国目前植物遗传资源的管理体制也很不规范，多部门管理，各司其政，没有统一的对外管理体制和权威的管理机构。农业部种植业司负责作物种质资源的收集、整理、鉴定、保存和登记；农业部科教司（生态环境处）负责农作物野生资源保护；中国科学院品种资源所负责鉴定、保存、科研、信息、交换等；国家林业局主要负责林业遗传资源的管理；而观赏植物则由农业、林业、园林、中国科学院等四家各自管理部门内的有关研究和种质资源部门管理。上述各部门分工不明确，在工作上存在着交叉、重复和遗漏现象。一些职能部门既负责开发利用资源。又负责保护管理资源，缺乏有效的制约机制。由于目前我国还没有专门的植物遗传资源管理机构，遗传资源输入输出也没有统一的法定程序和渠道，致使我国植物遗传资源不断无偿流失。

　　国际公约以及发达国家和其他发展中国家的立法对完善我国植物遗传资源保护法律制度的启示体现在以下几个方面：

　　（1）制定专门的综合性的植物遗传资源保护的法律。增加对经济性植物、观赏性植物、药用植物和普通植物品种保护的管理规定。

　　（2）建立协调分工的遗传资源管理体制。统一管理全国遗传资源。在遗传资源综合管理机构下设植物遗传资源管理部门，统一管理植物遗传资源。由此部门牵头，其他农业、林业等部门配合协调管理全国植物遗传资源。

　　（3）建立与《生物多样性》等国际公约多边机制相接轨的法律制度。例如，确立植物遗传资源的国家主权原则、建立遗传资源获取事先知情同意程序和获取条件，制定遗传资源惠益分享机制。

　　（4）完善知识产权法律体系，加强对生物技术的知识产权保护。生物产业发展的关键就是对基因的占有和利用。与其他国家不同的是我国既有丰富的遗传资源，又有处于世界前列的基因技术。我国应该学习发达国家对生物技术的专利保护，采取积极的措施开发利用资源，使之尽快变成牢牢掌握在自己手中的自主知识产权，使资源丰富这一优势转化为我国生物领域高新技术和经济上的优势。

（5）加强基因库和核心种质资源库的建设。利用生物技术保护植物遗传资源。丰富的遗传资源为遗传研究和育种工作提供了大量材料，但众多的遗传资源给保存、评价、鉴定和利用带来一定的困难。核心种质资源就是用一定的方法选择整个种检资源中的一部分，以最少的资源数量和遗传重复最大限度地代表整个遗传资源的多样性（未包含于核心种质中的种质材料作为保留种质保存）方便了遗传资源的保存、评价和利用。

（6）加大生物科技研发投入，提升自主创新能力。与发达国家相比，我国科技研发投入明显不足。而且企业远未能成为科技创新的主体。因此要增强研发投入，有计划地战略性地联合攻关与产出农业生物技术专利以抵御发达国家对我国农业生物技术领域的侵占，提升开发核心技术能力、生物产业的自主创新能力，掌握自主知识产权。

（7）开展植物遗传资源保护的宣传教育和培训，普及遗传资源保护知识。《生物多样性公约》第15条明确了各国对其自然资源（包括遗传资源）拥有主权的权利。提高广大公众对国家生物遗传资源财富的保护意识。另外，各地方政府的遗传资源保护和利用意识也亟待加强。

（三）植物多样性的保护

生物多样性保护，除了建立国家协调机制，加强立法和执法，加大投入，强化就地保护，重视宣传教育，推动全球合作，还要加强环境保护、控制污染、保护生态环境、控制外来物种，加强生物安全管理和遗传资源保护，积极履行《生物多样性公约》。植物园应该在以下几个方面发挥自身功能。加强对植物多样性的保护：

1.加强宣传

植物园要充分发挥植物园的科普功能，充分利用广播、电视、报纸、网络等媒介，就我国生物多样性保护和履行热点问题，进行宣传教育和表彰好人好事，并对违法活动揭露曝光。联合宣传、教育部门，组织形式多样、丰富多彩、参与性强的生物多样性保护活动，加强生物多样性宣传，强调面向基层，面向广大公众，加大宣传、教育和培训力度，鼓励和发动公众广泛参与到生物多样性保护行动中来，特别是针对青少年，结合《科学》或《生物》课堂教学，开展学生实习活动，让学生直观认识所学知识、了解宇宙与生命、生命的起源、动物与植物、人与植物的关系、植物的利用与可持续发展、神奇的植物等内容。加强生物多样性科学知识的交流和普及，通过环境、生物、伦理、道德等使每个公民都能改变行为方式以努力保持植物多样性，提高公众意识和参与生物多样性保护的积极性。

2.加速建立各地植物多样性信息系统

保护生物多样性需要各种相关信息，包括人类利用、基础分类、分布、现状和发展趋势以及生态学关系等情况。

植物园要利用计算机和网络技术，结合3S集成技术，建立起当地的植物多样性信息系统，进行植物园植物记录的数字化管理，加快我国生物多样性数据管理和信息网络化建设。利用计算机协助生物多样性保护研究工作，应用于植物的迁地保护，动态记录植物资源分布、生长及演化变迁状况。利用信息技术和网络的支持，促进植物园之间信息交流，加强合作，最大限度实现资源共享，促进共同进步。还可以运用网络技术进行科普教育和生物多样性宣传。国家相关部门或植物园协会要制定有关数据格式标准，以利于数据信息交流。

3.加强种质资源的保存

生物多样性包含遗传多样性、物种多样性和生态系统多样性三个层次。特别要加强濒危珍稀物种保护和具有某些优良性状和遗传特性的野生资源的保护，植物园应成为濒危物种迁地保护的重要基地，参与并指导植物就地保护，进行珍稀物种的繁殖推广。在植物园也要进行常规物种的保存，有条件的也可进行种子库保存和低温保存。

4.加强植物多样性研究

植物多样性保护，科研要先行。植物园应充分发挥植物园的科研功能，加强植物多样性保护方面宏观和微观的研究，包括基因、细胞、器官、个体、种群、群落、生态系统等大小不同的组织水平或层次，开展研究工作。植物多样性的保护需以植物学为基础，将植物分类学、生态学、遗传学、分子生物学等生物学科与政治、经济、法律、人口等社会学科进行学科的渗透和综合，形成一门新的学科。

二、植物外来物种对我国植物资源的影响

我国的外来植物至少在1 000种以上。随着农业贸易的增长以及国际交流、旅游、边贸的不断增加。不可避免地增加了我国外来植物的传入。不可否认，外来植物对我国的文明发展有重大的贡献。除大豆等少数原产我国外，许多作物，如陆地棉、玉米、番茄、落花生、芝麻、马铃薯和番薯等都是国外引进的。有外来物种是常见的行道树，如悬铃木；有些作为造林树种，如洋槐；有些抗逆性强，可以利用土壤肥力为其他植物的生长奠定基础，如紫苜蓿。然而外来种可以改变植物的种群、群落甚至生态系统的结构和功能，对整个生态系统的平衡以及人类社会的发展将产生巨大的

威胁。外来植物一旦入侵成功，要彻底根除极为困难。我国每年因外来杂草对农业生产造成的经济损失超过15亿元（《中国农业年鉴》，1999）。据《中国生物多样性国情研究报告：（1998）统计，我国目前已知的外来有害植物已近60种。大多成为农林杂草。

治理外来有害植物，应根据外来植物的传入途径、发生特点及危害方式采取综合治理对策。常用的有效对策有以下几种。

（1）植物检疫

这种方法是防止外来植物入侵的第一道防线。通常需要制订出检疫对象，严格检查从境外引入的作物种子、林木、花卉、有机肥料以及一些包装材料，防止危险性植物随上述材料传入。植物检疫具有将新的外来有害植物抵御于国境之外的优点，但对于已传入国境的、在国内传播的植物来讲，植物检疫就难以发挥更大的作用。

（2）人工及机械防除

人工及机械防除有害植物对环境安全，短时间内也可迅速杀灭一定范围内的外来植物。但当发生面积大时，需要相当多的劳动力。而且人工或机械防除后，如不妥善处理有害植物残株，这些残株依靠无性繁殖有可能成为新的传播来源。

（3）化学防除

化学除草剂具有效果迅速，杀草谱广的特点。但在防除外来植物时，除草剂往往也杀灭了许多种本地植物，而且化学防除一般费用较高。在大面积山林及一些自身经济价值相对较低的生态环境（如草原）使用往往不经济、不现实。此外，对一些特殊环境如水库、湖泊、化学除草剂是限制使用的。另外对于许多种多年生外来杂草，大多数除草剂通常只杀灭地上部分。难以清除地下部分，所以需连续施朋，防治效果难以持久。

（4）生物防治

生物防治是指从外来有害植物的原产地引进食性专一的天敌将有害植物的种群密度控制在生态和经济危害水平之下。生物防治方法的基本原理是依据植物—天敌的生态平衡理论。试图在有害植物的传入通过引入原产地的天敌因子重新建立有害植物与天敌之间的相互调节、相互制约机制，恢复和保持这种生态平衡。天敌一旦在新的生态下建立种群，就可能依靠自我繁殖、自我扩散，长期控制有害植物。因而生物防治具有控效持久、对环境安全、防治成本低廉的优点。但对于那些要求在短时期内彻底清除的有害植物。生物防治难以发挥良好的效果。因为从释放天敌到获得明显的控制效果一般需要几年甚至更长的时间。

由于上述各种方法单独应用都有其优缺点，而综合起来协调运用，发挥各自的长处。形成一套综合治理体系将会极大地提高防治效果。达到高效、持久、安全、低成本的目的。国内外众多成功的事例证明。采用以生物防治为主，辅以化学、机械或人工方法的综合防治体系是解决外来有害植物的最为有效的方法。

第三节　植物资源保护的意义

植物是人类赖以生存的基础。植物能够通过光合作用制造有机物，而人类和动物界的其他成员一样。必须直接或间接地从植物中获得营养成分。人类所吃的食物，大部分直接从植物中获得的。当人们以马铃薯、胡萝卜及柑橘等作为食物时，就是直接利用植物的过程。如果人们吃以植物为生的动物，如牛、羊等，或吃动物的产品，如蛋类、肉类，这就是间接利用植物的过程。人类直接用以食用的植物资源包括粮食、蔬菜、水果、干果、饮料、甜味剂、调味品和天然色素。

科学家推测全球至少有8万种可食用植物。其中水稻、大豆、小麦和粟等30种植物便构成人类营养来源的90%。水稻更是全球一半人口的主要食粮。大自然为人类提供了不同的食用植物，可惜人类并没有加以充分合理利用。现代农业趋向使用单一、高产和开发成熟的物种。而还没有得到广泛种植的其余数万种植物就构成了人们将来可能要推广的作物品种，所以人类要义不容辞地保护好这些物种资源。

许多植物具有特定的药用价值，是制药的基本原料，如三七是云南白药的原料，用于预防和治疗疟疾的奎宁，是从金鸡纳的树皮中提取的。近年来，越来越多的药用植物用于抗衰老、抗肿瘤和心脑血管疾病的治疗上。全球过半人口使用野生动植物研制的药物治疗疾病。以中国为例，入药的动植物物种超过1万种；在亚马逊河西北流域的人则采用2 000多个物种入药。西方医药的情况也不相伯仲，美国约有1/4的处方药物含有萃取自植物的活性成分，阿司匹林和其他多种合成药物最初的原料也是源自野生植物。

植物也为人类提供品种丰富又物美价廉的生活用品。棉花、亚麻、大麻、黄麻等为人们提供服装、绳索、丝线等的纤维材料，各种树木提供建房的木料，也可以作为印书刊、报纸的纸张的原料。植物还给人类提供了各种香料、化妆品、橡胶、油漆以及其他无数产品。竹是人类最常用的植物之一。古人用幼竹枝和蚕丝制成书写工具，时至今日竹仍是造纸的常用材料；竹笋是中国人的上等蔬菜；竹板是热带地区的建屋材料；用竹片制成的中国手工艺品为我国带来数百万美元外汇；竹根也是治疗高热的重要中药材。此外还有我国几乎家家户户都用来吃饭的竹筷，还有竹椅、竹床等不胜枚举。

植物能够保持水土。在那些有厚厚植被覆盖的地带，暴雨不能直接冲刷土壤。此外，植物根系能够固结土壤颗粒，从而使土壤不易被雨水冲失。植物还能蓄涵水源，削减洪峰流量。沿海植被有助于保护海岸线。减少暴风和水灾对沿岸地区造成的破坏；森林则有助于调节气候和雨量，保持泥土肥沃，防止沙土流失。在沙漠周边人工栽种植被可以防止沙尘暴侵袭附近城市。

然而也有一些植物是毒品的原植物，罂粟、大麻、古柯、海洛因、可卡因和大麻的原植物。这些植物除了少数作为麻醉药品用于医疗病痛外，其余大多数都是给人们身体健康和社会文明带来严重危害的毒品。因此人们对植物加以开发和利用的同时也要考虑这些危害作用在内。并加以必要的防范和严格的控制。

正是由于丰富的植物资源对人们有诸多巨大的意义，所以要加强对我国现有植物资源的保护，并加以合理利用，这对维护中国粮食与生态安全、促进农业和农村经济社会可持续发展、建设社会主义新农村具有十分重要的意义。植物资源是人类生产生活的重要物质基础，人类的衣食住行都与其密切相关。同时，它还是重要的战略资源。保存着丰富的遗传基因多样性，为人类的生存与发展提供了广阔的空间。例如，1973年袁隆平先生凭借普通野生水稻胞质不育株，培育出举世瞩目的杂交水稻品种，为解决中国乃至世界的粮食安全问题作出了巨大贡献。由此可见，如果野生稻资源完全丢失，那么人类就丧失了一次解决粮食安全的重大机遇。

由以上植物资源所蕴涵的功用和潜能来看，保护植物资源意义重大。人们在开发和利用植物的同时，一定要时刻记着对现有植物物种资源的保存币和保护，以保将来需要时所用。

第四节　植物资源保护的重点

一、以植物多样性为重点的保护

植物资源保护中最让人关心的问题之一就是很多物种正遭受着灭绝的威胁。阻止物种的灭绝是植物保护的首要任务，因为如果某种植物一旦灭绝，此物种将在地球上永远消失。从目前官方有限的统计数据来看，只有采取系统而协调的方法，并且立刻行动起来，我们才有可能有时间去拯救一些植物物种。我们目前所知道的已经灭绝的高等植物只有380种。尽管这一数据肯定偏低，但这个相对偏低的数字（与地球上所有种类的植物总数相比）错误地给了我们一颗定心丸。现阶段植物的灭绝事件似乎才刚刚开始，而非早已存在的过程，就像那些已经灭绝的大型动物一样。由于目前人类的原因而导致大型哺乳动物的大量灭绝事件进一步表明，如果我们没有认真地为植物的灭绝敲响警钟，那将是非常愚蠢的。在澳洲和北美，已经有73%～86%的大型哺乳动物种类灭绝。[1]目前动、植物的灭绝速度（已经灭绝或将要灭绝的）在地质时间尺度上来看也是空前的。现在的灭绝速度是过去570百万年间物种平均灭绝速度的100～1000倍。

估测那些将面临灭绝威胁的植物种类数量可以通过对每个物种单独评估来进行。这一方法仅仅适用于那些人们比较了解的植物类群和地区。地球上更多的地方（特别是热带和亚热带地区）如果采用这种方法就不太合适了。然而，其他一些方法（诸如采用生物地理学理论来计算灭绝速度）以问题的普遍性为前提。[2]

表2-9列出了一些受威胁物种的评估数据，这些数据中有许多情况被认为是合理、准确的。同时，在这些估测数据中，也包括了一些不太可靠的估测，如将全球植物区系作为一个整体来进行估算、对全球树木的估测等。在这一例子中，对处于灭绝威胁的物种比例范围估测数据介于9%～52%，这一比例是对真实情况比较客观的反映。毫无疑问，对于特定的植物类群和特定的地区，其受威胁程度要比其他植物类群和地区更大些。例如，苏铁类植物作为最易受威胁的植物类群之一（其中有52%的物种已经受到威胁），表现在这些植物生长缓慢、几乎没有生长点（因此更容易受到侵害），而且也常常是植物采集者的采集对象。C.H.泰勒（Craig Hilton-Taylor）是一位世界自然保护联盟（IUCN）红皮书项目官员，他所在的职位也是一个国际范围内对非官方数据进行评价的最佳的位置，他认为有10%～20%的维管植物正在受到威胁（Hilton-Taylor，2005）。

[1] BARNOSKY A D. The late Pleistocene event as a paradigm for widespread mammalian extinction. In Mass extinctions: processes and evidence（ed. DONOVAN S J ） [M]. Belhaven Press, London, UK, 1989: 235-254.

[2] LOVEJOY T. Biodiversity: dismissing scientific process[J]. Scientific American, 2002, 286: 69. 71.

表2-9　不同地区和不同植物类

植物类群或地理位置	植物种类数	濒危植物种类数	濒危植物种类比例/%
全球植物区系	270 000	33 798	> 13
全球树木区系	80 000~100 000	8 753	9~11
全球针叶植物	618	153	25
全球苏铁类植物	288	151	52
澳大利亚	15 638	2 245	14
厄瓜多尔（不包括加拉帕哥斯群岛）	15 492（其中4011种为当地特有种）	2 884	> 19（72%为特有植物）
毛里求斯（岛））	750	294	39
索科特拉岛	825（其中306种为特有种）	149	> 18（49%为特有植物）
南非	23 420	2 215	29
美国	16 108	4 669	29

注：①对国家或地区的估算通常是完全或主要依据特有种类进行的，因此估算结果可能会偏低。对于有关lUCN红皮书类型和标准。除非有特别声明，否则以上数据均指维管植物。②所有这些术语是根据保护状况而界定的类型。

　　我们之所以关心植物种类的消失，主要一个原因就是植物物种的消失也将会导致其他物种的消失，这种担心是出于人们一致认为植物在整个生态系统中处于非常关键的地位，即植物是生态系统汇总有机物质的初级生产者和物质环境的塑造者，而且也是因为一些生物对植物具有高度的依赖性（有些生物的生存仅仅依靠一种或很少的几种植物）。对于真菌来说，

群中濒危植物种类的估测数据①

IUCN红皮书中的濒危类别与采用的标准	备注
1994年前	33798这一数据中包括了380种被划归为灭绝或濒危植物，以及14504种稀有物种。濒危物种比例数据是一个最低的估计，因为这些数据中没有完全包括所有的热带地区的资料。根据统计资料，全球植物区系数量接近1000个
估算数据	8753种树木中包含了77种被划归为灭绝种类和18种野生灭绝种类
1994年和2001年	已经进行了综合性评述
2001年	已经进行了综合性评述。统计数据中不包含两种野生已经灭绝但还存在栽培的种类
1994年	濒危植物的统计数据根据对每个州或区域的估算相加而得
2001年	本分析只针对特有植物；如果非特有植物也包括在内，濒危植物物种的数量可能还要高
1994年前	
2001年	本分析只针对特有植物；如果非特有植物也包括在内，濒危植物物种的数量可能还要高
1994年前	根据物种在所有分布区内（不只限于南非）的保护现状而得
1994年前	

许多种类将会伴随着它们所寄生的高等植物一起走向灭绝。真菌的种类是植物种类的5～10倍，其中许多真菌只与某一种植物发生共生关系。说到动物，有许多种动物是花粉传播者，它们中间有些只为某些特定的植物种类或类群传播花粉，因此如果这些植物种类或类群消失了，它们也将会灭绝或至少濒临灭绝。例如，每一种榕属（Ficus）植物都有它自己特定种类的胡蜂（Wasp）专门负责为它们传播花粉。伴随每一种植物灭绝而灭绝的动物平均数量至今还是未知数，但这一数据在很大程度上将取决于热带森林中生活有多少种节肢动物，以及它们对特殊种类植物的依赖程度，而我们

现在对这些问题还知之甚少。生活在热带森林中的节肢动物构成了地球上数量最多的、单一的、我们完全可以用肉眼观察到的生物类群。[1]

　　植物生存离不开一定的环境条件。植物的栖息地根据它所包含的植物数量和植物的独特性而千差万别，而且处在不同程度的压力之下。从保护植物的角度来看，某些植物区系和栖息地需要给予特别的关注。特别强调了热带森林，以期引起人们对这种生境进行特殊保护的重视，因为这种生境中植物多样性尤为丰富。热带森林对调节全球和局部气候也有十分重要的价值。我们还需要关注的是海岛上的一些稀有植物和受到高度威胁的植物区系成分，这些植物所面临的各种问题中最主要的问题是它们经常受到入侵动植物的严重危害。地质条件比较独特的环境也值得我们特别关注，因为在这些环境中有时会出现独特的植物区系成分。石灰岩和超碱性岩石是所有岩石中分布最广的一类，在这些区域内经常会生长一些独特的植物种类。例如，石灰岩植被或喀斯特植物，植物多样性和独特性相当高。为了加大保护力度，2008年6月世界遗产委员会已经批准将云南石休、贵州荔波和重庆武胜三处有代表性的喀斯特地区列入世界自然遗产名单，提高保护级别。

　　在植物资源保护实践中，人们对植物多样性的另一个关注是担心某个物种的遗传多样性的丧失，甚至整个物种的消失。遗传多样性越丰富，物种或种群存活的能力就越大，而且可以确保获得更多基因型的植物来造福人类。由于遗传多样性狭窄而导致植物濒临灭绝的情况，我们完全可以用小叶榆木（Ulmus procera）和马铃薯（Solanum tuberosum）的例子来说明。20世纪60年代，小叶榆木还是英国乡村常见的一种大型乔木。然而今天实际上没有任何大的树木被保留下来，这种结果完全是由于那场曾经在荷兰肆虐一时的"荷兰榆病"所造成的，这种疾病是由树皮甲虫将一种名叫Ophiostoma ulmi的真菌从一棵树传到另一棵树上而导致的树木疾病。尽管在英国，人们普遍认为小叶榆木是一种"野生"乔木，然而DNA研究表明整个英国的小叶榆木种群都是由罗马时期（43—410年）引入的单一克隆遗传而来。现在认为英国的小叶榆木之所以容易受到病虫害的威胁，主要与其很低的遗传多样性有关。19世纪中期在爱尔兰种植的马铃薯品种缺乏抗马铃薯枯萎病的能力，马铃薯枯萎病是一种由类似真菌的生物Phytophthora infestans引起的疾病。1845年开始，马铃薯枯萎病就在当地暴发，导致许多人遭受饥荒，还使得成千上万的人流离失所。后来科研人员在几种野生型

[1] ERWIN T l. How many species are there?Revisited[M]. Conservation Biology, 1991, 5: 1-4.

马铃薯中发现了抗枯萎病的遗传性状，这些性状可以引入到马铃薯栽培品种中，从而使它们获得抗枯萎病的能力。这两个例子说明，保护植物的遗传多样性十分重要，而保护遗传多样性的最有效方法是保护物种的原生境的完整性和对种群数量的保存。

今天，在植物界中，物种种内遗传多样性的丧失已经成为一个普遍现象，这已是一个不争的事实了，因为许多物种正在灭绝或种群数量减少到很小程度。然而，我们却很少测量过遗传多样性丧失的程度到底有多大。人们对可以用于植物育种的遗传多样性及这些多样性减少的程度了解最多的是作物。在过去几十年中，作物产量急剧增长，这主要是因为来自于种植在传统农田中作物的基因与野生近缘种基因的整合产生了现代作物品种。[1] 例如，20 世纪 60 年代转基因工程使印度从一个粮食进口国一举成为名副其实的粮食出口国。推动这一号称"绿色革命"的印度科学家 M.S. 斯瓦米纳森（M.S.Swaminathan）因此成为"绿色革命之父"，在南亚次大陆乃至全世界都享有极高的知名度。随着人们对遗传多样性丧失及其所造成的后果认识水平的提高，在最近几十年间曾有许多关于传统作物品种消失的报道，具有讽刺意味的是，正是由于现代作物品种（这些品种也得益于传统品种）的替代而成为导致传统作物品种大量丧失的主要原因。直到最近，菲律宾群岛仍然耕种着成千上万公顷的水稻田，但现在仅两个"绿色革命"品种就占了整个水稻耕种面积的 98%。在中国，1949 年时约有 10 000 个小麦品种在各地种植，但到 20 世纪 70 年代，仅剩 1 000 个。在 1950 年之前，斯里兰卡的农民在他们传统的农业生态系统中种植了 2 000 多个当地农作物品种，但今天只保留了 5 个，其余大部分已经荡然无存了。在美国，1904 年前就已登记注册的农作物中，81%～95% 的苹果、卷心菜、玉米、豌豆和土豆品种似乎现在已经全部消失了，甚至在基因库中都找不到它们的任何踪迹。[2]

欧洲的葡萄酒工业就是一个说明保持植物多样性对作物生产有利的典型例子。葡萄酒产业是以欧洲葡萄（Yitis vinifera）为基础的产业，当一种来自北美的葡萄寄生虫（蚜ylloxera vitifoliae，在欧洲首次记载是在 1863 年）出现后，葡萄酒产业几乎完全垮掉了。而挽救了此产业的是进口的几种可以抵御此病害的砧木，用它来嫁接葡萄。而这些新品种则是北美当地

[1] PHILLIPS O L，MEILLEUR B A. Usefulness and economic potential ofthe rare plants oftheUnited States：a statistical survey[J]. Economic Botany，1998，52：57. 67.

[2] TUXILL H，NABHAN G P. People，plants and protected areas[M]. Earthscan，London，2001.

葡萄品种，如北美婪莫（Htislabrusca）作为砧木嫁接出来的新品种。

事实上，现代农业中96%的遗传材料都来自于发展中国家的传统农业生态系统中。1988年8月在巴西召开的第一届国际民族生物学大会上通过的《贝伦宣言》（Belem Declaration）指出，世界上99%的生物多样性是掌握在各地少数民族居民手中的。然而，传统农业生态系统和传统农作物品种的大量丧失，必将为现代农业的发展带来不可预测的损失。因此，保护植物（尤其是传统农作物和经济植物）的遗传多样性不仅是必要的，而且也是迫切的。

二、以生态系统的服务功能为重点的保护

保护植物资源的一个原因是维持它们为人类所能提供的服务功能。这些服务功能源于植物在生态系统中的物理、化学以及生物学作用。生态系统服务功能的具体内容包括对河流流量的调节、废物处理、气候调节以及让昆虫为作物传播花粉等多个方面。表2-10提供了一组更全面的统计数据，其中包括了体现在全球三个主要生态系统类型所产生的经济价值的估计。[1]让人吃惊的是生态系统的服务功能所产生的总价值如此之高.例如，$1hm^2$热带森林所产生的生态服务功能其价值为每年约2007美元。不幸的是，传统经济学家很少将生物多样性和环境服务的真正价值在经济发展的有关统计中予以充分的考虑。

表2-10　一些主要生物区中生态系统服务功能的全球平均价值

生态系统服务功能	价值/[美元/（$hm^2 \cdot a$）]（1993年价值）			
	热带森林	温带及北方森林	草地和草原	湿地
气体调节			7	133
气候调节	223	88		
干扰调节	5			4539
水分调节	6		3	15
水分供应	8			3800
水土流失控制	245		29	
土壤形成	10	10	1	

续表

生态系统服务功能	价值/[美元/（hm²·a）]（1993年价值）			
	热带森林	温带及北方森林	草地和草原	湿地
营养循坏	922			
废物处理	87	87	87	87
传粉			25	
生物控制		4	23	
栖息地/避难所				304
原材料	315	25		106
遗传资源	41			
休闲娱乐	112	36	2	574
文化	2	2		881
合计	2007	302	232	14750

注：这些统计数据是依据人们愿意支付或以其他方式提供相应的服务所需要的花费。然而，正如作者所指出的那样，在许多情况下有些服务功能是其他途径所不能取代的，如果生物区消失后这些功能也将会随之消失。空白处表示尚缺乏恰当的统计数据。

植物对生态系统服务功能的贡献表现在许多不同的层面上，像我们已经举过的有关调节气候的例子。在具体的水平上，每一株乔木都可以通过提供树荫、凉爽空气、阻挡雨淋而为人类提供服务。在比较大的层面上，如茶园管理者向来都懂得在茶园之间保留林地的价值，这样有助于为茶树生长提供一个凉爽潮湿的"茶园气候"。在地区层面上，现有的植被可以强烈地影响气候，特别是在一些区域形成对流雨-就像在一些热带和亚热带地区经常发生的现象一样。如果一块热带森林被农业耕地所取代，那么地表辐射和水量储备就将大大地改变了。更多的太阳辐射将被反射到大气层中，而且通过蒸发和蒸腾作用（通过叶片的蒸腾）返回到地面的水分会更少，最终的结果将会产生更热、更干燥的气候。这种涉及从海洋过来的承载着水蒸气的气流流向内陆的运动和降雨过后水分循环到大气中整个过程的气候变化将会潜在地影响到更大的范围。如果雨水刚好降落到覆盖有热带森林的陆地（而不是草原），那么将会有更多的水分循环到大气层中，继续它的降雨旅程。通过这种方式，降落在南美和非洲内陆林地的大部分水分实际上包括了经历森林数次循环的水分。如果森林覆盖率减少或消失了，那么返回到大气中的水分就会更少。因此，靠近海岸的森林的退化就会导致内陆地区很大范围的气候干燥。保护工作给我们的教训是尽可能地保持更多的森林和树木，尤其是有对流雨出现的地区显得更加重要。

在全球层面上，地球表面上的植被在全球碳循环过程中发挥着重要的作用；因此它对温室效应、气候变暖产生重要的影响。碳含量随不同植被类型也有很大的差异。地球上的热带森林是一个非常重要的碳储备库，总共容纳了全球有机碳源的20%[57j引。在这20%的碳源中，其中包括了所有生物体内总碳（生物量碳）的约42%和土壤中有机碳的11%。另外一个有相当大碳存量的生境类型是泥炭地。这些年泥炭地的退化对近年来温室效应和气候变暖影响很大。[1]

集水区（Catchment area）植被类型是影响当地水供应的数量和质量主要因素。在大多数情况下，确保河流和地下水的安全性和可靠性的最实用的方法就是维持或恢复集水区地区的植被，使其尽可能地接近自然状态。将自然生长在集水区的森林清除掉，从供水的角度来看，将会产生一些不良后果：暴发洪水的危险增加了，在旱季的水流量减小了，以及河床中沉淀物的数量也增加了。[2]林木砍伐通常是逐渐进行的，所以这些不利的发展趋势对于许多人来说好像并不是很明显。灾难可以给人们带来强烈的意识，刺激人们改进行为方式。1998年长江沿岸遭受特大洪水的危害，也给中国人民敲响了生态保护的警钟。这一灾难直接导致政府部门颁布了长江中上游地区的天然林禁伐的相关政策，同时也启动了许多森林恢复工程和项目。在任何地方，水都被认为是一种非常关键的资源，而洪水泛滥后果十分严重，因此，对于植物保护工作者来说有很多机会可以利用"水资源论据"来游说人们保持和恢复集水区的自然植被，这实际上也是保护与生计共赢的一项举措。

[1] PAGE S E，SIEGERT F，RIELEY J 0，et al. The amount of carbon released from peat and forest fires in Indonesia durin9 1997[J]. Nature，2002，420：61—65.

[2] HAMILTON A C. Deforestation in Uganda[M]. Oxford University Press，Nairobi，Kenya，1984.

第五节 人类发展与植物之间的关系

一、自然界的第一生产者

绿色植物能进行光合作用。通过光合作用，植物将二氧化碳和水合成有机物质，并释放氧气，贮存能量；所以光合作用的实质就是物质转化和能量转化，它能最大限度地把无机物合成有机物；最大限度地把光能转变为化学能，同时最大限度地释放氧气。而这些作用是世界上任何工厂都望尘莫及的，因此被植物经济学家誉为绿色植物三项伟大的宇宙作用。正因为这三项伟大的宇宙作用，才保证了人类和动物有充足的食物和能量来源，保持了环境中二氧化碳和氧气的相对稳定。

绿色植物的光合产物—碳水化合物在植物体内进一步同化为脂类和蛋白质等有机物质。这些有机物除了一部分用于维持本身的生命活动和组成植物体本身的结构外，大部分作为生物能源而贮藏在各器官中。据估算，地球上的植物每年约合成26 050亿吨有机物，其中90％为海洋植物所合成；10％为陆生植物所合成，相当于植物每年积蓄$3 \times 10 : 1$焦耳的化学能，数值十分惊人。这些能量为非绿色植物、动物和人类的生命活动提供能源。存贮于地下的煤炭、石油、天然气也主要由远古绿色植物遗体经地质矿化而成，都是人类生活的重要能源。由此可见，植物的光合作用是地球上最大规模地把无机物转化为有机物、把太阳能转化为化学能的过程，是地球上生命活动所需能量的基本源泉。人类食物约有3 000多种，其中作为粮食的植物主要有20多种。植物也是医药的重要来源，仅中国就有11 000种药用植物。在中国市场上，以中草药为主的药品占一半以上。特别是以绿色植物为主体的生态系统功能及其效益是巨大的。有人对中国生态系统效益价值的估算为5.4X1 012元，约相当于1994年中国全国生产总值的1.2倍。由此看出，生态系统功能及其效益的价值化将被纳入各国的市场与经济体系，将使经济体系产生革命性的变革。总之，人类的衣、食、住、行等各个方面都离不开植物。

二、促进自然界物质循环

植物是自然界中各种物质循环不可缺少的参与者，现以碳、氧气和氮的循环为例说明植物在自然界物质循环中的作用。

（一）碳循环作用

碳是生命的基本元素，绿色植物进行光合作用所需的大量二氧化碳除了地球上的物质燃烧、火山喷发和动植物的呼吸释放外。最主要的还是要依靠生物尸体的分解所产生，植物在碳循环中所起的作用见图2-4所示。

绿色植物持续不断的光合作用能产生大量的氧气，使大气中氧气的浓度维持在21%左右，保证了生物的生存。

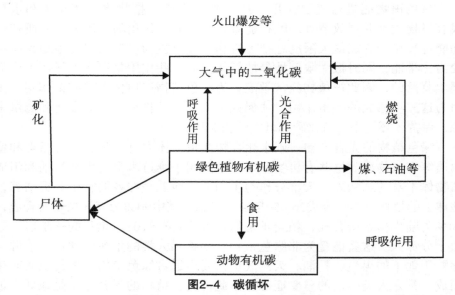

图2-4　碳循坏

随着现代工业的迅速发展，有机物大量燃烧分解，能源消耗日益增加，而植物资源的蕴藏量和植物覆盖率逐渐下降，空气中的二氧化碳含量呈增长的趋势。过多的二氧化碳将会扰乱全球气候，引起举世关注的"温室效应"。

（二）氮循环作用

氮素是植物生命活动中不可缺少的重要元素之一，大气中约含79%的氮素。这种游离状态的氮素，绿色植物不能直接利用，只有把大气中的游离氮固定转化为含氮化合物才能被植物吸收，这个过程称为生物固氮作用（biological nitrogen –fixation）。少数细菌和蓝藻能够进行固氮作用。如豆科植物、细菌、藻类（念珠藻、鱼腥藻）、水生蕨类（满江红、萍等）能将空气中的游离氮固定转化为含氮化合物，成为植物所能吸收利用的氮，这个过程称为生物固氮。

如图2-5所示，绿色植物将碳水化合物与铵盐合成蛋白质。蛋白质通过呼吸、或者通过对动、植物尸体的分解，又释放铵离子，这个过程就叫氨化作用。在硝化细菌将铵转变成为能够被植物吸收和利用的硝酸盐的过程叫做硝化作用。也就是将为游离氮转变成化合态氮。反硝化作用则是反硝化细菌使硝酸盐回复成游离氮（N₂）或氧化亚氮（N₂O）重返大气中，即化合态氮转变为游离氮。绿色植物利用吸收的氢素合成蛋白质，建造自己的躯体。动物摄食植物，加工成为动物蛋白质。蛋白质通过呼吸以及动、植物尸体的分解，进行氨化作用（ammonification），释放出氨气，其中一部分氨成为铵盐。为植物再吸收；另一部分氨经硝化细菌等一系列的硝化作用（nitrification）形成硝酸盐，成为植物吸收的主要氮源。环境中的硝酸盐也可由反硝化细菌的反硝化作用（denitrificatioll）冉放出游离氮（N₂）或氧化亚氮（N₂O），重返大气中。自然界的氮素就是这样通过植物的作用而辗转循环的。

除了上述两种元素的循环外，还有氢、氧、磷、硫、钾、铁、镁、钙以及各种微量元素。这些元素也都类似于上述情况，被植物吸收后，又从植物返还自然界，进行永无休止的物质循环。总之，植物界是按照一定的规律来完成它的作用。一方面有合成作用，另一方面有分解作用，两者辩证地统一，有规律地变化，循环反复，使自然界成为无尽的宝库，维持着无数的生命。同时也使整个自然界，包括绿色植物、动物、非绿色植物以及非生物成为不可分割的统一体。

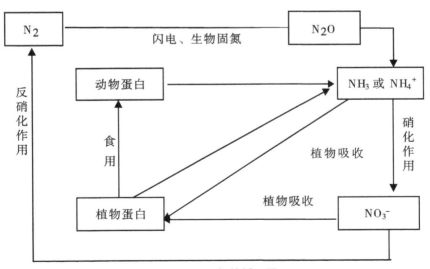

图2-5 氮的循环图

三、植物生态环境效益

植物生态环境效益主要集中体现在对大气、水体和土壤的保护上。由于工业高速发展，工厂排放的各种有害的废气、废水、废渣和农业生产上应用的有毒农药大量进入大气、水体和土壤，越来越严重地污染环境，影响生物的生存和人类的生产和生活。

植物对环境保护的作用主要反映在对大气、水域、土壤的净化作用：因为叶片表皮有表皮毛、黏液、油脂等可吸附粉尘、吸收有毒气体、富集有害物质。有些植物具有较高的抗性和吸收、积累污染物的能力，如银桦、拐枣、桑、木麻黄、蓝桉等具有较高的吸收氟的能力，如杨树和槐树具有较高的吸收镉的能力。树木对大气污染具有不同程度的净化作用，并有调节气候、减弱噪音、阻止灰尘等效果。草坪也有显著的减尘作用。一些水生植物能吸收、积累重金属和富集其他的有毒物质，某些细菌可以转化有毒物质，它们均可用于净化污水，改善水质。

当然，环境污染对植物具有不同程度的危害，甚至造成植物的死亡。如空气中二氧化硫（SO_2）浓度为 1～5PPM 时，人才能嗅到；而二氧化硫浓度为 0.3PPM 时，植物就会出现症状。植物受害的程度，随着污染物的性质、浓度和植物种类而有差异。有些植物表现出相当的敏感性，并在植物体上。特别在叶片上显出可见的症状，因此可以用来监测有毒气体的浓度，指示环境污染的程度。

植物的水土保持作用也非常重要。森林对地面的覆盖可以减少雨水在地表的流失和对表土的冲刷、保护坡地，涵蓄水源，防止水土流失。但是，由于近代工业的发展，人们为了追逐经济利润，毁林开荒、乱砍滥伐，导致环境破坏、生态失衡、地质灾害频发、水土流失严重。据估计，黄河每年挟带的流沙16亿吨；中国1998年在长江流域和东北的松嫩流域发生的特大洪水，在很大程度上是由于中上游的森林生态系统遭到破坏，丧失了水土保持和水源涵养功能，以及中游的湖泊湿地生态系统丧失了水分调节功能。三北防护林、长江中下游防护林工程的实施，已使长江、黄河流域水土流失大为减少。

四、国民经济物质资源

植物是人类赖以生存的物质基础，是发展国民经济的物质资源。人类的衣、食、住、行等方面都离不开植物。在农、林业方面，包括粮食作物、糖类作物、油料作物、纤维作物、果品、蔬菜、饮料植物、药用植物、观赏植物、牧草和材用植物等，都来源于植物资源；即使为动物提供的食品、原料，也是间接来源于植物的。随着近代植物育种工作的迅速发展，栽培植物的优良品种不断涌现和推广，植物资源得到更大的丰富，进一步推动了农、林业生产的发展。在工业方面，包括食品工业、油脂工业、制糖工业、制药工业、建筑工业、纺织工业、造纸工业或橡胶工业、酿造工业、涂料工业、化妆品工业，甚至冶金工业、煤炭工业、石油工业等，都需要植物，都与植物息息相关。

我国幅员辽阔，跨越热带、亚热带、暖温带、温带、寒温带地区；地形错综复杂，有平原、盆地、丘陵、高原、山地、荒漠以及江、河、湖、海。复杂的自然环境使植物分布变化很大，在我国几乎可以看到北半球覆盖地面的所有植被类型。我国是世界上植物种类最多的国家之一，仅种子植物就有3万种以上，其中不少具有重要经济价值。水稻、小麦在我国已有数千年的栽培历史，品种资源丰富。此外，还有许多原产、特产于我国的植物种类，如桃、梅、柑橘、枇杷、荔枝、茶、桑、大豆、油桐、牡丹、月季、菊花、山茶、杜鹃花、珙桐、兰花、水仙等。有大面积分布的优良用材树种如落叶松、红松等，被誉为活化石的银杏、水杉、银杉更属稀世珍宝。我国拥有数千种中草药，药材资源尤为丰富，杜仲、人参、当归、石斛等均为名贵的药用植物。这些丰富的植物资源为我国的经发展提供了丰厚的物质基础。

五、天然基因库

在植物进化过程中，由于长期受到不同环境的影响，植物界形成了无数类型的遗传性状。种类浩瀚的植物界犹如一个庞大的天然基因库，蕴藏着丰富的种质资源，是自然界留给人类的宝贵财富。全球现有植物50多万种，其中高等植物近25万种，经人类长期驯化栽培的有2 000多种，常见的栽培植物仅100多种。正是这为数不多的栽培种类，成为人类社会物质文明的重要基础，也为人类驯化野生植物、改良新品种提供了广阔的遗传基础。但是，尚有众多的种质资源未被人类认识和利用。这些资源的合理利用对于植物引种驯化、品种改良、抗性育种等方面将发挥出巨大作用。

值得注意的是，种质资源的流失相当严重。据估计，自地球上出现生命至今，曾在地球上生存过的生物种类非常多，英国气象学家辛普森（Simpson）估计有0.5亿～40亿种。海伍德（Heywood）等1955年估计，目前全球主要类群的物种（包括已科学描述过的175万种）只有1 300万～1 400

万种，表明有大量的物种不存在了。根据国际自然和自然资源联盟所设的保护监测中心估计.现存物种以每天一种的速度在消失，而每一个物种消失常常导致另外10～30种生物的生存危机。自然力（冰川、森林大火、毁灭性大干旱、病虫害）的影响造成了物种的消失，而生物资源的过度开发、环境污染、全球气候变化、大规模兴建城市无疑使许多有价值的种质资源流失了。

人类的生活、繁衍和进步，同植物资源的开发、利用和保护息息相关。合理开发、利用和保护植物种质资源，已成为当今全球性的战略问题。

六、未来植物与人类

随着全球人口数量的急剧增长，对粮食和其他植物资源的需求也日益增强。据估计，全世界每天大约有4万人死于同饥饿有关的疾病。诺贝尔奖得主"绿色革命"之父N.Borlaug曾估算过，要满足人口增长对粮食的需求，到2025年，所有谷物的平均产量必须比1990年的平均产量提高80％，这种提高只能依靠提高生物生产量，而不是扩大耕种和灌溉面积。因此，农业改造是迎战贫困、满足世界膨胀人口对粮食需求的根本。

此外，环境污染是现代工业时代的产物，目前地球上可能已很难找到一片完全自然的、没有被污染的净土。造成环境污染的原因很多，能源消耗过程中产生的大量有害气体和煤尘、各种核废料和矿业废水、农业生产过程中使用的大量难以分解的化肥和农药。以及人类生活过程中使用的许多有机合成的化学物质都不同程度地对环境造成了不良影响，危及人类的长期生存和发展。因此，环境污染已成为人们日益关心的重大公害问题。自然界的植物不仅能够调节气候、保护农田和保持水土，而且能够净化空气、净化污染、减弱噪声，对环境保护具有重要的作用。因此，利用植物监测和净化环境是人类改善环境质量、努力创造一个适宜长久生存的良好环境的重要途径。

除此以外，随着世界人口的急剧增加，对地球生态系统的压力也日益加大，地球上的资源不可能无限制地满足人口增长的需要。因此，开辟新的生存空间也许在不远的将来会成为人类面临的现实问题。在我们的时代，空间旅行和空间生命已经具有可能性，随着登月的实现，但长距离旅行或永久的空间站生活就要求有一种自身包含的生命支持系统，在这种系统中，植物会成为一个有价值的或许是必要的组成成分，因为它们不仅持续地供应食物，而且也能使人的废物再循环。空间旅行家呼吸时消耗氧而呼出二氧化碳，绿色植物能通过光合作用逆转这一过程；人排泄的废物可部分供给植物营养，植物蒸发的水经过适当冷凝，能用做人的饮水，如图

2-6所示。

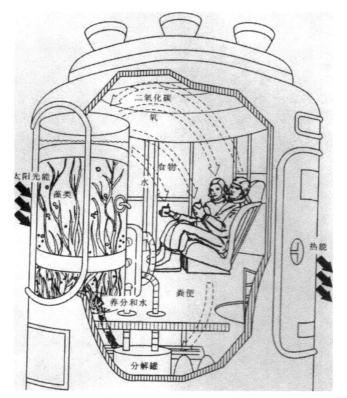

图2-6　宇宙飞船生态系统

第三章

当前影响植物资源发展的主要因素分析

纵观整个地球的发展历史，地球已经经历了数次与流星体影响有关的大规模的物种灭绝事件。火山喷发等自然事件在一个中等尺度上来说，在未来都会继续成为某些植物的威胁因素。然而，现在绝大多数威胁植物生存的主因是由人类引起的。一些来自人类威胁的作用是直接的（如森林的消失），而另一些则是间接地由人类人口过高过快地增长，以及与经济和文化相关的因素引起的。人类的影响已经引起了许多地区环境的根本性改变。人类活动（如道路建设、输油管道的修筑等）所造成的生境片段化的广泛分布，使许多植物（通过迁徙）对温室效应和冰河时期气候变化做出正确的反应变得越发困难。人类有意识或无意识地引入外来生物，结果使大量的乡土植物种类生存受到极大的限制，并改变了植物地理分布的格局。

第一节　生物和生态过程引起的威胁

一些威胁植物的因素是由生物和生态系统固有的特性所引起的。这些威胁是自然的；但事实上许多都是因为人类的影响才使它们变成了威胁。种群内个体数量比较小的物种很容易受到攻击而灭绝。这是因为它们的数量在经历其他生物种群都要经历的数量变动过程中很可能会变为零。它们也更容易发生遗传漂变（genetic drift）和近亲交配。遗传漂变和近亲交配降低了种群对付新压力的可能性，如来自于虫害和疾病的攻击。[1]评估近亲繁殖的植物种群的大小需要考虑种群是空间上的隔离还是生物学上的间断。空间上隔离的种群可以通过异花传粉或种子传播等途径在遗传上发生联系。风媒植物要比虫媒植物更容易在空间上隔离的种群之间进行杂交。

最小生存种群（minimum viable population）的概念被认为在保护工作中十分有用。最小生存种群是指不至于灭绝的种群个体数量的最低可接受值。根据对不同植物的最小可存活种群估计，这个数值的范围介于 1 000–100 万的个体不等。然而一些种群，如许多生长在地中海气候地区的一些植物，似乎在遗传上适应比较小的种群，因为它们已经在这些地区持续生长了千万年的时间。[2]预计在不久的将来，运用分子技术来研究小种群的遗传

[1] KELLER L F, WALLER D M. Inbreeding effects in wild populations[J]. TREE, 2002, 17：230. 241.

[2] COWLING R M, RUNDEL P W, LAMONT B B, ARROYO M K, ARTANOUTSOU M. Plant diversity in Mediterranean–climatic regions[J]. TREE, 1996, 11：362–366.

学将会产生更多的成果。

如果一些物种的栖息地范围变小，那么与此生境相关的物种将会面临由于特定生态进程中断而引起许多问题。北美大草原就是一个例子。曾几何时，大火有规律地横扫广阔的北美大草原，为多种类型植物的生存创造了有利条件。然而今天，大草原遭到大面积破坏，只存在一些零星的残片。大火发生的情形越来越多，这更加造成了植物种类数量的减少。据统计，在过去32～52年间，植物种类数减少8%～60%。[1]

小面积栖息地所带来的另一个问题是边缘效应（edge effects）的影响变得更为明显。边缘与栖息地面积的比值增加了。边缘效应是由栖息地边缘区域具有不同的生态性质引起的。热带雨林的边缘效应包括土壤干旱化程度增加、种子被捕食机会增加、种子发芽率降低和土表裂隙的出现频率增加等，这一切对原生森林阶段中的许多物种都是不利的。

不管植被自身的结构如何，植被在任何一个地方都会朝着某一较为稳定（或顶级）类型改变自身的结构和植物区系组成。目前，在非常广阔地域内的植被因为人为干扰而内在性质上表现出不稳定。一旦阻碍演替进程的因素（如农业开垦、大火或放牧）被排除，植被将开始向一种更为稳定的类型发展，并且许多现有的物种将会消失。从植物保护观点来看，这种演替常常是受欢迎的，因为一般情况下顶级植被（Climax vegetation）的保护价值被认为比处于不同演替阶段的次生植被（Secondary vegetation）的保护价值高。然而，也有些情况是次生植被被认为是有价值的，而演替却代表着一种威胁。这种情况在欧洲非常普遍，如一些类型（半自然）的草地就是类似的情况。那么，为保护植物而采取的行动完全可阻止植被自然过程的一些措施，如通过破坏克隆生长的乔木和灌木。

某些特定动物的存在与否会极大地影响植物。那些依靠单一传粉者的植物比依靠多种传粉者的植物所面临的灭绝风险更大。特化的传粉系统在一些植物类群中和世界一些地方更为普遍，如在热带和灌木群落（南非）就与欧洲和北美的存在很多不同。在热带森林的许多地区，人类已经引起了种子传播的大型哺乳类动物的大量消失。已经有很多关于大型动物消失对植物所产生影响的报道。在拉丁美洲长期形成的稳定的热带森林片段的例子中，有证据表明这些大型哺乳类的消失最终导致了由它们传播种子的

---

[1] CULLY A C，CULLY JRJ F，HIEBERT R D. Invasion of exotic plant species in tallgrass prairie fragments[J]. Conservation Biology，2003，17：990.

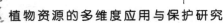
植物物种的消失。[1]另外，在非洲森林中大型食草动物的数量在近期减少很快（由于野生动物贸易引起的），但对植物种群并未表现出很明显的效应，尽管这种情况只是处于最初阶段。

大量的大型野生食草动物也能够引起与植物相关的问题，它们严重地破坏植被或妨碍植物的繁殖。在现代，如此高数量的动物集中时常常是由人引起的，如因为限制了食草动物自然迁移路线或灭绝了限制它们数量增加的大型肉食动物。在非洲的一些地方，庞大的象群已经成了当地严重的生态问题。[2]它们已经破坏大部分在卢安戈瓦和赞比亚的赞比亚河谷中最好的磨盘豆树森林（磨盘豆Colophospermum mopane为优势种）。在英国一些自然保护区内数量很多的鹿群阻碍了当地树木的再生。然而，管理者却不情愿减少它们的数目，因为害怕失去"热爱动物"的民众。由于禁猎措施严厉，云南西双版纳的野生亚洲象数目不断增加，热带森林面积减少，可供大象的食物也随之减少，从而对当地农田生态系统的破坏与日俱增，甚至每年都有发生大象伤害当地居民和保护区工作人员的事件。这一问题的产生背景看似简单，其实与当地经济发展的诸多人类活动，特别是橡胶种植园在当地及周边国家的迅速扩展有关，原有的大面积热带森林是大象的栖息地，如今大多已开垦变成橡胶种植园，当地保护区工作人员形容这是一场"人象争夺家园"的战争。

那些具有入侵潜力的动物，被人类引进到一些新的地方并且在当地成功生长、扩散，在世界一些地方已经成为植物的主要威胁因素，就像澳大利亚的兔子、新西兰的红鹿和很多海洋岛屿的山羊、猪和老鼠。问题不只是局限于大型动物。在南非灌木群落中300多种来自于山龙眼科（Proteaceae）的植物中将近一半以上受到阿根廷蚂蚁入侵的威胁。这些山龙眼科树木的种子在自然状况下是被一些当地的蚂蚁传播的，但是阿根廷蚂蚁并不传播这些种子。在被入侵的地区，幼苗更新是非常困难的。[3]

[1] KELLMAN M，TACKABE 褂 W R，RIGG L. Structure and function in two tropical gallery forest communities：implications for forest conservation in fragmented ecosystems[J]. Journal of Applied Ecology，1998，35：195—206.

[2] TIMBERLAKE J R，MOLLER T. Identifying and describing areas for vegetation conservation in Zimbabwe[M]. In Botanical diversity in southern Africa（ed. B. R. Huntley）. NationalBotanical Institute，Pretoria，South Africa。]994：]25. 1 39.

[3] BOND W J. Do mutualisms matter?Assessing the impact ofpollinator and disperser disnlption on plant extinction[J]. Phil. Trans. R. Soc. Lond. B，1994，344：83—90.

第二节　人为因素：植物流失的根本原因

从保护的角度来看，导致生物多样性快速丧失的根本原因就是人为因素。

导致植物丧失的一个根源就是巨大并不断增长的人口，它破坏自然环境，扩张和集约化农业（intensive farms）的普及，从野生植物中获取更多的资源，从而对植物产生压力。与传统的模式相比，集约型农场内的植物多样性更少了。不只是人口的增加，人均消耗的资源也更多了。事实上，平均来讲，今天人均消耗的资源要比一个世纪前多出460%。[1]有人预测，2005—2025年间，世界人口数量将由61亿增加到80亿。

在发展中国家，许多都市正在快速地扩张，来自农村的大量人口迁移加速了这一过程。城市化过程导致了对从周围地区野生植物采集的木炭、草药和其他产品需求量的增加。尽管有时这些东西的消费与人们的收入相比还是贵了些，但是相对于电和药物来说，穷人仍然负担得起。

在一些地区中，人口增加导致大规模迁移，建立新的居住地，这是导致自然环境破坏的主要因素。一些这样的迁移是有计划的，就像印度尼西亚政府从1947年开始颁布相关政策，将人口密集区的人（如爪哇）迁移到偏僻的岛屿（如婆罗洲）。其结果就是雨林大规模转变成为农田。同样的情况也发生在巴西，政府在19世纪70年代开始鼓励系统地向亚马逊河一些热带雨林（如朗多利亚洲）移民。也有许多大规模的迁移不是有计划进行的。在印度和中美洲的许多贫民由于农业竞争激烈化和大农场的建立而被迫迁移。有些人迁移到了一些不适合农耕的地方，还有一些迁移到城市。在巴西，为了迎合欧洲市场对转基因大豆的抵制，大规模发展大豆农业，从而使从事畜牧业和刀耕火种的农民无所适从，他们不得不移居到森林的更深处。

在中国，由于城市化进程的加快，对野生植物资源的需求明显增加。近年来城市园林绿化的发展，由于苗木供应不足和片面追求"政绩工程"成效，各地出现了"大树进城"的热潮，南方许多森林树种，如榕树（大青树 Ficus altissima、黄桶树 E. lakol、榕树 F .microcarpa 等）、银杏（Ginkgo biloba）、棕榈科植物（特别是董棕 CaryDta no、青棕 C. ochlandra、江边刺

---

[1] LAURANCE W F. Future shock: forecasting a grim fate for the Earth[J]. TREE, 2001, 16: 53 1–533.

葵 Phoenix noebelinii）、滇朴（Celtis yunnanensis）、杜鹃花（Rhoderdendron spp.）等树木被移植到城市绿地，有的甚至是百年老树，以每株树万元至数十万元的代价被移植到城市绿地、广场、办公大楼门前等。这种规模空前的森林"大树进城"的现象，在历史上是从未有过的。

近年来，货币经济和贸易体系得到了极大扩增。这种扩增的一个效应就是使人们和他们赖以生存的植物资源极大地分离开了。这种分离既是物质上的分离，也是精神上的分离。与从事生计经济的人们不同，现在的消费者很难直接看到他们在自然世界中消费的因果关系。这就使他们很难理解他们的生活方式对环境带来的影响。在比较富裕的国家，超市已经主宰了食品的交易系统，并且极大程度地控制了消费者的购买模式，就与对农业的控制一样。现代工业经济极大地依靠能源，这些能源大部分来源于化石燃料，从而导致了温室效应和气候变暖。

在贫穷国家环境的命运往往受到"富裕"一词的影响。举例来说，在贫困国家的农民其农业生产很难与富裕国家农业生产抗衡，据估计后者每年可以得到超过3 000亿美元的农业补贴。西方国家对与植物相关的物质产品有极大的兴趣，这种兴趣很可能导致非法经济的出现。富裕国家对毒品的需求（像可卡因和吗啡）能使非法植物（像古柯Erythroxylum coca和罂粟Papaver somniferum）的种植难以禁止。非法农业和植物贸易在一些国家（像哥伦比亚和阿富汗）使有序的自然资源管理问题更加复杂化了。

近年来，植物保护中有关当地植物知识的丧失是一个主要的、全球性的文化趋势。[1]然而与此同时，关于植物的科学知识的发展被证明只起到了一点很小的补偿作用，因为在世界很多地方，这些有限的、且仅适应于区域性的某些植物的科学知识往往与实践没有多少关联。除了直接对植物管理有用的传统知识的丧失外，当地有关植物的知识的丧失是保护工作中普遍关心的问题，这些知识的丧失削弱了当地植物多样性保护的基础，而这些基础有可能正是我们开展新的保护项目的关键所在。随着城市化的扩展，越来越多的农村人口移居到城市，留在农村的人口从事集约化商品农业，较少关注森林管理和野生植物的管护，随之相关知识也逐渐失传，不复存在：而居住在城市的人并不直接接触森林植物的利用和管理，从而导致延续了数千年的当地植物利用、保护和管理的传统知识流失和消亡，增加了现代保护工作的难度。

---

[1] WADE R. The management ofcommon property resources：collective action as an alternative to privatization or state regulation[J]. Cambridge Journal ofEconomics，1987，11：95–106.

　　一个相关的社会潮流则是传统威信的丧失或减弱。现在的政府将自然资源管理的许多权力分配给诸如林业部门等相关机构，但是有时这种方式会因为缺少资金和受过培训的人员而变得效率低下。一旦政府效率低下，且常规制度被忽视或变弱，其结果可能就会出现无政府状态，最后导致自然资源的破坏。

　　有时常规的保护能被现代手段轻易破坏掉。在1972年，当非洲樱桃（Prunus africana）的树皮开始在西非喀麦隆的欧库山（Oku）地区进行商业性采集的时候，它还只是由唯一一个公司谨慎地操作对象。这种树木的树皮是重要药品原料，大量出口到欧洲。它的采收如同中国过去采收杜仲（Ecomia ulmoides）树皮一样，常常会导致树木的死亡。近年来中国已经开发了新的杜仲树皮的采剥技术，在贵州等地有成功的推广应用。在喀麦隆从事植物药材收购活动的一家公司名叫"植物药业"（Plantecam Medicam）公司采取措施，通过在树干反方向切割1/4树皮的做法促进该植物资源的可持续利用，以防环剥造成树木的死亡，然后在第二次收割前让树木恢复4～5年的时间。然而在1985年，喀麦隆政府向50个两家颁发了树皮采集的执照，控制采集的系统完全被破坏了。完全环剥的做法现在已经变成了标准，其他的树则被简单地砍倒以方便割取树皮，下面引述相关记载，供读者了解一些过去和现在的变化：

　　当地有一个被称为"魁封"（kwifon）的神秘群体组织，它监视着森林植物和动物的使用已经有数代了。这个组织为管理流域、集水区和脆弱的森林生态系统制定了严格复杂的条例。某些指定的区域（圣林）是为"神"保留的。在一个星期中被称为"国家星期日"的日子里，任何人不允许以任何理由进入森林。违反者被处以得重病或死亡的警告，除非举行昂贵的宗教洗礼仪式。只要禁忌存在，神就保护森林并且没有任何物种被过度使用……随着1985年新的规定颁布……传统的权威对外人的约束失去了作用。他们违反了当地的规矩而不受处罚，甚至在"国家星期日"进入森林而没有得到任何报应。人们对于森林之神的恐惧也消失了。因此，非洲樱桃树皮的采集，侵蚀了资源保护的道德规范，一直持续到今天。[2]

---

[1] STEWART K M. The African cherry（Prunus africana）：from hoe 'handles to the illtemational herb market[J]. Economic Botany，2003，57：559—569

第三节　外来入侵物种和基因

外来入侵物种就是被人们跨越主要的地理屏障引进到一个新的地方，然后在新环境中成功定居，并使自己完全适应新环境的生物。全球大约有10%的入侵植物对本土物种产生了实际影响或在一个比较大的区域内改变了自然生态系统的特征。据预测，入侵生物的危险将会增加，因为人类导致了更多植物的迁移，并持续地干扰自然植被。外来植物的入侵对生物多样性造成的威胁被认为仅次于生境退化对生物多样性造成的威胁。

入侵物种能通过多种途径对本地物种和生态系统造成负面影响。一些物种，如毛里求斯番石榴（Psidium cattleanum）能形成高密度的植被，从而使其下面的本地物种无法繁殖。人们也认为番石榴产生的化感物质可以抑制其他植物的生长。一些外来物种能阻止耕种、伐木或受干扰后植被的正常演替。南美洲菊科亚灌木飞机草（Eupatorium odorata L.）或同物异名（Chromolaena odorata），马鞭草科灌木马缨丹（Lantana camara）和小乔木银合欢（Leucena lecuocephala）被广泛引种，它们能延缓热带森林的更新。这三种外来植物在我国热带地区已经有广泛分布，还呈现出继续蔓延的势头。现在人们已经对入侵生物对乡土植物所产生的微妙的负面效应有所了解。在英国，土耳其橡树（Quercus cerris）的入侵导致数种被引进的胡蜂（Andricus）的扩散，正是这些胡蜂的存在致使本地的橡树（Quercus palustpis）的繁殖能力大幅度下降。在春天，这种胡蜂在土耳其橡树的柔荑花序上进行有性繁殖，而在秋天，它们在橡树的果实（橡子）上进行无性繁殖，从而使这些部位变成树瘿。

丁晖等人（2007）通过对云南省和四川省5个不同样地中紫茎泽兰对植物群落（草本群落和灌丛）中植物多样性的影响研究发现，这些群落中物种丰富度都有显著下降，尤其在一年生为主的草本群落中物种多样性指数和均匀度指数下降要比多年生草本群落更为显著。通过人工和机械铲除紫茎泽兰并重建以当地一些林木为主的人工群落后，人工群落中物种多样性会出现显著提高。上面所提到的与紫茎泽兰同属植物飞机草，目前在我国西南、华南等地区也已经对当地生态系统造成了一定的危害，不过其危害程度远不如紫茎泽兰那么严重，紫茎泽兰对森林更新、人和牲畜均造成极大威胁。

广泛入侵南美洲稀树草原的非洲草类已经使南美洲的火灾频率增加了。由于外来草类入侵极大地减少了乡土植物幼苗的丰富度，改变了草地生态系统营养物质的循环过程，并降低了土壤水分含量。位于中太平洋的大溪地岛（Tahiti）上的特有植物有107种，入侵野牡丹科树种米氏野牡丹（Miconia calvescens）被认为是40多种植物中的主要威胁因素。该属植物抑制了乡土植物的投影覆盖度，并被怀疑是引起水土流失和频繁滑坡的主要原因。

严重入侵水生和其他湿地生境中的入侵物种也有许多。水葫芦（Eichhorniacrassipes）入侵到许多热带水坝和湖泊，其中包括维多利亚湖，在那里它们已经变成了严重的杂草。绿藻（Caulerpa racemosa）是一种随着苏伊士运河的修建而由红海进入地中海的数种物种中的一种，它含有一种在地中海兔鱼内脏中发现的毒素，如果人吃到它，就会受到影响。[1]另一个湿地入侵者的著名例子就是在沿海泥滩上的大米草（Spartina z townsendii），它是由产于英国的物种欧洲网茅（Spartina anglica）与被引进的美国近亲平滑网茅（S.alterniflora）杂交而产生的。　这一杂种在19世纪70年代在英国被发现时是不育的，但是在1892年以前，出现的2倍体被证实为可育，可产生种子并迅速在英国小岛蔓延开来。这种新的杂种被人为引入到旧金山海湾用来稳固泥滩，但是很快便沿美国西海岸蔓延并与本地的美国物种杂交，致使目前很难再找到它们的纯种。大米草在20世纪中期传入到中国东部沿海滩涂地带，大量繁衍和扩散，造成极大危害。该植物已经被列为中国入侵植物危害最为严重的外来植物之一。

入侵基因降低乡土物种纯洁性的例子还有许多。黑白杨（Populus nigra）通过与自身和美国品种杂交，如杂交稻（Populus x canadensis）正面临从欧洲消失的危险。引进到希腊的美国悬铃木（Platanus occidentalis）与东方悬铃木（P orientalis）杂交。在希腊，圆柱形的柏树（Cupressus semp Prvirens vat.pyramidalis）与天然的阔树冠形柏树变种杂交。在种植多年生黑麦草（Lolium perenne）例子中，有研究表明，来自现代栽培品种的基因在英国已经迅速入侵到野生种群，因此野生种群已经完全失去与前者的基因差异。就像在这个例子中，在各种物种间基因移动的如此迅速，成为引起人们关注转基因生物（GMOs）的原因之一。

真菌也可能具有入侵性。在英国乡下，导致荷兰榆树疾病的真菌（Ophiostomaulmi）已经使很多小叶榆（Ulmus minor）死亡。在美国东部森林里，引起栗树枯萎病的病原菌（Cryphonectria parasitica）对美国甜

---

[1] BOND W J. Do mutualisms matter?Assessing the impact ofpollinator and disperser disnlption on plant extinction[J]. Phil. Trans. R. Soc. Lond. B，1994，344：83～90.

栗（Castanea dentata）造成明显的影响。在澳大利亚霉菌（类真菌生物，Phytophthora）是一种非常可怕的生物，它威胁着许多当地的物种。

如果掌握了更多关于外来入侵物种的生态学知识，通过预防措施和清除工程抵御它们就会变得更加容易。海岛尤其容易遭受外来物种的严重入侵，这可能是因为处于隔离状态的岛屿导致了乡土物种缺乏竞争力。这种"隔离假设"得到了一些来自于世界一些受入侵十分严重的地区证据的支持，这些地区在进化过程中处于相对隔离的状态，比如澳大利亚和新西兰。坦桑尼亚东乌桑巴拉（Usambara）山脉的森林中有相当数量的木本入侵植物，这一数据要比其他任何一个热带原生森林中的外来入侵植物的数量还要高，这一事实对"隔离假设"又是另外一个有力的支持。东乌桑巴拉山脉的森林，就像坦桑尼亚的东部拱形山脉（Arc）的其他森林一样，从非洲刚果和西非的主要热带森林形成生物学隔离已经长达数百万年了。然而于1902年在乌桑巴拉东部山顶上建立的植物园是导致东乌桑巴拉山脉森林中入侵植物数量增加的另外一个主要因素。在任何情况下，非洲、欧亚大陆和美洲大陆上严重入侵的植物数量都在不断增长。据一份1999年的报道称，自1960年以来，入侵物种的数量和影响增长了10倍，如津巴布尼杨加（Nvanga）国家公园中的兰荆树（Acacia dealbata）、黑荆树（Acacia mearnsii）和平展松（Pinuspatula）等。

原则上，入侵物种的威胁可以在不同时期进行抵御，如防止新的引入，早期发现和消灭初生种群，继续努力控制严重的入侵者。考林和希尔顿持有这样的观点：生物控制是控制南非灌木群落中植物入侵的唯一长效手段。"入侵物种"是保护工作中应该给予关注的一个重要领域，但在许多国家公众却很少意识到这些，同时也缺乏许多学科的支持。公众的情感甚至可能会支持某些植物的入侵。毛里求斯番石榴（Psidium cattleianum）在毛里求斯是一种严重的入侵植物，但是很多人喜欢食用该植物的果实（当地人叫做"中国石榴"，其实中国并没有这种植物）。在将某些植物引入，根据在相似条件下对它们的行为所进行的实验证据而设计的特定类型的环境中，应对引进工作加以限制。有人甚至认为，如果将严重的入侵植物蒲桃（Syzygium jambos）引入到一个潮湿的热带岛屿将是一种愚蠢的行为。假如是这样的话，但愿这种植物还没有到达这个岛屿。人类在理论上预测哪种物种将会变成入侵者的能力还处于最初阶段。然而，似乎存在这样一种倾向，即生长迅速、具有固氮能力的乔木，如黑含羞草（Mimosa nigra）和豆科灌木牧豆树（Prosopis）（包括P glandulosa）往往可能有入侵性。由人类或牲畜对自然生境的干扰似乎使入侵的可能性加大。一般来说，未受破坏的热带生境，甚至一些岛屿，似乎对入侵植物有一定的抵抗力。

第四节　气候变化

许多因素都可能会引起气候不同程度的变化。在热带，区域性的森林和树木的破坏会影响植物与大气间的水循环，导致在森林砍伐后形成的裸地上产生干燥的风。人们相信它导致了自从大约1970年以来热带许多高山地区出现的越来越热且干燥的气候现象。在坦桑尼亚乌桑巴拉东部所记载的生态问题被怀疑是与气候的变化相关的。这些生态问题包括几种农作物种植的海拔越来越高，树木砍伐频率也越来越高，寄生植物的减少和疟疾的增加。

在未来的数十年里，可以预测温室效应导致的气候改变将成为许多植物的主要威胁因素。这种气候变化是由大气中能吸收热量的气体增加引起的，其中二氧化碳（CO_2）是最主要的。二氧化碳的浓度由1860年的280×10^{-6}（质量浓度）上升到现在的360×10^{-6}（质量浓度），大部分是由化石燃料的燃烧引起的。特定植被类型（特别是热带森林）和土壤中相关的有机物的破坏，还有泥炭沼泽的破坏，已经明显地促进了温室效应的产生。在未来100多年里，据估计温室气体的浓度将会继续增长，从而导致气候的明显改变。气温将会普遍比它过去的要高，并且降雨模式也会发生改变。极端的气候事件将变得更加频繁。可以预见，很多植物将不能通过迁移而阻止其灭绝，特别对那些由人类引起的不连续的栖息地中的植物来说更是如此。某些附生植物将更容易受到攻击。例如在热带森林中的大型攀缘植物和高大乔木。气候改变会对人类社会产生巨大的影响，甚至很多是无法预见的，从而使植物保护问题更加复杂化。

预测模拟结果指出，全球大部分地区由于温室效应和气候变化将会变暖，但是欧洲西北部可能是个例外。最近几年的测量发现，温室气候变化被认为是引起北冰洋永久冰盖范围和厚度缩小的一个原因。据测，永久冰盖将会在未来50～100年内完全消失。如果这种情况发生，北大西洋的大气循环模式将会发生剧烈变化，包括海湾洋流的改变，这种洋流是造成目前欧洲西北部不同寻常的温暖气候的主要原因。西北欧可能接下来进入一个很严厉的寒冷期。在欧洲，类似的反常气候变冷情况发生在1.1万年前，当时是因为在上一个冰河时期积聚的大量的冰融化后形成的冷水流入北大西洋而引起的。

在接下来的几千年的某个时间，地球将会进入另外一个冰河时期，对很多植物会产生悲惨的后果。在高纬度地区将没有喜温植物能够生存，现在拥有很多森林的热带地区将会大面积变干而不适合森林继续生长。保护工作者需要提前考虑这个问题，因为在人类漫长的历史场合中这并不是很遥远的。对植物保护的主要启示就是需要付出额外的努力，去保护前一个冰河时期作为植物避难所的自然栖息地和那里的物种，那里很可能也是下一个冰河时期植物的避难所。这些地方经常会引起植物保护学家的优先关注，因为这些地方是物种和种间基因多样性的集中区。

第五节　污染物

除了二氧化碳，燃烧化石燃料还产生其他能影响植物的气态污染物。从车辆和电站产生的硫和氮的氧化物形成酸，形成对许多类型的植物和真菌产生极大危害的酸雨。在湖泊或酸性土壤中生长的植物最可能受到影响，因为在这些情况下没有化学物质去缓冲酸的作用。在欧洲、美国东北部、加拿大和中国（四川省、重庆市和贵州省）都有有关酸雨对植物造成严重破坏的报道。另外一个污染物就是臭氧，它是汽车和电站排放产生的，当它在低大气层中含量很高时就会对植物造成损害。

大气层上层的臭氧层的改变同样也是一个环境问题，这种情况是因为臭氧浓度的减少，而不是增加。在大气上层的臭氧层充当一个防御来自太阳紫外线的防护罩，而紫外线能对植物造成伤害。臭氧层减少是与某些污染物引起的化学反应联系在一起的，比如电冰箱用来制冷的氟利昂（CFC）气体。近年来，周期性的"臭氧空洞"已经有规律地出现在各大陆的上层大气中了。

人类应该对使许多生态系统富营养化（超营养作用）负责。人造的营养包括农业化学肥料、清洁剂（磷酸盐）和酸雨（含氮化合物）。自从1970年以来，全球范围内的氮肥使用率已经增加了7倍，所以今天从人类到全球氮循环的量等于从自然进程中输入的总量。1/2～2/3的氮肥未被农作物吸收而直接进入非农业生态系统。有人预计，到2050年，全球使用氮肥的量将增加270％，磷肥将增加240％。酸雨在植物上的增肥效应被认为是造成欧洲有记录的主要植被变化的原因之一，包括在高位沼泽上杀死形成土丘的苔藓类植物，在含钙生境中使某些草本植物蔓延生长（形成强健的植物草皮），在酸性土地的草原中使植物多样性降低，以及在一些欧石南灌丛中助长紫色沼泽草（Molinia caerulea）的蔓延而使石楠花（Calluna vulgaris）大量消失。氮肥被认为是导致一些草本植物疯狂生长的主要原因，就像有刺荨麻（Urtica dioica），只给矮小的物种留下很少空间。[1]中国南方重要淡水湖泊太湖、鄱阳湖、滇池等，都遭受到富营养化的祸害，蓝藻大量繁衍，入侵物种到处滋生，造成了严重的水体污染和环境问题，对于此类污染的治理十分困难，不仅耗费巨额资金，而且收效甚微。

---

[1] LEBBIE A R，GURIES R E Ethnobotanical value and conservation of sacred groves of theKpaa Mende in Sierra Leone[J]. Economic Botany，1995，49：297-308.

第四章

植物资源保护的具体实施对策

第一节　完善植物资源法律保护制度

一、完善的法律法规

政府的政策、法律和法规对植物保护有至关重要的作用，这是由政府的现代管理体系在国家中的重要性所决定的。按照国家机构的组成方式，它们可能会在各种权限下进行规范。

一些国家具有保护单一植物个体的相关规定。在英国，当地制订计划的权威们可以对一株树（或林地）实施树木保护令（TPOs），让砍伐行为或其他破坏行为都成为犯罪。其目的是为了保护那些对周围环境有重要作用的树木。故意破坏或损坏树木的行为可被处以20 000英镑（约合38 000美元）的罚款。

一些种类的植物可能会被认为是不受欢迎的植物，因此可能会采取一些措施来控制这些植物。在英国，1959年颁布的杂草条例（Weeds Act）要求土地所有者控制五种农田中的有害杂草，如刘寄奴（Senecio jacobaea），该杂草对家畜有毒害作用。1981年颁布的野生动植物和乡村条例（Wild Life and Countryside Act）规定，种植日本紫菀（Reynoutria japonica）是违法的。野生物种被当成农业生产中的敌人，它们将成为人们控制的对象。小檗（Berberis vulgaris）（虽然有可能不是本土植物，但在古代作为一种药用植物被引入到当地），现在英国已经成为稀有物种，这是因为当它被发现是一种黑锈真菌（Puccinia graminis）的寄主后，人们就开始对其采取灭绝措施，因为这种真菌可以侵袭小麦。一种植物在一个时期是人们需要的，而在另一时期可能会变成不需要的。英国的亨利三世（1509—1547）要求农民种植大麻（Cannabis sativa），为其海军提供制作绳索的纤维。大麻种植活动在1961年被禁止了，这是由于该植物含有麻醉成分。然而，在英国政府的许可下，如今大麻种植活动逐渐增加了，还是为了提供天然纤维。目前所种植的大麻品种几乎不含有麻醉作用的化合物。在日本大麻是不允许种植的，唯一获得许可种植大麻的是青森县，允许种植不含麻醉成分的品种。在中国，大麻是传统农作物，作纤维、食品和治疗疾病的药物使用，政府曾经考虑过立法禁止种植，但始终未成文颁布，这是有道理的。

许多国家有保护野生植物的法律和法规。在英国，虽然大多数植物的地上部分可自由采摘，但是所有的野生植物都不能被连根拔起（土地所有者在自己土地上这样操作例外）。有一些植物被列入受特别保护的植物名单中，所有人甚至是土地所有者都不能对这些植物采取连根拔起或采集等行为，除非是在许可的情况下。在1995年，这一保护植物的名单中包含了107种维管植物、33种苔藓植物、26种地衣和2种轮藻植物。在英国（或其他任何地区），野生植物的法律保护被证明是很难实施的，很少有法律诉讼提交。[1]

一些国家更进一步要求或鼓励对濒危物种实施物种恢复计划。美国是第一个通过一项规定必须准备和实施1973年濒危物种条例中列入的濒危物种恢复计划的法律。到2004年，该条例中的749种美国保护植物中的609个物种已经有了恢复计划。恢复计划这一概念在欧洲被人们普遍接受，其中芬兰和西班牙目前已经有了类似的法规。英国采取了一种法律成分较弱的方法，但是物种行动计划是为一些濒危物种所做的准备。这项计划由各种法定的或自愿者组织执行，如植物生命国际。

在濒危物种应受到法律保护的同时，允许人们为寻找乐趣或陶冶情操采集一些野生花卉也是有一定好处的。许多野外植物学家在他们年轻时通过采集植物而变得对植物非常有兴趣，而且也获得了相关的植物学知识。D.克里门曾为非濒危物种提出了一个"一小把"原则。他相信，如果一个类似的简单原则通过几个司法界能被广泛应用，来增加该原则被人了解和尊重的机会，这将是非常有益的事。

某些生境类型或特殊的栖息地区域有时受法律的保护，除了其他特别用于保护地的措施。在坦桑尼亚，禁止为了建立种植园而清除自然森林。这一法令值得我们学习。在丹麦，禁止改变一些自然特征和过程，如大河、溪流、泥潭沼泽和盐沼的状态，以及大于0.5hm^{2}的草地和欧石南灌丛的状态。在英国，一些被作为特殊科学研究意义地点（Sites of Special Scientific Interest，SSSIs）或北爱尔兰的特殊科学研究意义地区（Areas of Special Scientific Interest，ASSIs）都受到法律的保护。在英国，大约有4 000个SSSIs，覆盖了全英陆地面积的8%。它们是为保护当地的植物区系和其他有价值的自然特征而建立的。土地所有者如果打算准备在这些地区进行一些改变，必须出具反映他们意图的官方通知书。已经颁发的开发建议许可证也有可能被终止。

一系列的法律和法规可以控制人们对特定植物资源的接触和利用。在许多国家，森林砍伐和木材砍伐是受法律约束的，即使树木长在私人的土

[1] NAKASHIMA D. Conceptualizing nature：the cultural context of resource management [J] Nature and Resources，1998，34：8-22.

地上。在英国，要在木材蕴藏量超过每3个月5m²的地方才能砍伐树木，而且必须向森林协会提出申请。在巴基斯坦西北部，有一种被称为放牧林（覆盖度为53％的林地）权属形式，在那里土地归私人所有，但如果要砍伐土地上的木材，就必须获得林业部的许可证。非木材产品的利用有时也受法规的约束。在土耳其，某些野生球茎（如石蒜科雪花蒜）的商业性采集，只在获得许可的情况才能进行。采集的数量每年有一定的配额。

植物资源可能会成为某些法规的焦点。所允许采集的量、允许的采集的方法和采集者必须交付的费用等都包含在内。在市场链的不同阶段，都可能支付费用，包括采收费（如采伐点年税或采伐林地特许费）、运输税、销售或出口税。与限额和许可证相关的政策能严重地影响植物的管理效果。同样也存在一些关于公正性的问题，这些问题涉及资源管理、采集和利用的利益和成本在整个社会中的分配方式。如果税率太低，人们很可能没有积极性进行良好的管理，实施时会有浪费，并且商人所得的利益可能会很高。另外，如果税收太高，很多人可能会试图逃税，从而鼓励了非法活动的产生。

一系列鼓励措施可以用来鼓励土地所有者采取措施来支持保护工作。英国森林委员会（北爱尔兰的森林协会）实施了一项林地贷款资助计划，为开辟新的林地提供贷款，鼓励对现有的林地的管理进行改良。在1988年，欧盟（EU）引入了一种叫做"土地保留计划"（Set Aside Scheme），以回应欧盟的过量食品生产。直到1996年，政府要求农民留出10％的农耕土地作为支付款项的资格保证。关于保留地要多长时间对植物保护才有价值这一问题还有争议。一项在苏格兰的研究发现，保留地所带来的植物多样性利益是最小的，研究得出这样一个结论：如果植物保护是目的，播种配置合适的植物种子组合应该是一个更好的方法。在2005年，英国在一项新的农业—环境计划框架（有两个层次的标准）下产生了许多鼓励进行环境友好型的农业生产活动。

尽管有这么多的法律和法规，实际上一些政府对资源管理的直接约束却很少。许多政府财力有限，缺乏野外工作人员。在许多情况下，自然资源管理由于法律而得到进一步削弱，这些法律剥夺了传统技术对自然资源管理的权威性，但又没有提供有效的替代方法。对努力改进资源管理的方式政府来说，有一条途径就是通过对传统资源管理体系赋予法定认可的方式来吸引当地人的支持。要这样做就必须有这样的思维方式：社会和环境与过去是截然不同的，需要改变一下以适应现代情况。在一些国家中，已经开始对当地机构放下更多的权力，如印度和尼泊尔关于森林管理权，肯尼亚关于圣林和当地其他具有文化价值的地方的管理权。在中国，已经有人提出这样的建议：把传统公共管理的牧场管理权归还给当地社区，虽然政府的思想体系和强有力的个人家庭责任制可能是实施这种建议的最大障碍，[1]目前尚无定论。

二、植物的所有权和资源权

所有权和资源利用权是植物保护工作的核心问题。如果一个人没有拥有社会公认的所有权，那他就没有为了长远目标而进行植物和土地管理的动力。

所有不滥用周围自然环境的社会，都有相关的习俗和乡规民约来指导社会内部的人们如何利用自然资源。除无人感兴趣的荒野地带外，对植物进行保护的基本要求是对土地所有权或对公认的自然资源使用权的保障。如果没有相关的保障，人们就会缺乏对自然资源进行合理管理的动力。

由于对自然资源不加限制地利用而导致栖息地退化和植物资源过度利用问题，在世界各地普遍存在。草地过度放牧和薪柴资源的匮乏等现象随处可见，尤其是比较干旱区域，导致这些现象的主要原因大多由于不适当的资源权属关系。保护区管理机构保护不力，当地人违法开采资源没有受到应有的惩罚（对蔑视或无视相关规定的行为），那么即使是在自然保护区内也有可能成为开放区域。如果由于过度开采或私有化而导致保护区外没有可供利用的资源，那么，保护区就成为最后可供自由采集的资源储藏库，无论如何最后还是无人管理的公共资源。

不适宜的所有权和资源利用权问题不仅仅限于发展中国家。以苏格兰为例，许多保护工作者认为，那里的特有的林地覆盖严重不足。这里的问题是，苏格兰有很多租地农民，不喜欢植树，因为即使他们种植了树木也没有得到从中获益的保证。就此，威特曼（Wightman）指出："英国政府在海外花费了数百万英镑，帮助改革土地权属问题，是作为发展项目的一部分开展的。但是在苏格兰，土地改革被认为是枝节问题，欧洲封建的土地权属和高度集中的私有权属格局在农村发展政策和产出方面毫无成就。"

上述情况说明，待在家里对别人的问题提供建议，要比实际操作处理自己的事务简单得多。

土地和植物是农村社会的主要资源，所以所有权和使用权问题是政

[1] VEEN E Natural Grassland Inventory Project[cl. Presentation at Third European Conference on the Conservation ofWild Plants，Prague，23–28 June，2001.

治问题，可以被高强度管理。保护学家在社区中提起此类问题时需要格外小心，最好在项目实施过程中，通过与个人或小组进行私下交流而进行权属问题的调查。对所有权和使用权问题的研究可以揭示一些关于社会如何运作等问题，包括社区内部的"权力关系"。研究有时候可以使问题变得清晰，而这些问题一般游离于公众议程之外，或许会在社区内产生紧张气氛，这将不利于保护问题的解决。

在世界各地，所有权和使用权形式五花八门。经常碰到的概念包括：习俗土地（customary land），它是一类被传统习俗保护的土地类型；公共土地（coomunal land），它是一类由社区共有的土地类型；国有土地（state land），它是一类由政府拥有的共有资源（例如，一些保护地区）；私有土地（private land），它只属于个人、公司或其他团体；无所有权土地（freehold）是指个人或团体拥有绝对或无限的所有权的土地，尽管如此，仍有法律和法规来限制哪些活动是许可的，包括如何处理植物。相同地块的不同方面其所有权和使用权属于不同的人是很平常的，称为多元的权属（pluralities）。例如，一块土地可能属于一个人，上面建造的房屋归另一个人所有，而土地上种植的果树的采集权又属于其他人。特别使用权（usufruct right）是指某一个人或团体利用特殊资源为大家所承认的权利。

对土地所有权和资源权属问题，政府所采取的方法深受思想体系的影响。在一些国家，如爱尔兰，很多土地为私人所有，没有法定的权限范围。在社会主义国家，如坦桑尼亚，所有土地归国家所有，有时也可能是共有的耕地，或者在一定的年限内出租给个人或公司，一般为50年。个人拥有的土地数量是有一定限度的，如在中国农村所有耕地都为国家所有，个人或集体获得土地使用权或承包使用权，有一定年限，到期可以更新使用权。对于林地，森林要么直接属国家所有（如国有林、森林保护区），要么对森林树木的砍伐有严格的法律限制，这些情况是非常普遍的。在墨西哥和巴布亚新几内亚，大量林地再授权于当地社区，这种情况是不常见的，而在墨西哥，政府限制森林的利用和砍伐。

资源的使用权和所有权通常含有习俗和法律成分。成文法律是国家的法律，包括诸如土地的名称、由国家控制的土地或其他资源的租赁（如木材权），与社区就土地或资源管理所达成的协议，以及对传统约定俗成的权属或权利的法律认可。乡规民约（customary law）是指长期形成的有关规定和习俗，它们可以调节土地权属和资源的使用权，通常早就深深植根于现代社会之前的社会状态之中。

在非洲，对土地权属的传统是以家族权力为基础的，这种权利是由宗族或部落首领赋予的在土地上进行定居和耕作的权利。在乌干达有一句谚语说，一个头领不统治土地，他只统治人民。在非洲，土地传统上不被视为土地所有者绝对的财产，如同现在的无所有权土地。然而，通过对森林砍伐、长期占有或一些坟地等途径可以极大地加强对特别使用权的持续拥有。

虽然乡规民约有时仍然在非洲有影响，但在殖民时期，权属和使用权都发生了明显的变化，特别是个人所有的土地和国家所有土地的概念的引入。被当地人以非营利性占有的区域一般都归政府所有（如公有土地）。殖民时代早期，许多非洲人都非常迷惑，他们并不欣赏对私有财产进行生硬的英国式定义，他们有时在不知道自己要做什么时，放弃他们的土地。在印度和爱尔兰也存在相似的问题，在那里，没有土地证的农民，要么支付高额的租金，要么被驱逐出这些土地。[1]在非洲，土地私有化倾向越来越尖锐（无论是法定登记的，还是没有经过法定登记的），从而导致当地一些人丧失了对自然资源的使用权利。

通过对津巴布韦的绍纳人（Shona）社区公有地和重新定居区之间的对比发现，在有关资源权属的传统习俗和国家法定途径之间的差别是很明显的。传统的谱系为基础的制度在绍纳人生存的地区仍然很重要。权威属于领导人，他们的义务包括主持求雨仪式，在此仪式中他们代表他们部落的人们祈求祖先保佑。相比之下，重新定居区是社会混合体，并遵从一个更为民主的模式。在这种情况下，确保适宜林地和农田管理的责任由这些定居区的官员和农业发展负责人员（都是国家雇员）与村寨发展协会（VIDCOs）一起来承担。在绍纳人居住地和重新定居区，土地和林地资源的权利归于男人，但女人是否可以利用资源要视她们与男人之间的关系而定。然而，寡妇在这两个地区都会区别对待。在公有区域，女人们在其丈夫死后就丧失了使用权利，并会受到驱逐，而在重新定居区，去世后丈夫所拥有的权利会被重新分配给寡居者。

历史的角度对理解权属和使用权格局有很宝贵的价值。墨西哥的土地所有权的故事就说明了现代格局是根植于过去，如何受有些事件的影响。墨西哥革命（1910—1920）的产物之一就是合作农场的产生，合作农场是已注册的村社公有土地，或至少属于男性村民，因为合作农场（ejidatarios）的注册成员几乎都排斥女性。直到1980年，墨西哥大约80%的林地属于合作农场和社区公有（与当地少数民族社区有关的公有土地）。对合作农场成员的权利也存在某些局限性。例如，他们不能通过抵押土地增加收入，这些土地上木材的使用权利被政府转让给了外来企业，

---

[1] SCHAMA S. Landscape and memory[M]. HarperCollins，London，UK，1995.

即使也付给合作农场一些立木费。自20世纪80年代，合作农场的成员开始了对森林资源进行更多直接的控制。在1992年，因为受到北美自由贸易协定（NAFTA）的影响，在合作农场内，控制耕地的法规发生了改变，在合作农场注册的成员数量变得固定，且农业用地也已被私人登记注册、分割和出售。

另一种尝试理解权属和使用权格局的方法是分析人们一生中的行程，因为他们有获得与自然资源相关的利用机会，同时也会遭受到某些限制。景观可以视为一幅由社会各阶层覆盖其上的意识地图，而不仅仅是放大的物质现实。对于那些长期居住在某一地区的人们，许多资源的社会地理学知识，他们稍加考虑就接受，诸如这块地属于某人、这里有一条路我可以利用、这些野果我可以采摘等问题。人们与自然之间的相互作用可以与国家和传统习俗的有关法律法规联系起来加以分析，按照法规所应该实施的方法、它们如何实际操作、个人如何理解它们。就像土地注册和名称所提供的证据一样，法律位置可以远远滞后于土地上的实际位置。对土地和自然资源的困惑现象是很平常的，如对于复杂而又让人备感迷惑的法律条文、政府部门间对于谁应对某些保护区负责的争端、党派间关于财产界限确定问题上所存在的分歧以及地图上的边界与现实边界的差异等。在土地权利传承过程中，是根据传统习俗来进行还是按照国家有关法律规定进行，这可能是一个分歧。

采用"精神旅行"（mental journey）方法的一个优点是，这种方法已经允许把非法行为纳入分析之中。非法行为在自然资源的利用过程中是非常普遍的。对于希望获得土地和植物资源而采取不正当手段的个人，通过"变通社会网"（腐败组织）比通过法定程序办理的情况更为常见。半合法性或非法性可能会成为对植物资源进行合理管理过程中的一个主要障碍，如同经常遇到的木材许可证颁发现象一样。然而，这种情况偶尔也可能对保护工作产生一定益处。要看具体情况而定，有时法律规定的限制并不一定合理可行，因为民间的传统做法依然悄悄地进行，无法禁止其行事。在前苏联时期，乌兹别克斯坦的农民之间进行水果和坚果树的种质资源交换被视为是非法的；但这种传统实践不管怎样还在继续着，继续对遗传多样性的保护作着应有的贡献。

三、传统习俗与保护

许多传统习俗信仰和实践活动对植物保护工作有很显著的支持作用。时至今日，当人们由于有意识而合理从事着这些实践活动时，人们给出的一些解释是很实际的，但不可能在不同文化间被接受或理解，与此同时其他一些解释看起来并不合理，甚至是迷信的，这一切都是基于人们对社会特异现象的认识和理解。遵守传统习俗的实践是通过社会的奖惩制度来实施的，后者的范围包括社会的限制、罚款，最严重的情况是放逐和从社会中开除出去。传统习俗保护被所有人接受的典型例子就是尼泊尔贡布夏尔巴（Khumbu Sherpa）传统习俗保护的实践活动，在那里，村民任命保护人在合理的基础上来管理集体资源。保护人以他们拥有的包括罚款在内的权力来控制森林中放牧和砍伐活动。在该文化之外的人看来这种有点不理性的信仰在爱尔兰似乎很普遍，这些信仰保护了一些孤立的、被称为"仙女树"（fairy trees）的单籽山楂树（Crataegus monogyna）。

许多不同文化的人们视自然界是神圣的，这是值得尊敬的。根据简·沙立克（Jan Salick）和她的同事们在2004年英国坎特郡大学召开的国际民族生物学协会会议上展出的一份海报，藏族人认为整个自然环境都是神圣的，在宗教和非宗教领域没有明显的极端化。然而，某些瀑布、树林、树木和山脉峡谷都被视为需要进行特殊保护的对象。而这些地方往往是一些进行宣扬美德、尊敬死者和祈求神灵保佑仪式活动的吉祥之地。

山脉常常被看做是非常特别的。基库雨人（Kikuyu）、埃蒙布人（Embu）和梅汝人（Mem）传统上把肯尼亚山脉看做是上帝的住所，婆罗洲的都闪人（Dusun）也相信接近基纳巴卢（Kinabalu）山山顶的山坡是亡者的安息之地，因此是生者的禁地。欧洲的浪漫主义运动（1790--1850）对荒山、海岸和有扭曲树木的古树林都有相似的兴趣，因为这些地方可以找回人的灵魂，寻找精神的净化。这些民俗信仰也成了现代保护运动和实践的基础。

一些生长着半天然状态的植被地区在世界上被作为神林或圣林而得到广泛的保护。[1]偶尔也会由森林外的其他半自然状态的植被作为圣林，如在英国有许多教堂中分布着具有重要保护价值的半自然植被。圣林经常被用于墓地，有时也为社区提供特殊资源，如草药。在那些自然植被从景观中大批消失的地方（如埃塞俄比亚北部，参见本章最后的案例研究），圣林就成为在农田和牧场形成的苍白景观中一抹鲜艳而又突出的绿色斑块。在一些情况下，圣林在保护传统农作物品种过程中具有很重要的保护价值，

[1] LUOGA E J，WITKOWSKI E T F，BALKWILL K. Differential utilization and ethnobotany of trees in Kitalunghalo Forest Reserve and surrounding communal lands，eastern Tanzania[J]. Economic Botany，2000，54：328.343.

如在巴基斯坦斯瓦特地区（Swat）由伊斯兰教会管理的有争议的土地斑块上的梨树（Pyrus communis）就受到很好的保护。

有关传统文化信仰保护动植物的现象在中国普遍存在。在汉民族居住区，十分盛行风水林、水源林和寺庙林，几乎遍布南北大地各处。佛教、道教名山圣境的植被、古树名木都受到严格保护，大多是传统习俗在保护中发挥着重要作用。直到1956年以后才成为建立各类自然保护区和风景名胜区的对象，成为国家法定保护的自然景观系统。在少数民族地区，传统文化信仰的形式各种各样，有些与宗教有关，如与藏传佛教、苯教有关的圣山、圣湖和圣林在藏区十分普遍。在彝族、纳西族、傣族、景颇族居住的地区，大多与祖先崇拜和自然崇拜有关的圣树、圣林和圣山都受到传统习俗的严格保护，如中国西双版纳傣族的垄山、云南楚雄彝族的植物崇拜、丽江纳西族的黄栎树崇拜等都是传统习俗形成的有利于植物保护的文化现象，受到科学工作者、自然保护工作者和政府有关部门的高度重视。

许多植物种类或变种受到传统习俗的保护或支持。实际上，目前，人类对有些野生植物还不了解或很少了解，如药用植物杜仲和银杏。他们之所以能存活到今天，是因为人类对它们进行了栽培。在一些传统宗族社会中，一定类型植物代表图腾祖先（虽然动物最为常见），因而这些植物受到特殊的保护。在非洲，受保护的树木是很普遍的。在坦桑尼亚的一个地区，马如拉果（Sclerocarya birrea）、非洲苹婆（Sterculia afrfcana）和坦桑苹婆（&appendiculata）就是一些被认为在传统崇拜中具有重要价值而受到保护的例子。

很多传统信仰和实践活动会限制植物资源的采集量，或者鼓励采集后对被采集的植物实施更新或再生措施。印度乌塔兰恰（Uttaranchal）的冈瓦尔（Garhwal）的村民们认为高山草甸是上帝的家园。他们只在南达阿希塔米（Nanda Ashtami）节期间采集药用植物。当被选的村民们去高山地区采集鲜花送给南达女神时，采集活动就开始了。只有那时才开始进行常规的采集活动。如果在仪式举行前就开始采集药用植物，人们相信诸如干旱等这些灾难就会接踵而来。南达阿希塔米节是每年9月份的最后两个星期或10月份的头两个星期，这一时间正是许多高海拔地区生长的药用植物种子成熟的时候，因此这些传统信仰和实践活动可以视为文化阻止对植物资源过度掠夺的一种机制。[1]

---

[1] HAMILTON A C, CUNNINGHAM A, BYARUGABA D, et al. Conservation in a region of political instability[J]. Conservation Biology, 2000, 14: 1722-1725.

个人或群体保护当地某些植物的现象是很普遍的。这是由于当某一现象大家都很熟悉，而且已经成为现实生活中的一部分时，这种现象就被维持下来。一些新住户发现，在所属关系尚未明确之前就开始占有某些区域，他们砍伐分布于自已新居周围庭园中的树木是很容易的事情。一些植物由于某些明显的实际原因而受到保护，如在热带地区，为村庄提供树荫的树木。人们也常常保存一些与其大小、形状和体形相关，具有特殊美感或具有神秘特性的树木。没有谁敢砍伐当中最高的树木。古树名木的概念正在受到越来越广泛宣传，而且在一些国家被认为是一种促进植物保护最有用的手段之一。在中国各地已经形成了保护古树名木的各种条例和规定，古树名木受到严格保护。如陕西黄帝陵的柏树、云南丽江玉峰寺的"万朵茶花树"、四川梓潼七曲山上绵延8 km的"张飞"柏林等都被很好地保护了下来。

许多传统习俗保护实践都与传统农业有关。"野生"植物和当地作物品种可以进行人工栽培，森林斑块也可以作为整个生产系统中的一部分而保留下来。下面所举的例子说明了传统信仰和实践活动如何被现代所破坏，但是（更有希望的是）一旦传统方式的价值和智慧被人们认识到，整个环境灾难又可以得到避免。傣族是一个在中国西双版纳热带地区低海拔河谷盆地上长期从事水稻灌溉耕作的民族，这些低地四面环山，山上以前森林茂密，其间坐落着哈尼族、基诺族、布朗族、彝族、瑶族等许多民族的村寨，这些山地民族从事着刀耕火种农业，并依靠森林产品而生存。傣族的封建领地制直到20世纪中期才结束，然而在封建领主的控制下一直经营着十分复杂的灌溉系统。村民和每一户家庭都会在系统中承担任务并分享这些水资源，如果有人不能完成任务，则会受到惩罚。水资源在傣族文化中扮演着（并将继续扮演着）重要角色，它不仅仅被看做是一种物质资源，因为：傣族不仅需要水灌溉田地和其他农作物，还需要水喂牲畜和家禽，如牛、鹅和鸭子。他们还要用水祈拜他们的祖先和主持仪式。因此傣族一直崇拜水，他们尽最大的努力保护水资源，如同保护他们的生命一样。在过去他们不仅把寨神林和垄林看做是他们的祖先灵魂栖息的地方，还看做是水源林，所以不准砍伐……他们的音乐、舞蹈、文学、艺术都与水有密切的关系。

傣族传统上相信他们在这个世界上的命运依赖于水神。在水源林内，禁止捕杀动物、采集植物、砍伐树木或进行耕作，历史上水源林在西双版纳曾经绵延六七万公顷。西双版纳最大的垄山—垄南神山，位于景洪市和勐海县之间，山上热带森林茂密，过去森林面积超过数千公顷之多，如今已经减少到不足660hm²天然林，仍然发挥着"大水库"的作用，为垄南神山下的景洪坝子、勐仑坝子和勐海县的勐混坝子提供灌溉水源（为大约3 300hm²水稻提供水源）。傣族保护垄山的传统早已制度化，每年7月"求雨节"期间，村民都要在山下祭祀场举行拜祭仪式。在封建领主时代，西双版纳的最高统治者"召片领"要亲自前往祭祀场主持拜祭活动，如果因故不能前往，要把他穿的锦袍送到祭祀场，以代表他本人出席到场。垄山神山的水源保护早已融入了傣族的森林文化之中。

1949年新中国成立后，西双版纳发生许多变化。如今发展重点放在了经济增长上，很少注意生态后果。传统文化信仰被认为是迷信并曾经被禁止过。一些传统的灌溉工具，如木堤、竹渠和土岸水渠被混凝土结构取代。西双版纳热带森林面积快速下降，大部分原因是由于人工种植橡胶（Hevea brasiliens括）面积不断扩大，人口迅速增长，西双版纳州的人口从1953年的230 000人增加到1995年的817 000人，整个西双版纳的热带森林区曾经一度被规划为热带种植园区。森林面积从66%～70%（20世纪50年代早期）下降到30%（1980）。

幸运的是，这种不加控制的经济发展和"科学生产"的过分行为，从20世纪80年代中期发生了改变，这时期人们开始对民族传统知识、当地的生态学和森林的生物多样性价值投入了更多的关注。一个重大事件是在1979年第二届中国全国橡胶和热带经济作物研讨会上，植物学家、生态学家据理力争，强调热带森林的不可代替的价值和保护的重要性，从而减缓了橡胶种植代替森林植被的发展步伐。然而，近年来由于国际市场橡胶价格猛涨，市场经济的强劲动力推动着新一轮的橡胶种植园扩张。自然保护区范围以外几乎所有适合种植橡胶的森林地带（海拔1 000m以下地区）都已经或正在改变为橡胶种植园，可以预测，今后的西双版纳，除自然保护区（约占西双版纳国土面积的12%）以外的热带森林，除石灰岩森林外将会全部被橡胶园所取代。经济发展了，森林生物多样性减少,生态环境退化了，气候变化了，其后果是难以预料的。

四、保护区

建立保护区是植物保护最有用的途径之一，保护区对保护的价值是全世界所公认的，根据近年来保护区数量的激增和覆盖面的不断扩大就可以说明这一点。根据定义，保护区从其管理的一个主要目标来看就是为了进行生物保护。中国自1956年建立第一个自然保护区以来，到2005年年底，已建立起各类保护区2 349处（不含港、澳、台地区），数量和面积分别占全国自然保护区总数和总面积的10.34%和59.35%。然而，仅仅为了生物多样性保护而进行保护的地区还相对较少。保护区通常还有附加的目标，包括对木材和水资源、野生环境或有价值的景观、娱乐和旅游等资源的保护。在这些情况下，保护区的管理在保护野生植物多样性的同时，可能也会对农作物多样性（在保护区内或保护区附近）的保护起到协助作用。目前，中国保护区的建设和管理水平正不断发展和改进，但保护和管理的矛盾依然尖锐。新的保护形式不断出现，在国家林业局指导下国家公园的试点已在云南省进行，第一个国家公园普达措国家公园已于2007年在云南省中旬县建立。

专门为植物保护而设立的保护区非常少。然而，越来越多的保护区正在建立，如在西班牙，最近有许多小面积的地区为了保护分布区非常有限的物种而已经注册进行保护。热带非洲的第一个国家公园，是专门为保护植物多样性而提出的，位于坦桑尼亚南部高地的基图洛（Kitulo）高原上，占地面积为135km²。该国家公园主要保护具有丰富草本植物的草地。

保护区类型多种多样。例如，在澳大利亚被命名的保护区就有45类，在世界范围内就有1388多类。世界保护联盟（IUCN）为了使不同国家间能够进行比较，设计了一套保护区国际分类系统。目前还有一个尚未解决的问题，就是如何对待森林保护区，森林保护区一般不包括在世界保护联盟系统之内。它们被排除在外，在许多情况下并不奇怪，即使是森林资源，也经常受到低水平的保护。然而，一些森林保护区受到比较好的保护，它们包含了生物多样性非常重要的层次。另外，许多国家的林业部门逐渐增加了对于生物多样性保护的重视程度，并将其作为管理目标。

保护区属于各种政府机构的管理，每一个保护区都有各自的传统。国家公园受野生生物管理部门的管理，他们对动物和旅游有特殊的兴趣；而森林保护区归林业部门管理，他们对木材最感兴趣。涉及国家公园的法规的限制一般要比森林保护区的法规更严，几乎禁止在其中进行任何生产性活动。正因为如此，保护学家有时提倡把某些森林保护区变换成国家公园，但是这对保护并不一定有利。在一些国家中，很多国家公园已经表明，公众会越来越相信许多土地被从生产用地中分离出来（作为保护用地），这是有可能的。近年来，在"林业部门并不能充分保护野生生物"的舆论下，加纳的许多森林保护区已变成了野生生物保护区。但是真正的问题是人力不足，最好是在林业部门内开展协作进行野生生物管理活动。

植物保护学家能够经常寻求与对同一地区有共同兴趣的其他伙伴的联盟。一些国家有当地少数民族保护区，以保护当地少数民族免受外来文化和经济的影响。当人们的生活仍然与自然联系在一起时，当地少数民族保护区与自然保护就存在特别的关联。哥伦比亚有400个当地少数民族保护区，覆盖整个国家疆土的24％。2002年哥伦比亚建立的帕尔古国家公园（The Parque Nacional Indi Wasi）是拉丁美洲建立的第一个国家公园，该公园是具有保护当地少数民族传统文化和生物多样性双重目的的国家公园，并且有可能是世界上的第一个。非洲的大部分国家还不知道当地少数民族保护区这一概念，在非洲当地少数民族这一概念比在拉丁美洲更难应用。但是，在中美洲，人们呼吁建立"俾格米"人（pygmy）的当地少数民族保护区，因为由于流民的侵入，他们的生存环境和文化大量流失，因而受到很大威胁。[1]

考古学家应该是植物保护学家的自然同盟军，他们对"遗产"有共同的兴趣。哈拉帕（Harappa）是巴基斯坦旁遮普印度河谷文明的古城，可以上溯到公元前3000年，位于哈拉帕的考古保护区只有1.5km²大小，但尽管如此，它对植物保护有很重要的价值，因为在该地区仍保留有稀少的当地棘刺林。军事保护区，如训练区，也可能是濒危物种栖息地的绝好地点。

大多数保护区属于国家所有，但是保护区有时可以由社区和个人申报。在哥伦比亚、意大利、新西兰、南非、西班牙和委内瑞拉等国家，越来越多的私人保护区被建立起来。如果私人保护区能得到国家的认可，他们的保护价值将会得到加强，因为国家的认可有助于这些私人保护区免受损失，如改变所有权人。

关于保护区管理的成效有许多综合的指标。从正面来讲，对22个热带国家的93个保护区进行了调查，来验证国家公园是保护生物多样性的有效途径这一观点，调查结果发现大多数保护区在阻止森林砍伐、减少伐木、打猎、放火和放牧（至少在一定意义上）等方面是成功的。同时也发现，保护区的保护效果与它们的基本管理（如执行力度、边界划分和对当地社区群众的直接补偿）有密切关系。该研究得出这样一个预测：即使增加不多的经费投入都会直接提高保护区对热带生物多样性的保护能力。

保护区面临着许多挑战。在东南亚，有许多关于保护与发展之间存在冲突的报道，一些法律上存在的保护区，实际上从来也没有成立起来，而且变成严重退化的状况。[2]在许多发展中国家，缺少资源是基本问题，这种状况导致了管理人员不足、管理计划缺乏和高级管理层的频繁轮换。

战争、国内骚乱和政治无序状态是世界部分地区的常见现象，这也为

[1] TUXILL H, NABHAN G P. People, plants and protected areas[M]. Earthscan, London, 2001.
[2] JEPsON P. Biodiversit), and protected area policY: why is it failing in Indollesia[D]. phD, Oxford, Oxford, UK, 2001.

检验保护区的成效创造了条件。在一些国家（如安马拉、莫桑比克和利比里亚），内战已经导致了保护区管理系统的崩溃和栖息地的退化。当人们的生活仍然与自然联系在一起时，当地少数民族保护区与自然保护就存在特别的关联。1998 年印度尼西亚中央政府政权更迭以后，已经导致苏门答腊和加里曼丹地区自然保护区内非法活动的猖獗，未经许可的木材采伐活动和大面积森林被烧毁比比皆是。相比之下，在 1971–1980 年间乌干达弱势政府时期，并未导致大量森林保护区沦为农田。根据一项分析，这些保护区已建立了足够长的时间（大多为 30–40 年），已被当地人接受为现实，并且保护区的继续存在作为正常和有序的标志，在一个不稳定或有时很危险的社会中为人们提供心理上的慰藉。作为一种有序的和正常化的安抚作用，特别是在不安的或者有时非常危险的世界，这些地方并未发生蚕食，问题往往是由于政府的官员无视法规，而不是发生在大众百姓身上。在加纳（Ghan）进行了一项对森林保护区附近的 4 个村庄的调查发现，90% 的村民认为，保护区是非常有用的，而且也是满意的，如果不进行保护，这里就不会是原始森林了。

几乎所有的保护区一般都会导致一些可以产生短期利益的活动的削减。有些地方许多此类的短期效益已经实现，如变成农田、采伐木材和挖矿等，但很少受到关注。如果能证明保护区被理性地接受为生物多样性保护的一个手段，为整个社会的不同利益群体服务，它们的存在所带来的利益的分配方式的透明，那么保护区很可能具有很强的抵御外界的干扰能力。因为保护区是公共财产，所以在决定如何制订管理措施的过程中，必须有一种民主的检验方法，对保护区管理的决定是如何做出的进行检查。如果保护区所带来的利益被认为分配不均，就可能导致矛盾的产生。

在保护工作圈内，当地人是否和加入到保护区的管理和利用中来一直存在着争议。在当地经济上依赖于保护区资源时，这些问题就会变得更加激烈。负责保护区的机构，如果看到保护区外的土地由于利用相同的资源而变得光秃，他们害怕同样的命运也将会降临到保护区，因而可能会很自然地对给予当地在保护区内利用资源的权利十分谨慎。另外，让当地人加入到保护区的管理中也是有利的。在任何情况下，有关是否允许当地人参与到保护区的管理中的问题，并不是一个能简单用接受或拒绝来回答的政策性选择。在许多情况下，当地社区参与到保护区的管理中是一项很现实的事情，而不是合法的还是非法的问题，真正的问题是具体怎么来操作。在当地人口完全依靠保护区资源的情况下，使用权力压制的手段去处理问题会引发冲突，等于政治上的自杀。保护区的管理从当地社会和政策层面上来说必须是切实可行的，与从生物学和生态学角度来说是可行的一样。

在中国，在20世纪90年代就已经开始注意到保护区管理中的社区共管问题。在许多国家级自然保护区先后建立了社区共管机构，开展保护区内的试验区、缓冲区和周边社区的共管工作。中国云南西双版纳国家级自然保护区、高黎贡国家级保护区、楚雄紫溪山省级自然保护区等在开展社区共管方面都已取得了很好的经验和成绩，保护区与当地社区的关系得到了进一步改善，社区的生计发展也得到保护区一些帮助，有利于保护区工作的开展。从中国保护区目前存在着保护区周边社区贫困较为普遍的现实来看，加强和改进社区共管十分必要。

让当地人参与到保护区管理中的一个方法是对资源进行联合管理。另一个方法是根据不同目的并参考生物圈保护区模式的规定，把保护划分为不同的区带。当地人可能会被允许在某一个区带中采集指定的资源，而另外的区带被作为严格的自然保护区。不管采用何种管理方法，都必须以了解当地人与当地自然之间的关系为基础。例如，某一保护区的森林就其起源和持续存在的原因，可能是当地人的信仰和实践的结果。或许一些森林是圣林，受到当地人的传统保护，而其他的森林可能是轮歇农业生态系统的某一个阶段。如果当地人被驱逐出保护区，那么这些森林的保护会陷入危险的境地，因为维持和供给森林营养的循环过程全部被消除了。

在20世纪80年代，作为缓解保护区生物多样性的保护与当地群众经济发展之间冲突的一种方式，综合保护和发展项目（ICDPs）在一些机构和国际非政府组织中开始流行。其中一个主要的措施就是试图通过为当地群众提供发展经济的替代途径，从而降低当地社区对保护区资源的依赖程度。但是，许多第一代ICDPs无论在提高保护效果、还是在外来资金用完之后，对保护区功能的维持及产生经济利益等方面都没有取得成功。其问题主要表现在以下几个方面。

（1）保护目的和发展活动之间没有很好地联系起来。

（2）没有意识到加强法律和法规的有效性是成功保护植物工作的基本要求。

（3）缺乏某些方面的知识基础，导致出现信息不充足的决定。

（4）工作重点和涉及范围的局限性导致处理外部威胁的失败。

（5）缺乏在权属拥有者之间对目标、作用和义务的沟通，从而导致在利益优先权混乱等方面冲突不断。

第二代ICDPs从早期项目中吸取了许多经验教训。在目前看来，成功的条件应该包括高水平的政策和管理的支持、与当地政府的紧密沟通、规划在当地要体现一定程度的灵活性、对当地人提出的要求能够作出回应，以及在项目实施和资源管理中采用适宜的方法。沙迦·渥拉和她的伙伴已经为项目实施方案的改进提出了许多其他方面的建议，除此之外，他们还拓宽了"ICDPs方法"的覆盖面，将与人类持续发展相联系的所有促进自然资源保护的努力都纳入其中。他们已经引入了ICDPs的新概念，不再将其看做只能应用于保护区的项目。综合保护和发展方法的一些关键元素如下：（1）参与状况分析（这是收集信息和分析信息的过程，并运用参与式农村评估方法、根源分析法、行动研究和其他方法；所有关键的权属拥有人都应该参与到分析过程当中）；（2）权属拥有人协商并达成一致意见；（3）为项目实施而发展伙伴关系；（4）为适应变化而进行的能力建设（这包括所有相关群体成员必要的态度形成、知识的获得和技术的提高等）；（5）在大范围进行工作，包括在政策水平上；（6）进行影响评价和经验分享。

第二节　植物多样性保护宣传和教育

在一些自然保护区内，当地村民对野生植物的乱挖滥采（尤其是具有药用价值的保护植物），游客对具有较高观赏价值的保护植物（主要为兰科）的采摘，造成一些植物难以见到，甚至达到灭绝的危险，使保护区生物多样性受到严重影响。对此需要加大宣传教育。杜绝对植物的疯狂式掠夺，尤其是在保护区内。保护区建设要纳入当地国民经济建设计划中，否则，保护区的建设速度低于物种丧失的速度，起不到物种保护的作用。

北京对与自然资源的管理主要有林业部门、农业部门等，虽然经常举办各种生物多样性的讲座，但几乎只有相关专业的人士对其感兴趣，大众并没有参与到讲座中，要加大广播、电视、报纸以及网络媒体的宣传力度，在游览区设立警示牌，使公众提高对于如何保护生物多样性，特别是对丧失植物多样性的后果的认识，生物多样性与人类生活生产的关系。应不失时机地进行宣传教育，让公众了解植物保护的意义，通过各种途径提高公众的保护意识，明确植物保护的最终目的是可持续发展和永续利用。

目前，很多保护区域对保护植物进行了一定的宣传，如对保护植物名称、分布、作用等进行挂牌宣传，这是一种很好的方式。但是仍存在很多问题，如不同保护区所挂的牌质量参差不齐、名称不规范、标志不清楚等。为此，我们参照国内外的关于保护区保护植物宣传的挂牌的一些设计，初步设计保护植物的挂牌如图4-1、图4-2所示。

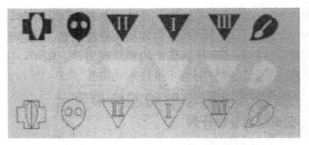

图4-1 关于保护植物功用和保护等级的标识

图4-2 保护植物的挂牌设计图

第三节 加强自然保护区的有效性管理

一、保护区有效性管理分析

（一）保护区规划

调查表明现有的保护区选址与保护生物多样性及总体目标比较一致，布局设计也能使生物多样性保护达到最优，功能区划也较合理。85％的保护区（这些保护区主要是森林类型的保护区）把保护和维持生物多样性作为目标之一，并且在保护区选址、布局上都有利于实现生物多样性保护区目标。90％的当地社区都支持保护区的总体目标和相关活动，偶尔在开展具体活动时存在一些矛盾。但有40％的保护区与当地社区土地属权还有争议。

规划上各保护区的连接度不高，25％的保护区与其他保护区相连或为未开发的土地所环绕，25％的保护区周围已经为城市或农业区域所环绕。

75％的保护区周围土地的利用方式对保护区影响较小，25％的保护区周围土地利用对保护的目标有不利影响。

（二）投入分析

在过去的5年中，保护区没有资金用来开展破碎地区的监测、保护区执法、预防进一步破坏的管理和恢复措施，以及为这些活动而开展的所有规划、培训和检查活动。现有资金主要用于成立机构、组建执法队伍、总体规划编制、管理、资源保护、购买交通工具、设立碑界，标本室、水体监测等。只有10％的保护区有专门的机构和人员及稳定的资金来源；35％的保护区有专门的机构，但是缺少人员和资金来控制和预防违法活动，对保护区进行动态管理等；55％的保护区没有专门的机构、人员、资金来控制和预防对资源有害的违法活动。在设施与设备投入上。各县级以上保护区有些野外设施，但是总体上不足。[1]

人员组成上，约有540名正式职工和非正式职工服务于北京市保护区（主要集中在13个保护区）。保护区内相关专业人才很少，职工基本都为高中、中专及以上学历文凭。并且北京市只有45％的保护区具有相关的管理机构。

（三）管理过程分析

据调查，许多保护区没有按市级及国家级保护区《自然保护区总体规划》中的年度计划来完成各种规划。北京市65％保护区有自然资源编目和文化编目，但资源编目还不足以满足保护区管理需要。在管理规划中缺乏对保护区威胁和压力的分析以及对策的制定，即使有的保护区有对保护区的压力和威胁进行分析，但没有对它们每一种的重要性进行捧序，各种压力和威胁程度不确定，也没有制定减缓压力及防止威胁的具体步骤，基本上没有具体的对策。

（四）保护区的冒理归属分析

北京的保护区管理一个主要问题就是保护地类型多样和土地权属多样，形成了多头管理或代管，造成责权不清甚至导致保护区没有管理机构的现象。另外，保护区内有较多的集体林，已经单独开发，尽管其地域在保护区内，保护区管理机构却不能对其进行管理，旅游收入也不能投入到保护区的建设中。[2]虽然各保护区关于保护区的管理还不到位，现行很多经

---

[1] 张宪强. 郭卫华，杨继红. 等. 2006. 刺槐（Robinina pseudoacacia）无性系种群结构与生长动态的研究. 山东大学学报（理学版），41（2）：135. 139.

[2] 王进鑫. 余清璈，刘增文. 1994. 刺槐人工转无性更新萌芽与根囊发生规律的初步研究. 陕西林业科技.（2）：27-31.

营活动与保护区总体的目标，如宣传教育、科研、生物多样性保护方面的研究一致性不高，怎样实现保护区的总体目标的研究和管理相对较少。

（五）保护优先性确定

为了使有限的资金达到最大的保护功效，确定保护区管理的保护优先性很必要，将那些生物多样性很高、面临很大威胁的保护区确定为最高的优先等级，在这个等级的保护区中，那些管理有效性低的则被视为最紧迫需要人们干预的。调查中管理有效性为规划、投入、过程的平均值的和，最高值为15分，本章将管理有效性分为：管理有效性高（大于等于8）、管理有效性低（小于8）。其他评估要素等级划定及赋值见表4-1所示。

表4-1　自然保护区评估要素等级划定及赋位标准

等级	生物重要性（最高分25分）	社会经济重要性（最高分50分）	总威胁程度	脆弱性（最高分50分）	赋值
很低	少于10分	少于20分	小于30分	小于20分	1
低	10-15分	20-30分	30-45分	20-30分	2
高	15-20分	30-40分	45-60分	30-40分	3
很高	高于20分	高于40分	大于60分	高于40分	4

二、有效性管理的建议

（一）有效性管理分析结论

目前建立的自然保护区，保护了绝大部分生物及其生境，初步形成了类型比较齐全、分布比较合理的北京自然保护区网络。80%的保护区都能有针对威胁的预防和监测活动，违法活动也能得到基本控制。65%的保护区有关于保护区主要生境、物种和文化价值的信息，满足计划编制和决策制定。但北京市自然保护区建设管理中存在的不足主要表现在：资金投入不足，制约了自然保护区事业的发展，现在主要的管理工作还停留在森林防火、病虫害防治、植被恢复水平上；部分保护区人员不足，大多数员工对保护区相关知识了解较少，对自然保护区工作认识不足，保护区在动态监测及管理等方面的工作还不够；40%的自然保护区土地权属还有争议，自然保护区内集体林、林场、森林公园、风景名胜区等保护地类型在地域和管理权属上还很混乱；管理机构不健全，管理体制不顺，很多保护区还处于批而不建，建而不管，管而不力的状态；同时部分保护区内旅游开发较为混乱。

随着人口压力增大与自然环境的变化，水资源匮乏、森林火灾、旅游活动等对自然保护区造成了较大的压力与威胁，因此对这些问题应该进行较为系统地规划和管理。另外，一些人为活动开始之前应该请相关专家进行认真的评价，防止造成无法挽回的损失。通过对保护区的生物学、社会学重要性、脆弱性、管理有效性及所面临的威胁进行分析表明，拒马河、云峰山、玉渡山、喇叭沟门、云蒙山保护区急需在管理上进行调整。百花山保护区生物学重要性相对较高，尽管有较好的管理，但还不够，应该提升其保护地位。

（二）有效性管理的建议

管理上，管理部门应该尽快健全各保护区的管理机构，落实人员编制和经费，实行自然保护区管理目标责任制，并明确通知相关单位和个人其义务和权利，利于保护区相关活动的开展。对于已经由其他部门建设或管理的同类型自然保护区，要认真负责监督或收回管理权。利用网络资源，建立虚拟管理体系。这种"虚拟"的管理体系是充分利用网络实现信息反馈、建立数据库，又能对社会开放、让公众参与的网络信息系统，充分调动全社会各种积极力量支持和参与自然保护区的建设与管理。要组织多形式的保护区业务培训，引进自然保护区专业人才，强化自然保护区的科学研究，不断改善管理、宣教条件，努力提高自然保护区的管护能力和水平。[1]

投入上，自然保护区的投入是多级多部门的，既有主管部门的，也有地方政府的，采取上面拨一点，地方配套一点的方式。这种投入体制职责不清、权利不明，地方配套很难到位。针对保护区资金不足等问题，可以立项，保护区根据各自的现状，总结出需要研究的项目，向相关部门申请立项，相关部门根据情况拨给经费，在一定时间内保护区向上级管理部门提交成果或进展情况。各保护区及其有关部门要采取有效措施，多方筹措资金，加大自然保护区的资金投入。社区经济上，加强社区联系，促进社区经济发展。保护区应该帮助当地群众开辟生产门路，建立互惠互利的社区共管关系，改善保护区的周边环境，推进保护区健康发展。

威胁预防、缓解和监测上，保护区内的旅游活动在一定时间内是不可能也没有必要禁止的，因此，保护区内的旅游活动的开展及其相关问题，管理部门应该建立一个系统的旅游政策及相关评估体系，建立旅游的相关

---

[1] 邢韶华，林大影．袁秀．等．2005.北京山区植物多样性保护区域规划研究．林业调查规划，30（6）：1–5.

植物资源的多维度应用与保护研究

标准、规范，编制旅游规划，要积极稳妥地开展自然保护区的生态旅游。在自然保护区内开展旅游活动，应以专业性旅游为主，着重组织开展科学普查、科技夏令营、度假休养等，不得在自然保护区内乱建人工设施和景观。对保护区内的压力威胁等进行定期监测，可有的放矢地完善保护措施，及时调整保护策略，提高有效保护的力度。

实行保护区分类分级管理。对北京的自然保护区重新定性和定位，北京的保护区应该考虑其生态服务功能，如何实现保护区的最大生态服务功能，对保护区分类、分级以及对不同保护区的定性和定位很必要。一方面如果按照"科学保护区"的管理规定和有关的法律法规是不被允许的；另一方面因缺乏理论的指导和规划，有些创收活动与保护区的目标相互矛盾，因此对保护区进行分类分级很必要。

第四节 推动社区参与项目

植物的就地保护必然涉及当地居民，当地居民处于一个直接影响植物命运的重要地位。项目是相对短期的行动计划，其主要目的是从植物保护角度来增进人与植物之间的关系。新行为方式的制度化能成为改善人类的生计，并在项目结束后依然能够继续为当地人产生利益。

一、应用民族植物学

当今人们普遍认为，在植物就地保护的行动计划中，当地居民理所应当然地应该被包括进去。与此相关的学科，即研究人与植物之间相互关系的学科，就是民族植物学。任何社会群体都可以作为或部分作为民族植物学研究的对象，尽管本节强调的是一个特殊的群体—农村社区。应用民族植物学是民族植物学的一个分支，其主要研究方向之一是应用民族植物学原理和方法进行植物保护和植物资源的可持续利用。应用民族植物学是一门参与式的和面向问题的学科，该学科近年来发展十分迅速。应用民族植物学的研究既是一个收集信息的手段，同时也是一个社会实践过程，涉及多方面关系的建立。研究人员和当地居民可能会以不同方式和程度参与到研究中来，这要取决于具体情况。通常，社区成员将参与项目目标的制订、采用的方法和途径、资料的收集和解释以及研究结果的传播等活动中来。在整个工作中，当地居民的参与意味着成功的机会更大和为研究的实

· 116 ·

际行动提供更好的机会。

一般来说，当地一些群众与当地植物多样性之间有着特殊的密切联系：这对于他们参与到项目活动中是尤为重要的。他们当中或有人把自然生境中的某些区域当成自己领地的一部分，或参与到采集野生植物资源的活动中，或进行传统农业生产活动。一些野生植物资源的利用者可能拥有特殊的知识，或被称为专家型的资源利用者（specialist resource users）。例如，利用植物材料建筑房屋的技巧或哪些野生植物可以食用等有关知识。然而，"寻常"百姓关于植物的知识在植物保护项目中也不应该被忽略掉。例如，在医药学领域，在一些地方某些传统医生具有奇异的知识和行为很容易迷惑住人，但在日常生活中负责治疗疾病的常常是家庭主妇和母亲，而不是巫师。

"关键知识的拥有者"（key knowledge holders）这一术语在应用民族植物学中，专用于指社区中那些当地最具有相关植物方面知识的个人。通常这些人很少受过正规教育，但他们通过对知识的好奇、观察能力和长期的实践获得了特殊的知识。项目组成员中应该从一开始就有一个或更多的"关键知识拥有者"。他们的指导在决定项目的研究方向、使项目组成员融入当地现实这些方面具有十分重要的意义。

应用民族植物学研究通常涉及研究者与当地资源利用者之间的合作，有时资源管理者也是第三方参与者。在这种背景下，"资源管理者"这一术语有时被狭义地定义为那些专门负责保护区的人员。"研究者"是项目组成员，他们熟悉应用民族植物学的方法与途径，他们通常也是研究的调查者。与资源利用者和资源管理者不同，研究者通常来自于外地，因此他们与当地人相比，就不那么熟悉当地植物的许多方面的事情，而研究人员应当可能为应用民族植物学研究提供以下几个方面的支持：（1）提供有关探究人与植物之间相互关系的研究途径和方法等方面的知识；（2）能获得外部信息资源和对项目会有帮助的外部关键专家和机构；（3）具有将当地保护和发展议题放在更为广泛的背景下的一些能力（可能会包括在项目实施地区中发现物种在更多的保护状态下的知识，以及它们的用途和其他地区的管理方法、与植物和土地相关的法律知识等）。

应用民族植物学是一门跨学科的学科，可以分成其他许多与保护和可持续发展有关的分支学科。该学科的应用有助于揭示与植物相关的当地群众所关心的保护与可持续发展等问题。人与植物之间的相互关系包含了许多内容，以至于人们对如何开始野外工作感到气馁，为了帮助解决这一问题，珍妮士·阿尔柯（J.Alcom）建议，提出一些简单的问题去问当地人，如"这种植物有什么用处？"之类的简单问题可能是与当地群众开展对话，进而确认当地群众所关心问题的关键。

二、社区项目的准备工作

以社区为基础的项目（包括保护项目），需要花费时间才能产生结果，有可能是5年，也有可能是10年。如果个人或组织希望从长期的义务角度着手考虑保护项目，这对以社区为基础的项目都是很有帮助的，即使这些想法最初都不能得到保证。社区为基础的保护项目其进展过程可能是不确定的，至少是由于可能会出现许多项目所能控制的外部影响。项目组成员应该虚心地开展自己的工作，不要草率地做一些他们不能实现的诺言。中国历来重视农村工作，现在将其称之为社区项目工作。过去有许多成功的经验依然可以借鉴，甚至参照。例如中国特色的农村社区工作历来都坚持"从群众中来，到群众中去"的工作路线，这就是国外现在所说的"自下而上"的决策过程。在工作方法上，中国一直提倡领导、专家、群众"三结合"，与现代社区项目工作中强调的社区参与是相同的原理而不同的说法，问题是在实际工作中如何贯彻执行"三结合"，即参与式的社区工作方法，在许多情况下是行政命令或行政干预较为普遍。由于缺乏一套完整的、科学的参与式工作方法，往往会把"参与"变成一种形式。

社区植物保护是一项崭新的工作。随着生态文明建设和绿色中国发展目标的提出，将会越来越受到重视。以社区为基础的植物保护项目从其自身角度来说，可以是一个完整的项目，或可能是比较大的保护或发展行动计划中的子项目。一个较大项目如有一个联合形式，可能会有许多优势。例如，能利用较大项目的基础设施所带来的利益、与政府部门相联系、研究结果（如社会经济调查结果）或项目与流动社区所建立的基地等。相反的，植物学因素有时会对较大的保护或发展项目提供实施方向有所帮助。经验显示，大型项目可能会更专注于内部过程和忽略当地的现实。以社区为基础的植物保护途径可以揭示一些当地人关心的保护与发展的关键问题，因此为较大型项目打基础。

在以社区为基础的植物保护项目中，一些可能的最初步骤。一项植物保护工程总是有最初的动机，这些动机也许来自于个人、非政府组织（NGOs）、社区、政府机构或企业所关心的问题。无论这些动机来源于何方，如果工程开始时很小且最初阶段也具有很大的可塑性，这对项目本身来说是最好的。当工程开始实施时，可能还有许多未知的问题，事实上，最初阶段所确认的问题是否真正存在还可能是一个不确定因素。

可以将项目的目标按照不同层次来考虑，这些目标包括从最终目的到详细的实际行动等方面的目标（表4-2）。目标的不同层次应该在项目的开始阶段进行确立。目标的层次对保证实现更高的目标的特殊行动有很大的帮助，而在项目实施过程中有可能会有一些不确定性，也许在项目开始时发现的问题甚至并不存在。

表4-2　保护工程中目标的层次性例子

目标层次	目标类型	例子
1	最终目标	达到植物多样性的保护
2	一般目标	在一定地区实现野生植物资源的可持续利用
3	工作程序目的	在一定地区提供野生植物资源供求信息
4	次级工作程序目的	获得一个抽样家庭对野生植物资源的利用信息
5	特殊研究目的	通过半结构式访谈收集野生植物资源利用信息

注：许多基金会要求在提交项目建议书时展示逻辑框架，以保证项目内容能够被接受和具有现实性。不同层次中，比较高级的目标与理想状态越接近，这种理想状态也就是项目最初的立项依据。低级的目标更趋实践性，也容易实现。

以社区为基础的植物保护项目应该努力培养当地社区的保护工作能力。项目应尽量避免造成社区对项目具有长期依赖性的结果。能力建设部分是社区成员获得新知识、技术和正确态度的事情。另外，建立关心自然资源管理或利用的社区机构可能是项目能够实现的最具价值的事情。机构建设十分重要，因为机构在社会组织中发挥着重要作用：机构能调节相关人群的行为规范和社会作用。持续程度不同的保护问题的解决就资源所有人来说，需要对新程序进行制度化。许多类型的社区机构都可能与保护相联系，包括家庭、森林利用群体、邻里、当地和传统的管理部门、自助和其他社会组织，以及学校。在与负责保护区管理的机构进行谈判和协议执行的过程中，健全的社区机构是必需的，而且健全的社区机构在森林的联合管理中也是必要的。

保护项目促进能力建设，并不一定只局限于社区。如果有可能的话，项目应该帮助国家层次上的植物保护能力建设。这可通过为培养研究生提供机会而实现，如研究生选择对项目有用且与培养目标一致的研究题目。

保护项目需要与一系列机构和关键人物（社区内和社区外）建立关系，这对项目的实施来说是必要的或有用的。除了现有的社区机构外，项目可以鼓励建立新的社区组织，这样做也是合适的。例如，建立项目咨询组织或对某一类植物资源感兴趣的组织。当一个项目的研究内容已经确定时，就应该与相关的政府部门的人员（他们可能会对如何开展项目提供一些很有帮助的建议）一道讨论与项目有联系的一些想法。他们可能会指出社区内的某些群体或个人特别愿意加入到项目活动中来或对项目感兴趣。在有些国家，要获得官方的许可，这对项目的实施是必要的。在项目实施地外，也应该与相关的科研机构建立联系。例如，如果可能的话，与本区域的植物标本管建立联系，可以帮助鉴定植物标本。近年来，中国科学院昆明植物研究所在生物多样性保护社区项目的实施中，与当地政府部门合作，在多个项目点上建立了与保护目标相应的社区农民保护组织，不仅发挥了项目的咨询作用，而且起到社区群众参与项目管理的作用。例如，在云南省高黎贡山自然保护区白花岭社区建立的"农民生物多样性保护协会"、在云南楚雄紫溪山自然保护区红墙村建立的"红墙村生物多样性保护协会"、在迪庆藏族自治州白马雪山自然保护区的科功和追达两个村建立的"村民自然圣境保护小组"、在丽江市玉龙县鲁甸乡建立的村级"药用植物保护协会"等。

项目的实施地和主题有可能事先已经确定或存在一定的选择空间，这取决于项目最初是如何提出的。如果项目实施和主题有一定的选择余地，那么应该使用优先性指标。无论是哪一种情况，根据所涉及的地理范围、重点问题、参与的社区和其他社会组织等对项目设置一些最初的界限是必要的。随着项目的实施，项目的范围可能需要进行适当地调整，项目的不同方面可能涉及不同的地理环境。例如，一项关于植物资源的可持续利用项目可能涉及不同生态系统，如森林、灌木林以及农田生态系统中的某些地段。解决用于木炭生产的木材采集问题可能需要远离资源采集地的政府部门的干预。

在处理与生计经济问题相关的问题时，所有与生计系统相关的主要方面都应该考虑到；与专业学科相比，这可能意味着超越了一些学科（如农学、林学和医药学等）的传统界限。对于项目成员来说，需要运用水平思考方式考虑问题。在巴基斯坦阿尤布地区的牲畜圈养实践中的饲料系统，利用生长在保护区内的植物资源（乔木和草本饲料）、农田中"特殊野生"区域中生长的草本饲料和种植的植物或偶尔生长在栽培农田中的植物（如作物秸秆和杂草）作为饲料。

为了查明项目实施地已有的信息、现有的社区和当地保护问题等，在野外工作前进行背景研究是必要的，也就是通常说的文献资料查阅。有关对项目实施有用的途径和方法方面的观点应该成型，如果有其他项目的经验可以借鉴，对方法的选择有很大帮助。信息的来源可以咨询科技文献、官方报道和研究人员和机构未发表的报告（"灰色文献"）等，再与专家进行讨论得到佐证。对项目实施地进行非正式访问（尤其是在熟悉当地和社区情况的人员陪同下）是很有用处的活动。类似的访问可以为开始了解当地人通过讨论有关项目的想法提供了机会。一些背景资料很有用处，这些资料包括自然和人为地理环境（获得地图）、地貌和土壤、植被类型、植物种类和代表性的植物资源，以及与这些资源相关的特殊保护问题、动物区系组成、牲畜类型以及牲畜对植被的影响、当地的社会群体和他们的文化、经济及与其他群体之间的关系、男女性别的社会地位和角色、土地利用和农业系统的类型、与土地权属和资源利用权相关的国家法律和乡规民约、管理结构和当地政府机构的代表、非政府组织在当地的活动情况，以及相关的正在进行的项目。

　　在所有方面的知识中，项目实施地的历史知识对了解实施地的目前状况具有不可估量的价值。从历史的角度可以很好地了解为什么植物区系成分、植被、土地利用格局、土地权属与资源权利体系会是目前这种状况等问题，也可以为项目的实施最终将达到什么程度提供指标。关于过去的证据来源包括文字记录、旧地图、考古学发现和化石（如花粉图），以及留在景观上的各种痕迹（如边界土方、内部贮木场和其他表面特征）。有经验的生态学家能够在目前的景观中读到过去的一些信息。一旦野外工作开始，对当地人尤其是年长者进行访谈是获得环境变化、变迁的原因和过程等方面信息最有价值的途径。

　　植物保护项目通常由一个项目组来实施，项目组是由一组致力于项目工作的人员组成，密切地参与到项目的实施过程当中，定期聚会总结回顾和协调项目的执行情况。项目组应该由多学科人员组成，包含了达到项目目标所必需的专门技术的关键领域。在一项以应用民族植物学为基础的项目中，关键领域包括植物学、生态学、社会学、人类学，如果项目还有其他特殊的兴趣，就还应该增加其他的专业领域。例如，如果计划开展与卫生健康方面相关的保护项目，医学专家就应该加入到项目中来。项目组成员应该对项目所涉及的所有学科有所了解，那就是为什么民族植物学知识极其有用的原因。民族植物学家一般具备良好的植物学训练功底，具备生态学知识和相关的人类学与社会学知识。如果项目组成员中的随物学家对社会科学一无所知，且社会学家对自然资源也一无所知，那么项目的进展将会毫无疑问地受到阻碍。项目组成员的性别比例状况应该给予必要的关注，尤其是在社区根据性别进行日常生活的划分情况下。女性通常与植物相关的活动有密切的关系（如完成许多农牧活或采集野菜野果薪柴等），而男性则主要在公众决策方面发挥作用。在这些情况下，项目组成员中有专业的女性对项目的实施至关重要，因为如果没有女性专业人员，则很难或几乎不可能将当地妇女纳入到项目活动中来。正常情况下，项目组应该包括当地社区的成员，尤其是关键知识的拥有人，将这些人纳入到项目中被认为对项目的成功实施有很重要的影响。

项目组成员对待他们工作和当地社区的态度也是非常重要的因素。项目组成员之间在性格和专业兴趣等方面肯定存在很大的差异，这些差异对他们本身来说并不是什么坏事，但他们必须对当地知识有发自内心的尊敬，真正地对植物感兴趣，否则对当地人来说这些不足将变得非常明显，从而导致他们的合作仅仅是表面的。项目应该以建立当地社区自信心为目的，这也是为什么项目成员必须尊重当地文化的原因之一。获得当地社区的支持需要谦恭、体谅和花费时间。[1]项目组成员应该对当地习俗和时间安排非常敏感，明了什么时候可能是将当地人纳入到项目活动中的最好时机。在这些过程中需要耐心和毅力。

项目组成员应该有自己的信念和动机，随着项目的进行其中许多人发现他们的信念和动机受到了检验。与那些生活比较困难的人们（通常在发展中国家看到的情况）一道工作，在正常人群中都会产生对那些苦难境况的同情。植物保护工作者可能在一般化的客观方式与当地人的一些个人合作中，不太重视当地人和他们周围的植物，这种情况必须避免发生。

三、野外工作的目的和意义

项目开始的关键是与当地群众的相互关系。一个良好的开端能够帮助项目获得当地人的认可和支持，并将影响当地人参与到项目中的积极性。项目组成员应该如何确定他们在第一次访问村寨或家庭时的表现。避免一开始就去找那些与当地社区存在过冲突的机构或个人去了解社区情况，这样做会引起当地群众的怀疑。

项目的目标和将要采取的途径与方法，应该在与社区进行正式或非正式的会议上进行讨论。在这一阶段所需要项目的目标，介绍项目怎么做和项目与不同群体利益关系等问题取得共识。与个人和社区达成的协议可能会随着项目进展而不断进行调整。例如，在最初阶段相对是不太正式的和口头的协议，随着项目的进展这些协议可能会逐渐变成正式的和文本形式。

---

[1] WILLIAMS M. Ecology, imperialism and deforestation[M]. In Ecology and empire. environmental history of settler societies（eds T. Griffiths&L. Robin），V01. University ofNata lPress. Pietermaritzbur9, SouthAfrica, 1997: 169-184.

项目的最初步骤是对资源所有者进行分析：确定与相关问题的主要社会群体以及他们之间的关系。资源所有者是指个人、群体或机构受资源、问题或利益过程的影响或能够影响资源、问题或利益过程。简言之，所有人可以分为两类，即在当地居住的人和没有居住在当地的人。居住在当地的所有人可以包括土地和植物资源的拥有人和管理者、野生植物资源的采集者和当地政府部门的代表。非居住在当地的所有者可以包括外来的土地所有人、林业部门的负责人员和其他政府机构（负责制定政策），以及关心利用采自当地的植物资源制造产品的商业企业的所有人。

对资源所有者进行分析时按单一的社会群体进行比较好，至少在最初阶段应当如此，因为不同群体对谁拥有自然资源权这一问题的理解存在比较大的差异。所有者分析应该围绕核心问题进行，而且对利用、管理和权利等问题进行一定程度的详细探讨。例如，在涉及社区的情况下，可能应该细化到社会群体水平，因为社会群体依据经济状况、性别、年龄、特殊职业和民族等方面都存在一定的差异。所有者分析可以在项目实施期间的不同时间间隔进行重复，以服务于不同的目的。例如，在项目实施的最初阶段，所有者分析可以用来探讨人们对诸如"谁对森林资源拥有控制权等问题的看法；在随后的阶段中，可以用来探讨一些关键问题，如"谁应该加入到森林保护，树木种植行动中来"等。

进行所有者分析的一条标准方式是利用维恩图。这一过程包括举行一次与一个小组（如一个社区）的研讨会，在研讨会上通常最好将与会者分为几个亚组（例如资源利用者的不同类型或按性别来分）。告知与会者绘图表示不同单位或群体（机构、群体、部门、项目等）对问题的影响程度。例如，他们对森林资源管理的影响等。用于绘图的常规做法是将每一个单位用一个圆来代表，圆的大小代表这一单位或群体对问题的影响程度，圆之间的距离代表这些单位或群体之间的联系程度大小。粗线可以代表两个单位或群体之间紧密的关系，而细线则代表两者之间的关系比较弱。

项目与社区之间相互作用的一些形式列于表4-3所示。它们的正规程度变化较大。经验告诉我们，对于资源利用者来说，与根据对某一类资源的兴趣而选择的同类群体一道进行工作通常是最好的。分组的大小是一个应该考虑的问题。例如，依据4~5组箩筐编织人的统计数据，进行一项评估用于编织箩筐的皱氏叉干棕（Hyphaene petersiana）质量的野外活动，产生了非常有用的结果。不同类型的联络和咨询小组是非常有用的，他们的持续程度都有所不同。在巴基斯坦阿尤布地区进行的一项人与植物行动计划的项目有一个全国性的咨询小组、数个负责村寨之间联络的联络小组、为特殊目的（如引进节能灶）建立的妇女小组和临时小组等。为不同目的而建立的最好的社

会结构可能需要花费时间来进行。例如，同样是在阿尤布国家公园，一项旨在鼓励以社区为基础的树木管理工作最初是以项目和每家每户之间达成的协议为基础的，但经验告诉我们，在这种情况下，项目与邻里之间组合成的小组之间的协议效果更好（这样做效果更好，不同家庭共同承担了任务）。交换访问对从其他人群中学习一些经验是极其有用的。例如，一个社区能够从另外一个社区中学习到如何种植某一特殊植物的方法。

表4-3　项目与社区之间约定的几种形式

介入的目的	由谁来参加	如何介入
同意介入项目中来,并继续联络	社区代表；联络小组	形成不同正规程度的协议（随着项目进展可以进行改变）
咨询项目	国家到当地的咨询小组；可以包括在社区亚组中（如妇女小组）	周期性进行项目进展回顾,并对项目的未来发展方向和活动提出建议
获得对植物与人之间相互关系的全貌,确认优先问题	作为一个整体的社区或亚组；关键知识拥有人	参与式评估技术；讨论和访谈
对特殊问题进行详细研究	关键知识拥有人和专门资源利用者	参与式行动研究
保证那些与所强调的野生植物和自然资源有密切联系群体的利益	相关的社会组织	采取措施将这些组织纳入项目中（可以包括沉默寡言的人）
向区域反馈研究发现	作为一个整体的社区或代表	适合听众的交流技术
向其他社区学习（和获得知识）	关心类似问题的人们	交流访问
为植物资源创建管理计划	包括当地资源利用者在内的社区代表	计划进行研讨会

一个项目可以看做是一个环形过程来进行构思和管理，包括项目目标和活动的设置、活动的实施、活动结果的监测、结果的反应，以及之后为新一轮项目设置新目标和活动（图4-3）。确定项目管理的正规程度的一个主要目的是保证项目将重点保持在优先问题上，并通过有效的途径解决这些问题。这样做减少了"项目疲劳"的风险。例如，当地人抱怨看不到结果的无休止的调查。项目管理环与外部来源的发现之间可以存在联系，这种联系一般需要以一种透明和可信的方式进行工作，以获得继续维持的机会。当然，项目环并不是孤立的，应该紧随其后的是预先设想的项目结

果。项目组应该努力确保一旦项目结束，项目所带来的利益还能持续，这也是为什么项目的一个主要目标是能力建设的原因之一。为了使项目所强调的问题、项目的成功程度和为未来提出什么建议等有新鲜的内容，进行周期性的独立外部评估是一个非常不错的主意。监测和评价成了项目管理中的一个不可分割的部分。这是为什么项目在其早期应该努力建立基础指标的原因之一，这些指标提供了一些基准，可以利用这些基准测量项目的进展情况。

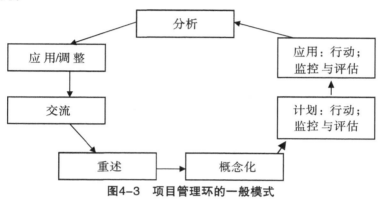

图4-3 项目管理环的一般模式

注：该模式包括7个步骤，每一步都有本身的原则和任务。

项目管理环与应用研究保护环和资源管理环（图4-4）具有相似性。事实上，这三个环在项目中应该密切联系在一起。项目管理环的一个主要目的应该是允许在参与式学习的基础上开展项目，参与式学习的一个主要目的应该在资源管理的基础上进行。应该经常对与实际应用相关的研究有用性进行思考。设置适当的研究问题对项目的进展来说是最基本、最重要的。

图4-4 学习与行动的三个环节

注：三个环的交叉部分反映了项目如何通过应用性的保护研究工作来影响资源的管理。

科学上和当地人对优先程度的理解的差异会影响到项目的实施，对优先性进行定期的回顾以确保继续沿着正常的方向发展。经验对判断项目能够远离其设计直接处理的内容有多远非常有帮助。愿意对当地人所关心的与项目有关的问题做出反应，这种态度将有助于当地人自信心的建立。切入点这一概念非常有用：这是在当地情况下由项目实现的一项选择，能够帮助项目获得当地人的认可和尊重。在以社区为基础的保护项目实施过程中的一些阶段，自我怀疑的方式几乎是不可避免的，因为，这些工作最终将达到什么样的结果还有许多不确定性。方法的持续程度也有许多优点，即使谈到这些方法是否是最理想的问题时尚存在疑问。不要轻易抛弃一种方法而采用另外一种方法，因为砍掉或改变某一种方法都可能会对项目组成员和社会带来沮丧感，也有可能会对项目的前景产生不安的感觉。

项目的野外工作通常应该从总体调查或本底调查开始。调查包括：

（1）对当地资源利用和生态知识格局以及有关植物如何适合当地生计策略的一些观点提供一幅总体图画。

（2）从当地人的角度确认与植物相关的保护和发展问题。

（3）检验已有的关于保护问题的观点。

（4）为保证关键地区没有被忽略提供一些保证措施。

（5）对可行性和有效性可能最高的项目方法和活动的类型提出一些建议。

一些收集的数据在项目后期的评估过程中作为基础性资料是非常有用的。总体调查不仅在项目的初始阶段很有价值，而且在中后期确定项目的影响和优先性再评价过程中也很有价值。

在项目实施期间，通常需要进行研究，以提供关键信息。可以将研究方法分为两大类：参与式评估（PA）和参与式行动研究。参与式评估技术，诸如那些与参与式农村评估（PRA）相关的技术，可以提供一幅关于社区和家庭经济状况、土地管理格局、当地生态学知识和对植物赋予价值等总体图画。参与式评估可以与社区各亚组（如按性别、职业或某一特殊资源的利用等进行分组）一道进行使用。对资源管理最有用的一些参与式评估技术有资源列举、排序和评分、资源制图、某一特殊资源的所有权分析、对土地所有权和资源权属的理解，以及农事历的编制等。参与式评估不仅仅是数据的收集。它是一个社区发展过程，可以为公开讨论项目与社区之间发展问题提供机会，也为社区内部的公开对话提供了机会。参与式评估能够深化对某些特殊问题的理解，可以用于计划的制订和评价活动。可以用来对社区所面临的问题进行排序，并为解决这些问题制订相应的解决计划。参与式评估技术可以帮助对某特殊问题建立统计资料或确认争执中的一致点。参与式评估活动可以将许多群众纳入到项目中来，提高研究结果能够真正地被当地人利用的机会。

参与式评估技术对建立常规关系和吸引社区都非常有用。但就技术本身而言，它们尚不足以为资源管理方式的改进提供非常可靠而充足的资料。通常需要更为详细的研究，利用人类学、生态学、林学和其他学科的技术和方法，虽然这些方法为了能确保充分地利用当地人的知识、技术和智慧并进行改进。参与式行动研究应该将目标定位在能够产生对直接解决现实问题具有价值的结果上面。当地人在研究中最适合的参与形式会根据项目的背景和需要而有所变化。

为了吸引当地人的兴趣、进行交叉验证以及对他们所提出的建议的讨论，研究结果应定期地展示给当地社区。展示方式应该选择适合参与的对象。出版物、展板、影像材料、DVD、研讨会、谈话和戏剧都可以利用在研究结果的展示过程中。如果考虑采用出版物，那么出版物应该采用对当地比较有意义的风格和语言来进行撰写。学校、集市和社区聚会都可以为传递和讨论研究结果提供非常有用的场所。与政府官员面对面的聚会在许多国家非常重要，如果仅靠递交的带有行动建议的报告，不可能达到强烈的反响。

与植物相关的许多保护问题并不是不能在当地解决。不适宜的政府政策可能会限制有些解决办法的实施，对以逆向方式操作而当地人又影响不了的商业体系也有可能会对一些解决办法产生限制作用。[1]项目组可以通过准备"政策简报"来加速政策改革的讨论。也就是说，为政策制定者撰写的简短而有力的报告清楚地展现了进行政策改动的论据和建议。在撰写政策简报时，项目的经验可以作为非常有价值的案例研究，来阐述现有政策的局限性。在商业体系方面，通过让公司或企业协会的主要人物意识到环保的重要性而进行一些对环境更为负责任的商业实践活动，不但必要而且是可能的。

有时实际的政策变化在当地以半法律形式通过当地权威的支持而引进一些改变是可行的，但不能与国家政策完全吻合。有一些与社区在保护区中的作用相关的例子，当地的安排允许社区在保护区有一些权利，这些权利与严格的法律条文相悖。之所以出现这种情况是由于政府政策变化特别慢，更新速度太慢以致不能满足现实需要。实际上，这类当地的例子有时也受政府的限制，展示了政策的发展趋向，从而帮助加速政策的改进过程。

[1] ALMQUIST A. Horticulture and hunting in the Congo basin[M]. In African rain forest ecology and conservation（eds. W. Weber, L. J. T. White, A. Vedder&L. Naughton-Treves）. Yale University Press。New Haven, USA, 2001：334–343.

四、野外工作方法与技巧

（一）准备

在几部关于以社区为基础的保护发展工作手册中都对参与式评估技术进行了介绍。更偏重于植物学方面的参与式评估也在一些人与植物项目的出版物和影像资料中有所涉及。一些人与植物项目的出版物更注重对用于参与式行动研究中一些技术介绍。

在使用这些方法时，应该进行不断思考，因为这些方法通常需要进行必要的变动以适应当地的具体情况。科学的论证不应该成为选择方法的唯一标准，这些方法在文化和经济上的适宜性也应该给予必要的重视。

一项单独的研究调查可以分为三个阶段：准备阶段、实施阶段和后续阶段。准备阶段包括评估为什么要进行此项研究、获得必要的工具和设备，以及与项目组成员一道对什么地方和什么时间进行集合等问题进行安排。后续阶段包括确保调查结果得到正确的分析和处理，对整个活动的结果进行准确地总结并完成总结报告。有人建议，最初的分析应该由正在进行野外工作的项目组成员来承担。这种做法可以对是否提出了合适的问题进行早期的评估，也可以对调查发现进行交叉检验。调查活动所形成的报告应该尽可能早地完成，在写作总结报告时应该时刻记住谁是读者、报告的预期目的是什么等问题。

有些问题可以通过多种方法来解决。利用不同的方法（三角测量法）进行数据的交叉检验对提高评估的可靠性具有重要意义。例如，通过对家庭成员进行访谈、测定从野外运往家里的采集数量、检查送到集市上销售的数量，以及为获得采集许可证而付出的费用、运输到集市上的成本，以及林业部门的记录等方法对一个村庄所消耗的植物资源量进行估算，这些方法都是可行的。

对同一项目，不同的人可能有不同的观点。获得多方面的支持会对保护问题的解决带来很大的好处。这就是为什么由一系列专业人员组成的项目组非常有用的原因之一，对于项目组应该包括当地人，与不同背景的土地拥有人打交道的项目，对利用许多资料收集工具解决问题的项目。

测定精确度或详细程度对最直接的目标来说应该是很准确的。可用的时间意味着在数量、准确性和收集资料所需时间之间需要进行权衡。对重点的基本问题应该牢记于心，并努力地研究所有问题的主要方面，不要仅仅局限于收集某些方面的详细资料。当然，详细的研究也是很有价值的，如在调查采集或销售资源的季节性或长期的趋势，这一过程仅靠快速调查是不明显的叫41。另外，统计工作者为项目提出建议是很平常的事，尤其当他们本身缺乏野外工作的直接经验时，他们为项目提出非常费时的取样策略，这实际上代表了从实践和解决问题的观点是耗时的做法。在许多国家或地区，进行实地研究的工作人员与统计工作者之间将常常存在持续的紧张关系，这往往是不可避免的。由当地政府或市场统计部门获得一些植物产品在商业流通中的统计数字又是重要的信息，对研究工作十分重要，问题是研究者如何使用这些资料。

（二）设备和记录

许多设备在以社区为基础的研究项目中都可能被用到。最重要的物件则是笔记本和铅笔。如何使用笔记本，这非常重要，因为笔记本使用得如何将会影响参与者如何对待研究者。例如，如果记录过程过于强迫或正规，则可能会使自由交谈受到影响。过分殷勤地记录（或提问）有可能阻止被调查者提供最为诚实的观点，而代之以"官方"所期望的观点，尤其当对研究者的动机持怀疑态度时更容易出现这样的结果。因此，一本小的笔记本在谈话过程中记录一些关键点是非常有用的，然后在记忆还很清楚时对所做的记录进行必要的补充。在任何情况下，当结束一天的工作后立即将野外记录摘抄在另外一本记录本或笔记本上，主要是防止野外记录本丢失后造成不必要的损失，这样做是一个好习惯。在一些场合下，当面使用笔记本记录被访问者或参会人发言的内容，可能会影响对方直言或深入展开讨论，因为当地人对外来人并不是一开始就百分百地相信，何况有些信息涉及商业秘密（如产地、价格、收入等），有些涉及个人或家庭祖传秘方（草药、保健养生方法等）。总之，调查访问中，笔记本是必备的物品，使用要讲究方法，有时可以暂时记在脑子里，或用小纸片记住关键词和数字，过后再详细抄入笔记本中。

研究者应该能够系统地记录资料，以方便保存、分类和分析。目前，计算机数据库是处理数据的最好方法之一，如果有计算机的话，应该采用计算机数据库这一方法。野外调查标准对在系统调查过程中记录资料具有十分重要的价值。例如，关于植物样本、植被取样或家庭的特征。野外调查标准也可以整合到野外数据表（field data sheets）或问卷表中。在以社区为基础的研究中，野外调查标准的选择是一个重要内容，应该与当地合作者（尤其是关键知识拥有人）一道进行讨论。范围的选择通常随着相关的科学调查类型"标准"而有所变化，关于植物标本标签上所要包含内容的选择，要更强调民族植物学所要关心的内容，特别是植物的当地名称、用途和使用方法等。植物的名称、植物的利用部位、植物的类型、植被类型、产地、重量单位、体积和储藏都应该用当地语言来进行记录。这些资料应该依据习惯进行正确记录。与这些名称和术语对应的科学术语应该在后续的工作中加以确定。

（三）定性和定量方法

在以社区为基础的植物保护研究中都要用到定性和定量方法。定性方法，如深度访谈（in-depth interviews）、参与式观察、非正式讨论和仔细观察等当被思维开放、经验丰富的研究者使用时，可以揭示许多关于一个社区对植物的利用及其价值等方面的规律。这些方法尤其能够揭示隐藏在日常思维和活动背后的世界观和思想意识。将人群作为个体对待，而不是将其视为统计人口的一个单位，这样做具有人性化的优点。知识和态度的变化可以进行详细地探讨，包括任何存在于社区内的植物资源相关的冲突。定性观察对确定主题、检验假设以满足定量方法的利用十分有用。

定量技术的一些优点包括：定量方法鼓励清楚地陈述和假设的检验，可以提供数据（如关于资源的可利用程度等）和允许重复。定量分析偶尔也以整个群体为基础（从统计学角度来说），诸如一个村寨中所有的家庭或所有的庭园。然而，定量技术一般都依赖于样本的应用。样本的选择方法将影响可用统计分析方法的利用和从数据中所得到的结论。在决定取样策略之前，征询统计学家的建议是一种值得提倡的做法。

（四）植物学

对当地人了解的植物进行编目是以社区为基础的植物保护项目中最为普通的工作之一。编目的详细程度可能会变化很大。一份当地人所利用的最重要的植物清单应该在项目开始时的总体调查过程中完成，随着项目的继续，其他内容不断添加到编目清单中。对民族植物学编目的强调程度取决于项目的目的。完成一份完整的关于一个社区的植物学知识的编目要花费很长的时间，而这样一份编目主要是处于学术需要而不是实践的需要。正常情况下，最初的总体调查之后，一个项目应把所有精力集中在植物与当地植物相互关系的某些特殊方面，这些是构成编目内容扩展的主要背景。有关谁提供了这些信息的记录在编目中要特别注意。这些资料将对分析知识在社区内的分布状况非常有用。

项目组成员至少应该熟悉对植物进行分类与鉴定的科学方法。如果一个项目在野外能够鉴定许多植物，这将有很多好处。因为这样可以提高工作效率，减少以供鉴定用的标本数量。民族植物学研究需要研究者能够根据营养器官鉴定植物（这些标本通常无花、无果）以及一些采自植物或由植物制造的商品或产品。需要不断发展的技巧类型是鉴定成捆的薪柴中的木材类型或市场上销售的果类、树皮、树叶及根类药用植物的重要手段。关键知识拥有人可能会指出对鉴定植物有用的一些特征。在中国药用植物集中产地（如云南、贵州、四川、西藏、内蒙古、吉林、湖北、广西等地），无论是农村社区或是集市上，都可以找到许多拥有这些药用植物知识的人物，如草医、买药人、药贩、采药人和家庭主妇等，他们熟知鉴别药用植物某一器官或部位的特殊能力。

对野外所遇到的植物进行科学鉴定非常重要，因为这样能够使与其他地区进行比较的工作变得很容易，同时也可以利用相关植物的科学资料，如它们的分布状况、保护状况、管理方法、化学成分和用途等。植物的科学鉴定需要进行证据标本的采集，证据标本可以在标本夹中压平、干燥。证据标本经过与标本馆中的标本进行对比，同时与书籍中的描述和图进行比对，然后确定其种类。如果有可以利用的经验丰富且与标本馆有联系的分类学家，这对项目来说非常有用，他们能帮助鉴定标本。在任何情况下，项目组一些成员应该知道怎样使用植物标本馆进行植物鉴定。

在项目实施地保存已经鉴定了的植物标本对快速查阅和公众教育具有帮助作用。目的在于以社区为基础的保护研究项目一般都能从民族植物学资料的收集中获得好处，这些资料的收集包括植物材料、销售的商品（如从市场上购买的药用植物样品）和植物产品（如用经过科学鉴定的物种编织品等）。

（五）社区知识和植物的价值

保护项目常常希望探究当地人对植物赋予的价值，包括相关的用途类型。一旦对不同用途类型的植物进行了列表，那么紧接着就可以对这些类型和物种进行评分和排序。

当地人对植物的鉴定和分类方法应该给予特别的注意。这些方法有可能能够揭示那些没有受到植物学家关注的植物的类型和化学成分等方面的资料。调查当地植物分类系统的一个途径就是通过成堆分类，这一过程包括参与者根据他们对植物之间的相似程度将植物分成不同的组别。

自由列举（free listing）对探讨当地人认识的植物利用方式、用于不同目的的植物类型和植物的价值来说是一个非常有用的技术。这一技术可以用于一个人，也可以用于不同组别的人群。例如，一项活动中的参与者可以让他们列举植物的用途（如建造房屋用的植物、用做薪柴以及药物的植物），然后让他们给出每一类用途所涉及的植物名称。有人发现自由列举可以实现对当地资源利用类型相对完整的详细记录，同时也能够发现每一用途类型中比较重要的物种，因为这些物种往往在列举之初就会被人提及。

即时贴卡（post it cards）在组织研讨会、调查植物的知识及重要性时非常有用。为了提出和组织有关许多主题的意见和观点，这类卡片被广泛用于参与式评估活动中。图希尔和纳夫安曾提过卡片被用于当地资源管理优先性的选择中这样一个例子。他们建议第一步应该先让知识丰富的人进行口头介绍，第二步以一种公正的方式总结介绍，第三步征询所有在场的人员是否还有遗漏内容。如果有一些内容被遗漏掉，参与者再以口头形式添加。协助人员然后向参与者分发空白即时贴卡片，让每一位参与者在卡片上写上他们认为应该进行优先管理的植物种类、地点或生境（每卡写一条）。大约10分钟之后，将卡片收集起来，然后贴在墙上，在贴的过程中，协助人员同时也将卡片上的内容读出来。贴好之后，协助人员还要问是否有其他需要添加的内容，如果有，这些内容将补充在空白的卡片上。然后再将卡片归类，以便组织后面的讨论。例如，讨论植物资源，可以将卡片分为诸如"当地居民的经济收入来源""用于家庭日常生计"和"稀有/很难找到"等组别。协助人员完成卡片分类后，再问参与者哪个问题的解决最重要，从而激励大家进行讨论，最后争取大部分人达成共识。然后再对卡片标上优先序号，并按顺序排列，这样就形成了一份用于保护的优先清单。近年来，这类贴卡技术或用纸贴在墙上进行分类列表，统计归纳的方法在中国的保护项目、社区发展项目和许多学术交流讨论会的小组讨论中十分流行。这些方法的应用关键有三点：（1）项目人员对调查的内容设计要清晰明了；（2）与会者人人都有参与权、发表自己意见的权利；（3）聚类归纳统计工作要科学合理，从而确保该调查结果的客观性和可靠程度。民族植物学野外调查的方法很多，在调查社区有关植物的知识和价值时，贴卡技术不失为一种快捷简便的现场工作方法。

对植物价值的评分方式多种多样。例如，可以考虑植物的利用频率、用途的不同类型、每个人或每个家庭的利用量，或在商业交易过程中所支付的价格等。特勒多根据植物的用途类型（食用的、药用的、建筑用的等）以及在每种情况下用量大小（分别评分为1和0.5）对植物价值的分值进行了计算。然后通过相加获得植物的总价值（例如，对具有两个主要用途和用量少的一个物种，其总价值为1+1+0.5=2.5）。菲利普和金特里在此之前，基于对1hm^{2}样地内植物价值的访谈结果，采用了类似的方法。

排序是将许多对象按照人们的喜好程度或根据其他一些有关价值的测定指标进行排列。例如，可以让受访者根据他们的喜好程度排列5种具有发展潜力的新经济作物的顺序（1是玉米；2是咖啡；3是橘子，等等）。排序也可以同时在两个轴向（矩阵排序）上进行，及在二维空间上进行排序。利用上述例子，就可以对5种植物进行顺序的排列，每种植物根据排列的问题进行评分。成对比较技术涉及让参与者根据他们对两种植物成对排序的喜好判断结果进行排序，一组比较完后再进行另外一组的比较。

（六）访谈、交谈、踏勘和参与式观察

访谈和交谈是项目组成员与当地居民之间进行信息交流、建立合作关系的两种方式。访谈可以与个人进行，也可以与一组人进行，无论是哪种情况，受访者的选择往往依据不同的指标。他们可以仅仅靠口头来交流，也可以利用一些道具。例如，用几片不同种类植物的木材来交流这些木材作为薪柴的优点等信息，或以景观照片来触发人们对环境变迁的回忆。访谈的动态情况取决于谁是访谈对象，同时也受诸如年龄、性别和民族等因素的影响。考虑到敏感性，增加取样范围，在利用访谈技术时培养适合访谈的村民，这样他们就可以扮演访谈者的角色，这可能是非常好的一种做法。

访谈可以针对个人或群体。个人访谈所提供的信息偏重于访谈者本身的理解，有时提供的资料更为细致。有些类型的资料（如保健或生计等）是一些比较敏感的问题，对这些内容进行访谈，最好在私下以交谈形式进行，所获得的资料也不要暴露出被访谈者身份。群体访谈提供的信息偏重于总体情况，并通过在讨论阶段大家相处的方式来掌握社区内部成员之间的相互关系。群体访谈对某些参与者可能占优势，如男性比女性占优势，或重要的村寨比其他村寨占优势，因此比较沉默寡言的村民表达自己真实观点的机会很可能非常小，这一点在访谈中应予特别注意。

访谈和交谈可以组织成不同类型。开放式访谈（open.ended interviews）和交流的讨论内容是自由安排的，访谈者必须注意不要将他们的观点施加在受访者身上。半结构式访谈（semistructured interviews）或交流是以访谈者心中所罗列的问题清单为依据的一种访谈形式。这种访谈形式通常每次只访谈一个人。这种访谈形式的目的是在讨论过程中将会产生事先提出的问题的答案，但不强调某些问题的重要性，也不限制谈话的自由气氛。在访谈中，应进行适当的"控制"或要求一定的精确度。例如，在一项关于野生食用植物的调查中，研究人员试图建立所有被利用植物的名录，或建立未来24h内所食用的植物的标准清单（24h回忆）。半结构式访谈的优点之一是，该方法允许以一种比较系统的方式收集调查资料。该方法的缺点是对访谈者脑海中罗列的问题的选择可能会对数据施加某些特殊的含义。由于这一原因，最好是不要采用这种方法，除非对人与植物之间的关系有比较恰当的理解，如通过与关键知识拥有人之间的交往等。通过这种方式，选择和提出一些问题，使获得的有用信息达到最大限度。

与社区成员一道在森林和野外进行踏勘（walks）可以使研究者与当地居民增加相互了解，可以收集到许多关于当地人、植物和土地等方面的有用信息。踏勘可以整合到参与式观察中，与当地资源利用者一道论证他们如何选择和采集他们所利用的植物。与访谈一样，踏勘可以与个人或群体

（依据不同方式进行的划分）一道来进行。另外，与访谈一样，研究者可以采用完全开放的思路来实施踏勘，踏勘过程中的讨论内容也全部自由选择，否则研究者可能会对踏勘施加一些自身的意识，这样做可能会错过某些有价值的地点或植物。而按照样带进行踏勘或将景观作为一个全景来对待，可以让参与者绘制出景观草图，如采用样带图形，来标示踏勘所走过的路线和地点。

参与式观察对获得有关植物在人类生活中的作用（包括它们的表象意义）等资料时是一个非常有价值的方法。这种方法包括研究者与当地人一起生活，一起劳动等。这样，研究者可以发现他们也在从事农业生产活动、帮助当地人建造房屋、学习如何制作手工艺品或参与宗教仪式活动等。以建造房屋为例，有人认为，参与式观察是调查建筑材料类型以及如何选择、采集和准备建筑材料的最佳途径。参与式观察也可以发现和证明能够作为替代材料的植物以及这些替代植物的采集地等。民族植物学家经常采用这些方法获得许多书本上没有的知识和自身调查时未能发现的问题和观察不到的现象。从事民族植物学和植物分类学调查采集工作，对于有无当地人参与调查的不同结果感触很深。在传统的植物分类学调查工作中，当地人往往只能起到带路向导的作用，没有太多的知识交流，而民族植物学调查必须使用参与式方法，能够从当地人获得许多有关乡土植物命名、分布、利用和文化意义的信息。而这些信息恰恰是书本上没有的，但又是与被调查收集的植物相伴随的当地知识。这些知识往往成为研究、开发、保护相关植物的原型知识或重要线索。中国许多民族民间药的开发就是通过这种方式被挖掘出来的。

第五节　珍稀濒危植物的生态保护

由于全球生态环境的变化和人类长期以来对自然生态系统干扰，许多生物物种已成为濒危物种，甚至灭绝。最精确的估计是从1 600年到现在，全世界大约有85种兽类和113种鸟类已经灭绝。在欧洲植物区系，20世纪中期已有10%的种类消失。在美国的839种濒危植物和1 211种受威胁植物中，已灭绝90种（祖元刚，1999）。

我国植物种类极为丰富，仅维管植物就有2.7万种，占世界总数的11.4%。其中有4 000～5 000种植物处于濒危或受威胁的状态，占植物总数的15%～20%，而且有近200种植物已经灭绝（陈灵芝等，2001）。随着近年来人口的不断增长，人类对生物与土地等自然资源开发利用的加速，以及全球生态环境变化的加快，物种的致濒或灭绝速度也越来越快。

生物物种灭绝或处于受威胁地位的原因有两大类。

一是内部因素。珍稀濒危物种濒危的内部因素包括遗传力、生殖力、生活力、适应力的衰竭等，它们是威胁植物生长繁衍，导致其稀有濒危的重要原因。大多数珍稀濒危植物或多或少存在生殖障碍，诸如雌雄蕊发育不同步、花粉败育、花粉管不能正常到达胚囊及胚胎败育等；有些植物虽然能够结种，但因种皮坚硬种子发芽极为困难，自然更新能力较弱，处稀有状态。还有的物种是因生活力与竞争能力下降而致濒。

二是外部因素。物种的珍稀灭绝通常起因于环境变化，当环境变化得不利时，一个种群可以通过进化去适应变化了的环境，或者迁移到更有利的地区，或者灭绝。引起环境变化的外部因素有自然因素和人为因素两种。自然因素是指地质史上由于陆地的隆起和下沉、冰期和冰后干热期的交替等造成的大规模的气候变迁。这种变化往往使许多物种灭绝，部分得以存活的种类也因环境的变化成为稀有种类。人为因素是人类活动所引起的使植物生存受到威胁的灾害，包括过度采伐、采收、放牧、开垦及人为火灾等直接灾害；工业污染引起的酸雨、光化学烟雾、核物质泄漏、温室效应等导致森林大面积死亡而造成植物生境破坏；以及大面积破坏森林引起水土流失、土地沙化等。目前，在各类威胁植物生存的因素中，人类活动无疑是导致植物濒危的主要原因。据认为，99%的现代物种的灭绝可以归咎于人类活动（Raupetal.，1978）。

其中生境消失和生态系统退化被认为是目前大多数濒危物种的基本威胁。在世界的许多地方，特别是岛屿和人口密度高的地方以及一些发展中国家，大多数原始生境已经被破坏。在57个旧大陆的热带国家中，有47个国家超过50%的原始森林的野生生物生境已经被破坏（季维智，2000）。生境破碎限制了物种潜在的散布与移植能力、降低土著动物的觅食能力、分割了种群并降低了种群间的基因交流。生境破碎还增加了生态系统被入侵的可能性（Paton，1994），而物种的入侵往往引起群落的变化，一些物种因竞争不过入侵种而在原生境中消失。生态系统的退化会使生态系统的组成与结构、系统内的能量流动与物质循环乃至整个生态环境发生改变，一些物种失去其原有的生长发育条件而在系统内消失。

珍稀濒危植物生态保护是围绕一些稀有与濒临灭绝的物种开展物种方面的保护研究，通过研究其种群分布、种群结构与动态、种群定居与更新、个体生长发育生物学特性及其与生态环境和人类干扰之间的关系，揭示物种濒危的机理。在此基础上，开展物种保护的原理与技术研究，以求保证种群生存与发展。

一、珍稀濒危植物生态保护的理论基础

（一）保护生物学是珍稀濒危植物生态保护的基本理论

珍稀濒危植物生态保护的基本理论是保护生物学。1978年，第一届国际保护生物学大会在美国圣迭戈动物园召开，提出"建立一门交叉学科可以帮助拯救由人类造成大量灭绝中的动植物"的建议，保护生物学（conservation biology）作为一门新兴科学由此而开始逐渐发展起来。1985年美国保护生物学协会创立和1987年"conservation biology"杂志创刊标志着该门学科的发展进入快车道；但由于不同的研究人员所从事的领域和思考的角度的不同，人们对该学科的基本含义有着不同的理解。Sou16等（2001）认为"保护生物学是应用科学来解决由于人类干扰或其他因素引起的物种群落和生态系统问题，其目的是提供生物多样性保护原理和工具"。蒋志刚等（1997）则定义为"保护生物学是研究如何保护生物物种及其生存环境，从而保护生物多样性的科学"。[1]

保护生物学作为研究生物多样性及其保护的科学，它自然以生物多样性为研究对象，研究直接或间接受人类活动或其他因子干扰的物种、群落和生态系统等。其所研究的内容十分广泛，涉及多个学科。保护生物学有两个目的：第一是研究人类对生物多样性的影响；第二是研究防止物种灭绝的有效途径。但是保护生物学的中心任务是在一定理论的指导下，拯救珍稀濒危物种，合理利用生物资源，保护生物多样性（周开亚，1992）。因此珍稀濒危物种的生态保护是保护生物学研究的核心内容。保护生物学研究所沉积的研究成果和理论与方法自然是珍稀濒危物种生态保护的基本理论。[2]

（二）珍稀濒危植物生态保护的基本原理

蒋志刚等（2009）认为保护生物学研究面临一系列的挑战，目前的保护生物学缺少机理探讨、缺少实验、缺少对比研究，还没有形成完整的理论体系。经过近年来的研究与探讨，目前认为一些来源于生态学、生物地理学和种群遗传学的理论和研究结果可作为保护生物学的核心原理加以应用。

---

[1] 鲍敏，陈振宁，曾阳，等.藏药翁布体外抑菌作用研究.山东中医杂志，2005，24（12）：746—747

[2] 鲍敏，曾阳，米琴，等.藏药翁布不同提取物的体外抑菌实验研究.时珍国医国药，2006，17（8）：1410—1411

1.最小存活种群理论

最小存活种群（minimum viable population，MVP）是指一个种群为应对个体死亡、环境灾变、遗传漂变等各种随机事件的影响，保持种群延续和健康生存所需的最少有效数量。最小存活种群因生物种类、种群年龄结构和生存环境等因素的不同而不同。同时由于最小存活种群的时间期限和存活概率是可变的，还必须考虑到保护计划中的时间期限和种群存活的安全界限。在保护区的设计中模拟物种数量的临界阈值，从而确立被保护物种的数量是必要和可行的。

最小存活种群可以通过种群脆弱性分析来确定，这一方法把影响种群长期生存的因素分为种群统计随机性、环境随机性、自然随机性和遗传随机性4个方面。通过分析这几个随机因素对种群数量增减的影响，就能够估算出最小存活种群，从而在保护区的建设中维持种群的生存，达到避免物种灭绝的目的。

在实践中要准确计算出最小存活种群的大小是很困难的，因为种群太小，某些随机因素会突然起作用，甚至是决定作用，从而导致大部分个体突然死亡。最小存活种群理论在种群数量和持续时间等方面还需要进一步的定量化研究，但对于指导珍稀物种的保护仍具有很大的应用潜力（王虹扬等，2004）。徐宏发等（1996）认为确定需要保护的最小种群的方法由四个步骤组成：

（1）确定可以接受或一定时期内可以忍受的遗传杂合子丧失率（遗传学的最小存活种群）。

（2）确定需要保护的时间。

（3）确定可以满足上述要求的最小有效种群。

（4）根据最小有效种群计算出所需的实际种群。

2.岛屿生物地理学理论

MacArthur等（1967）提出岛屿生物地理学平衡理论，认为物种存活数目与其生境所占据的面积或空间之间的关系可以用幂函数来表示：

$$S = C \times A^z$$

其中，S为物种数量；A为岛屿面积；C为与生物地理区域有关的拟合参数；z为与到达岛屿难易程度有关的参数。因此岛屿上物种的丰富度取决于物种的迁入和灭绝，而迁入率与灭绝率则取决于岛屿与大陆距离的远近以及岛的大小；迁入率和灭绝率将随岛屿中物种丰富度的增加而分别呈下降和上升趋势，当迁入率与灭绝率相等时，岛屿物种数达到动态的平衡。

岛屿生物地理学理论的形成与发展，促进了人们对生物多样性的地理分布与动态格局的认识和理解，并由海洋岛屿扩展到陆地生境岛屿的研究中，为生物多样性的保护提供了非常重要的理论依据。如破碎化的生境与岛屿的相似性、物种与面积关系模式、小种群灭绝原因的探讨、避难场所设计原则等。岛屿生物地理学使生物多样性的研究由仅仅依据相关与比较方法进行描述，开始转向通过野外模拟试验来验证生物多样性形成的机制。[1]

岛屿生物地理学理论也存在一定的局限性。由于该理论以物种与面积之间的关系来简单地反映环境异质性，并强调内部均质和物种迁入与灭绝过程的平衡状态，对现代生态环境的非平衡与栖息地破碎化的现状缺乏考虑。其次它依据"物种面积距离"之间的关系，强调了岛屿的物种数量，却忽略了其他生物学特征如物种个体的大小、数量和分布以及不同物种间的竞争、捕食、互利共生和进化对种群动态的影响。此外，生物的生存除了受物种本身生物学特性的影响外，环境因素、遗传因素和生物之间的相互作用也对生物的分布、繁殖、扩散、迁移、种群调节、适应等产生非常重要的影响，这些也是生物多样性保护必须考虑的因素。上述不足使岛屿生物地理学理论指导实践的作用和意义受到一定限制。

3.复合种群理论

Harrison 等（1997）构建了能适应具体情况的更为复杂的模型，进一步发展了集合种群理论，将集合种群分为 Levins 经典型、大陆—岛屿型、斑块型、非平衡态集合种群和混合型 5 类，使该理论更适合应用于多种环境条件。

在人类社会对生物栖息地扰动不断加强、生境破碎化加剧的情况下，能满足岛屿生物地理学理论所需的生境和最小存活种群理论假设的条件已很难达到；而复合种群理论关注的正是干扰情况下，具有不稳定局部种群的物种在破碎化生境生存的条件和机制。因此，目前该理论的适用性更强。

复合种群理论从自然保护区空间布局和栖息地管理上能科学指导濒危物种的保护工作。此外，复合种群理论还将景观生态学中尺度和过程的观点引入经典种群生态学中，使其在物种保护和管理中更具有实用性。但是，目前复合种群理论的研究与应用仍有一定的局限性。其原因如下：

（1）对破碎化生境中的真实集合种群动态的了解仍很有限。

（2）许多有关集合种群的研究基本上还是单一物种，对复杂性的多物种集合种群的研究很少，不同物种间的相互作用、不同物种的迁移能力在不同尺度上的反映程度等还尚未涉及。

[1] 鲍敏，罗桂花，曾阳，等.藏药翁布对运动小鼠超氧化物歧化酶活性及脂质过氧化作用的影响.中成药，2005，27（11）：1348—1350

（3）集合种群理论的研究中并不包含局部种群的空间质量和空间位置的信息，有的研究常常是在尚未弄清是否满足其基本假设的前提时开展的，而连续生境内非均匀分布种群在生境梯度中所分布的种群并不是集合种群。

4.缓冲区和廊道理论

在探索自然保护区的建设方法过程中，保护生物学提出了缓冲区（buffer）和生物廊道（corridor）理论。联合国教科文组织（UNESCo）1984年提出"核心区—缓冲区过渡区"模式。这种模式主张对核心区内的生态系统和物种进行严格保护，在缓冲区内开展科研和培训等活动，在过渡区内开展各种可持续性的经济活动。该模式是自然保护区理论的最大突破，但这主要归功于缓冲区概念的提出。缓冲区是将不利影响阻挡在自然保护区之外的环形地带。缓冲区的功能是加强保护区与邻近社区之间的合作，并降低保护区的消极作用。缓冲区的建立照顾了所有资源利用者的利益，从而使生物地理区管理方法的形成成为可能。缓冲区的这种作用不仅能促进一个国家内部自然保护区之间的合作，而且也有利于跨国自然保护区之间的合作（于广志等，2003）。生物保护廊道（biological conservation corridor）是景观生态廊道的一种应用类型，主要指在结构上不同于周围植被的狭窄的植被带，在功能上把曾经连为一体但因破碎化而产生的两个或多个植被斑块连接起来，并有利于动物在这些植被斑块之间运动和增强受隔离种群连接度（Merriam，1984）。

上述理论为保护区的建立提供了一般性的原则和方法，取得了一些成效。然而，缓冲区和廊道理论也远不是成熟的理论，不仅无法对一些问题作出明确的回答，而且在某些时候还自相矛盾。一个典型例子：究竟是建立一个大的保护区还是建立几个相互联系的小保护区更有利于物种的保护？保护生物学家们对这个问题的争论，长期无法形成定论。另一个典型的例子，保护生物学家一直在强调生物廊道对连接孤立斑块中有利的一面，却忽略了廊道可能造成的负面影响（黄富祥等，2001）。Hess（1994）的研究表明，通过廊道连接起来的孤立斑块中，种群个体感染上的传染性疾病导致种群灭绝速度有可能远远超过彼此孤立斑块组成的种群的灭绝速度。因此，通过廊道将彼此孤立的种群斑块连接起来，未必总像保护生物学家认为的那样有利于种群多样性的保护。

5.进化显著单元理论

确定种类进化单元是制定物种优先保护策略和有效管理措施的基础。Ryder（1986）首次提出了进化显著单元（evolutionarily significant units，ESU）的概念。Moritz（1994）对进化显著单元给出了定量化定义：如果两个类群在mtDNA水平上互为单系（reciprocal monophyly），且核基因座位上的基因频率已有显著分化，则这两个类群就分属不同的进化显著单元。传统生物学方法无法准确了解物种之间的关系和一个物种的消失对其他物种的损害到底有多大等问题，系统发育多样性为生物多样性保护单元的确定提供了一种测度方法。借助分子生物学方法，在原来以稀有种确定物种保护优先顺序的基础上提供了一种可选择依据。利用分子生物学技术来确定优先保护类群，实际上是基于分类学和系统发育知识，确定种类在进化上是否具有独特性而需要优先保护，并根据遗传结构信息，特别是遗传变异能力的空间分布，以及种群的统计性和复合种群的动态过程，制定特殊物种的有效保护措施。另外，系统发育多样性还可用于自然保护区选择，但在自然保护区选择过程中，除了考虑系统发育多样性、稀有种、特有种之外，还要考虑对人类有意义的物种，因此在实际应用中还得与其他方法结合起来确定物种保护单元。

生物多样性包括遗传多样性、物种多样性、群落多样性和景观多样性。保护生物学是一门综合性的科学，其基本内容以生物学为主并融合了自然科学中其他学科的内容。从生物多样性资源的研究来看，它涉及物种分类学、植被生态、群落生态学、遗传学等学科；从物种保护的基础来看，它涉及个体生态学、种群生态学、发育生物学、分子遗传学等学科；从物种保护的实施来看，它涉及恢复生态学、景观生态学等学科。但总体而言，保护生物学的机理探讨、实验与对比研究仍比较缺乏，还没有形成完整的理论体系（蒋志刚等，2009）。但是，这并不影响人们为应对物种丧失的挑战而开展的各类具体的物种保护实践研究与探讨，目前涌现了不少关于具体小区域和具体物种的保护生物学研究。Griffiths等（2012）统计发现，保护生物学主流杂志自20世纪90年代后所发表的科研论文增长了133%，这些实践研究有效地促进了保护生物学理论的发展。

（三）保护生物学的研究内容及其研究热点

1.研究内容

保护生物学作为研究生物多样性及其保护的科学，自然以生物多样性为研究对象，研究直接或间接受人类活动或其他因子干扰的物种、群落和生态系统等。保护生物学的研究应以防止物种灭绝为主线，研究物种的易灭绝特征和物种灭绝风险的评估原理与方法，探讨物种多样性格局的成因；探索生物多样性定价的方法与可能性；从景观、群落、种群、个体和分子等层面揭示物种濒危机制；研究濒危物种就地保护与易地保护；b-法。主要内容包括以下几个方面：

（1）调查研究生物多样性资源概况，确定保护热点和重点。

（2）研究人类干扰与物种相互关系，探讨物种的濒危机制，从物种生存的生物学机制和外部生态环境着手，探讨物种灭绝的可预防性。

（3）探讨自然保护区的设置、管理与利用的原理与方法。

（4）研究濒危物种生物学与生态学特性，探讨濒危物种的保护途径与方法。

（5）制定生物多样性保护法律法规，进行生物多样性保护与持续利用宣传教育，提高公众的生物多样性保护意识。

2.研究热点

该研究领域目前比较活跃的有下列几个方面：

（1）小种群生存概率。由于生境异质性和个体扩散，形成了许多小种群，随着小种群内近交系数逐代上升，种群的适合度下降，最终导致小种群的灭绝。在迁地保护物种时，保存种群大小涉及资金投入和保护效果。因此，如何确定物种的最小可生存种群成为一个热点问题。

（2）确定保护生物多样性热点的地区。世界上物种最多的地区是热带雨林、珊瑚礁和热带湖泊；但位于生物多样性高的热带地区的国家多为发展中国家，缺少保护所需的资金。如何保护这些国家的生物多样性是一个现实问题。

（3）物种濒危灭绝机制。首先当今生物多样性保护的着眼点是通过种群生态学、发育生物学、分子生物学方法揭示物种濒危灭绝的机制，减缓现有物种的灭绝速率，特别是减缓单种科、单种属的灭绝；其次是研究防止生态系统种的旗舰种（flagship species）、关键种（keystone species）灭绝的措施。最后，从物种生存的生物学机制和外部生态环境着手，探讨物种灭绝的可预防性。

（4）生境破碎问题。在这方面的研究热点有生境破碎的动态过程，生境破碎与生境异质性，边缘效应与岛屿效应，生境斑块的隔离程度，微气候环境，生境斑块中种群生灭动态，以及在破碎生境中维持生物多样性的措施等。

（5）自然保护区理论。建设自然保护区时，保护区的地点、大小、形状，保护区之间的生境网络关系，以及怎样管理和利用自然保护区都是人们所关心的问题。

（6）立法与公众教育。制定生物多样性保护法律法规，进行生物多样性保护与持续利用宣传教育，提高公众的生物多样性保护意识，这些方面工作在发达国家开展的较好，而在发展中国家相对滞后。我国应该加强这方面的工作。

总体而言，保护生物学的研究聚焦于三大热点：

（1）特殊物种的个体生态学和居群生存力分析，尤其是物种濒危原因分析。

（2）整体群落、生态系统、景观和物种多样性的监测。

（3）生物多样性保护和可持续发展相结合的有效手段。

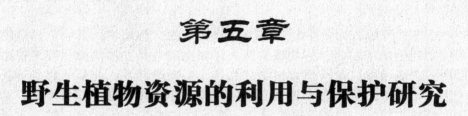

第五章

野生植物资源的利用与保护研究

第一节　野生植物资源的种类与分布格局

中国野生植物类别很多，有高等植物、低等植物和真菌植物等，本章野生植物资源专指维管束植物中的蕨类植物、裸子植物和被子植物，由于很多人工栽培的植物也从野生植物引种或杂交，因此，本章野生植物资源除了野生植物种类外，也包括部分人工栽培种类。本章以辽宁省为例进行讲解。

辽宁省地处长白、华北和蒙古植物区系的交会地带，其中长白植物区位于辽宁东部山区，华北植物区大体在沈阳—丹东和沈阳—四平铁路以西；蒙古植物区位于华北植物区北部，主要是建平、北票、彰武等县（市）。植物区系的复杂性，使得辽宁省野生植物种类多，资源丰富，到2005年年末统计，全省有蕨类植物、裸子植物和被子植物2 114种，隶属43目160科。此外，还有275个变种和82个变型。野生植物资源分布与植物区系有着密切的关系。综合植物垂直和水平分布规律，按植被群系组的组合，辽宁在三大植物区系变化的基础上，全省分7个植被小区，即辽东山地沙松、红松阔叶混交林小区，辽东半岛温带赤松栎林小区，辽东山地西麓温带油松栎林小区，辽河平原农业植被小区，辽西山区东部温带油松栎林小区，辽西山地西部温带山杏、小叶朴、油松栎林小区，辽西北温带山杏、栎树林及羊草草原小区。

一、蕨类植物

蕨类植物特点是多为草本，用孢子繁殖，有一些种类可作为野菜供人类食用。到2010年年末统计，辽宁省蕨类植物有94种，隶属8目24科。

（1）石松目（Lycopodiales）：共有2科3种，主要有东北石杉（Huperzia miyoshiana），杉蔓石松（Lycopodium annotinum）等。

（2）卷柏目（Selaginellales）：共有1科7种，主要有卷柏（Selaginella tamariscina），中华卷柏（Selaginella sinen—sis），小卷柏（Selaginella helvetica）等。

（3）木贼目（Equisetales）：共有1科5种，主要有问荆木贼（Equisetum arvense），木贼（Equisetum hyemale）等。

（4）瓶尔小草目（Ophioglossales）：共有2科3种，主要有粗壮阴地蕨（Botrychium robustum）、狭叶瓶尔小草（Ophio glossum thermale）等。

（5）紫萁蕨目（Osmundales）：共有1科2种，分别是分株紫萁（Osmunda cinnamomea var）和绒紫萁（Osmun—da claytoniana）。

（6）水龙骨目（Polypodiales）：共有14科70种，主要有水龙骨（Polypodium virginiamum）、华北鳞毛蕨（Dryopter—is goeringiana）、猴腿蹄盖蕨（Athyrium multidentatum）等。

（7）苹目（Marsileales）：共有1科1种，苹（Marsilea quadrifolia）。

（8）槐叶苹目（Salviniales）：共有2科3种，主要有槐叶苹（Salvinia natans）、满江红（Azolla imbricata）等。

蕨类植物共有8目24科94种，在辽东山地沙松、红松阔叶混交林小区和辽东半岛温带连松栎林小区北部都有分布，主要是分布在丹东、本溪、抚顺、西丰、铁岭县、开原、海城东部、岫岩、盖州东部、瓦房店东北部、普兰店东北部、庄河北部。除此以外，在其他地区都有少量分布，而有些种类则分布面很狭，如金毛裸蕨、团羽铁扇蕨、仅分布于辽西与河北交界处。普通铁线蕨仅分布在瓦房店。睫毛蕨仅分布于凤城。

二、裸子植物

裸子植物的主要特点是种仁的胚珠外面没有子房，种子外面没有果皮包裹。这类植物主要是松、杉和银杏等。到2010年，辽宁有裸子植物43种，隶属4目6科。

（1）银杏目（Ginkgoales）：共有1科1种，即银杏（Ginkgo biloba）。

（2）松杉目（Pinales）：共有3科39种，主要有杉松冷杉（Abies holophylla）、华北落叶松（Larix principis—rupprechtii）、长白落叶松（Larix olgensis）、红松（Pinus koraiensis）、赤松（Pinus densiflora）、油松（Pinus tabulacformis）。

（3）红豆杉目（Taxales）：共1科1种，即东北红豆杉（Taxus cuspidata）。

（4）麻黄目（Ephedrales）：共1科2种，草麻黄（Ephedra sinica）和中麻黄（Ephedra intermedia）。

裸子植物中的银杏主要分布在丹东、大连、鞍山和沈阳，大部分用于行道树和庭院观赏，特别在辽宁南部的一些寺庙里，常见有百年以上的大银杏树，如庄河仙人洞，东港大孤山等。随着从银杏叶中提取银杏酮用于制药业的发展，近些年大连和丹东南部人工栽培面积不断扩大。东北红豆杉又叫赤柏松、紫杉，分布于桓仁、宽甸和本溪县，此外，作为观赏树木，在全省各地的一些公园和风景名胜区，也有少量栽植。随着从东北红豆杉中提取紫杉醇的发展，辽东地区栽植面积逐年增加。草麻黄只分布于彰武、瓦房店、盖州和建平等地。

松、杉、柏类植物是裸子植物中的主要植物，辽宁共有40余种，大部分是辽宁的主要造林树种和用材林。红松主要分布在抚顺县、清原、新宾、桓仁、宽甸、风城、本溪县、岫岩、东港等地，7种云杉、冷杉主要分布在丹东、本溪、抚顺，其他各市均有零星少量的栽植。

落叶松辽宁有5种，主要分布在丹东、本溪、抚顺和铁岭，此外，沈阳、大连、鞍山、阜新、营口都有少量分布。

其他松属植物，油松除辽宁省各地均有分布外，其中以朝阳、阜新、葫芦岛、锦州较多，东亚面积最大的油松林分布在北镇市的辽宁医巫闾山国家级自然保护区。赤松主要分布在丹东、本溪、大连、营口，其中在庄河的辽宁仙人洞国家级自然保护区里有东亚面积最大的赤松林，欧洲赤松只在盖州有分布。白皮松在沈阳、鞍山、营口、大连、锦州有分布，华山松分布在大连、沈阳，日本五针松只在丹东有分布。樟子松以彰武的章古台面积为最大，此外，在丹东、本溪、抚顺、铁岭、沈阳等地也有少量分布，欧洲黑松只在盖州有分布，日本黑松主要分布在大连，丹东、本溪、抚顺也有少量分布，西黄松在大连、盖州、沈阳有分布，刚松在丹东、大连、盖州、沈阳有分布，北美短叶松在大连、盖州、沈阳、抚顺有分布，都是从国外引进树种。杉科的3种植物都是引入栽植种，除水杉在丹东、本溪、大连、鞍山、沈阳有分布外，其他2种只分布在大连。柏科的植物，杜松、兴安桧柏、圆柏等各地都有栽植，叉子圆柏只在沈阳有分布，侧柏主要分布于锦州、朝阳其他地区有少量栽植。日本花柏只分布于沈阳、大连，铺地柏只分布于沈阳、大连、丹东。

三、被子植物

被子植物是种子植物种类最多的一类，其主要特点是胚珠生在子房里，种子包在果实里。到2010年年末，全省有被子植物1 977种，隶属43目130科。

（1）胡桃目（Juglandales）：共1科5种，有胡桃楸（Juglans mandshurica）、枫杨（Pterocarya stenoptera）等。

（2）杨柳目（Salicales）：共3科71种，有板栗（Castanea mollissima）、蒙古栎（Quercus mongolica）、辽东栎（Quercus liaotungensis）、岳桦（Betula ermanii）、白桦（Betula platyphylla）、小青杨（Populus pseudo—simonii）、小叶杨（Populus simonii）、山杨（Populus davidiana）、垂柳（Salix babylonica）、旱柳（Salix mauudana）等。

（3）荨麻目（Urticales）：共4科35种，有榆树（Ulmus pumila）、刺榆（Hemiptelea davidii）、小叶朴（Celtis bungeana）、杜仲（Eucommia ulmoides）、桑树（Morus alba）、宽叶荨麻（Urtica laetevi-rens）、细穗苎麻（Boeheria gracilis）等。

（4）檀香目（Santalales）：共2科5种，有百蕊草（Thesium chinense）、槲寄生（Viscum coloratum）等。

（5）蓼目（Polygonales）：共1科50种，有普通蓼（Polygonum humifasum）、水蓼（Polygonum hydropiper）、沼地蓼（Polygonumpaludos-um）、皱叶酸模（Rumex crispus）等。

（6）中央种子目（Centrospermae）：共5科84种，有商陆（Phytolacca esculenta）、马齿苋（Portulaca oleracea）、伞繁缕（Stellaria longifolia）、叶麦瓶草（Silenefoliosa）、石竹（Dianthus chinensis）、碱蓬（Suaeda glauca）、翅碱蓬（Suaeda heteroptera）、猪毛菜（Salsola collina）、轴藜（Axyris amaranthoides）、藜（Chenopodium album）等。

（7）木兰目（Magnoliales）：共3科8种，有天女木兰（Magnolia sieboldii）、日本厚朴（Magnolia obovata）、鹅掌楸（Liriodendron）、五味子（Schisandra chinensis）、三桠钓樟（Lindera obtusiloba）等。

（8）毛茛目（Ranunculales）：共5科87种，有金莲花（Trollius chinensis）、辽东乌头（Aconitum liaotungense）、卷叶唐松草（Thalictrum petaloideum）、深山毛茛（Ranunculusfranchetii）、小檗（Berberis thunbergii）、淫羊藿（Epimedium koreanum）、木防己（Cocculus trilobus）、芡实（Euryale ferox）、五刺金鱼藻（Ceratophyllum oryzetorum）等。

（9）胡椒目（Piperales）：共1科1种，即银线草（Choranthusjaponicus）。

（10）马兜铃目（Aristolochiales）：共1科4种，有北马兜铃（Aristolochia contorta）、辽细辛（Asarum heterotropoides）等。

（11）藤黄目（Guttiferales）：共3科10种，有牡丹（Paeonia suffruticosa）、草芍药（Paeonia obovata）、软枣猕猴桃（Actinidia arguta）、长柱金丝桃（Hypericum ascyron）等。

（12）罂粟目（Papaverales）：共3科69种，有罂粟（Papaver somniferltm）、东北延胡索（Corydalis ambigua）、卷心菜（Brassica oleracea）、北独行菜（Lepidium sibiricum）、山芥菜（Barbarea orthoceras）、细叶木犀草（Reseda lutea）等。

（13）蔷薇目（Rosales）：共5科282种，有三球悬铃木（Platanus orientails）、北景天（Sedum kamtschati—cum）、华中虎耳草（Saxifragafortunei）、

大花溲疏（Deutzia grandiflora）、东北山梅花（Philadelphus schrenkii）、东北茶藨（Ribes mandshuricum）、华北绣线菊（Spiraea fritschiana）、珍珠梅（Sorbaria sorbifolia）、黄刺玫（Rosa xanthina）、野蔷薇（Rosa muitiflora）、桃（Prunus persica）、合欢（Albizzia julibrissin）、槐（Sophora japonica）、苜蓿（Medicago sativa）等。

（14）牻牛苗目（Geraniales）：共5科36种，有酢浆草（Oxalis corniculata）、老鹳草（Geranium wilfordii）、白刺（Nitraria tangutorum）、蒺藜（Tribulus terrestris）、野亚麻（Linum stelleroides）、东北大戟（Euphorbia mandshurica）、铁苋菜（Acalypha australis）等。

（15）芸香目（Rutales）：共4科15种，有山花椒（Zanthoxylum schinifolium）、黄波椤（Phellodendron amurense）、臭椿（Ailanthus ahissima）、远志（Polygala tenuifolia）、苦木（Picrasma quassioides）等。

（16）无患子目（Sapindales）：共5科24种，有盐肤木（Rhus chinensis）、茶条槭（Acer ginnala）、花楷槭（Acer ukurundnense）、文冠果（Xanthoceras sorbifolia）、东北凤仙花（Impatiensfurcillata）等。

（17）卫矛目（Celastrales）：共3科14种，有卫矛（Euonymus alatus）、华北卫矛（Euonymus maackii）、省沽油（Staphylea bumalda）、黄杨（Buxus sinica）等。

（18）鼠李目（Rhamnales）：共2科17种，有枣（Ziziphus jujuba）、鼠李（Rhamnus davurica）、山葡萄（Vitis amurensis）、爬山虎（Parthenocissus tricuspidata）等。

（19）锦葵目（Malvales）：共2科16种，有康椴（Tilia mandshurica）、紫椴（Tilia amurensis）、北锦葵（Malva mohileviensis）、木槿（Hibiscus syriacus）等。

（20）瑞香目（Thymelaeales）：共2科8种，有长白瑞香（Daphne koreana）、沙枣（Elaeagnus angustifolia）、沙棘（Hippophae rhamnoides）等。

（21）堇菜目（Violales）：共4科35种，有辽宁堇菜（Viola rossii）、紫花地丁（Viola yedoensis）、沟繁缕（Elatine triondra）、中华秋海棠（Begonia sinensis）、柽柳（Tamarix chinensis）等。

（22）葫芦目（Cucurbitales）：共1科16种，有假贝母（Bolbostemma paniculatum）、葫芦（Lagenaria siceraria）、栝蒌（Trichosanthes kirilowii）等。

（23）桃金娘目（Myrtiflorae）：共5科26种，有千屈菜（Lythrum salicaria）、东北菱（Trapa manshurica）、露珠草（Circaeo cDrdoto）、柳叶菜（Epilobium hirsutum）、月见草（Oenothera biennis）等。

（24）伞形目（Umbelliflorae）：共4科63种，有灯台树（Cornus

controversa）、红瑞木（Cornus alba）、刺参（Oplopanax elatus）、刺五加（Acanthoponax senticosus）、人参（Panax ginseng）、当归（Angelica gigas）、茴香（Foeniculum vulgare）、柴胡（Bupleurum chinense）、独活（Angelica dahurica）、珊瑚菜（Glehnia littoralis）、大叶芹（Spuriopimpinella brachycarpa）等。

（25）杜鹃花目（Ericales）：共2科17种，有红花鹿蹄草（Pyrola incarnata）、牛皮杜鹃（Rhododendron chrysanthum）、照自杜鹃（Rhododendron micranthum）、迎红杜鹃（Rhododendron mucronulatum）、笃斯越橘（Vaccinium uliginosum）等。

（26）报春花目（Primulales）：共1科12种，有肾叶报春花（Primula loeseneri）、点地梅（Androsace umbellata）、珍珠菜（Lysimachia chlethroides）等。

（27）蓝雪目（Plumbaginales）：共1科4种，有紫萼补血草（Limonium subviolaceum）、中华补血草（Limonium sinellse）等。

（28）柿树目（Ebenales）：共3科5种，有柿（Diospyros kaki）、玉铃野茉莉（Styrax obassia）、白檀山矾（Symplocos paniculata）等。

（29）木犀目（Oleales）：共1科13种，有东北连翘（Forsythia mandshurca）、水曲柳（Fraxinus mandshurica）、棒（Fraxinus chinensis）、紫丁香（Syringa oblata）、暴马丁香（Syringa reticulata）等。

（30）龙胆目（Gentianales）：共5科58种，有东北龙胆（Gentiana manshurica）、春龙胆（Gentiana thunbergii）、睡菜（Menyanthes trifoliata）、罗布麻（Apocynum venetum）、杠柳（Periploca sepium）、萝藦（Metaplexisjaponica）、茜草（Rubia cordifolia）等。

（31）管花目（Tubiflorae）：共14科183种，有菟丝子（Cuscuta chinensis）、打碗花（Calystegin hederacea）、紫草（Lithospermum erythrorhizon）、山茄子（Brachy botrys）、黄荆（Vitex negundo）、海洲常山（Clerodendrum trichotomum）、黄岑（Scutellaria baicalensis）、藿香（Agastache rugosa）、夏枯草（Prunella asiatica）、野芝麻（Lamium album）、益母草（Leonurus japonicus）、大果酸浆（Physalis macrophysa）、丹东玄参（Scrophularia kakudensis）、梓树（Catalpa ovata）、列当（Orobanche coerulescens）、北美透骨草（Phryma leptostachya）等。

（32）车前目（Plantaginales）：共1科6种，有车前（Plantago asiatica）、海滨车前（Plantago camtschatica）等。

（33）川续断目（Dipsacales）：共4科35种，有锦带花（Weigelaflorida）、

接骨木（Sambucuswilliamsii）、金银忍冬（Lonicera maackii）、败酱（Patrinio scabiosaefolia）、川续断（Dipsacusjaponicus）等。

（34）桔梗目（Campanulales）：共2科207种，有党参（Codonopsispilosula）、桔梗（Platycodongrandiflorum）、北方沙参（Adenophora borealis）、泽兰（Eupatoriumjaponicum）、紫菀（Aster tataricus）、旋覆花（Inula japonica）、苍耳（Xanthium sibiricum）、豚草（Ambrosia artemisiifolia）、野菊（Chrysanthemum indicum）、茵陈蒿（Artemisia capillaris）、艾蒿（Artemisia argyi）、华北风毛菊（Sussurea mongolica）、蚂蚱腿予（Myripnois dioica）等。

（35）沼生目（Helobiae）：共7科36种，有泽泻（Alisma orientale）、苦草（Vallisneria spiralis）、水鳖（Hydrocharis dubia）、海韭菜（Triglochin maritimum）、眼子菜（Potamogeton distinctus）、大叶藻（Zostera marina）、茨藻（Najas marina）等。

（36）百合目（Liliflorae）：共5科103种，有藜芦（Veratrumnigrum）、知母（Anemarrhena asphodeloides）、萱草（Hemerocallis fulva）、平贝母（Fritillaria ussuriensis）、东北百合（Lilium distichum）、铃兰（Convallaria keiskei）、玉竹（Polygonatum odoraum）、兴安天门冬（Asparagus dauricus）、穿龙薯蓣（Dioscorea nipponica）、鸭舌草（Monochoria vaginalis）、射干（Belamcanda chinens）、长尾鸢尾（Iris rossii）等。

（38）灯心草目（Juncales）：共1科8种，有灯心草（Juncus effusus）、淡花地杨梅（Luzulapallescens）等。

（39）鸭跖草目（Commelinales）共2科5种，有鸭跖草（Commelina communis）、长苞谷精草（Eriocaulon decemflorum）等。

（40）禾本目（Graminalis）：共1科158种，有菱白（Zizanialatifolia）、芦苇（Phragmitesaustralis）、獐毛（Aeluropus littoralis）、中华结缕草（Zoysia sinica）、羊草（Leymus chinensis）、羊矛（Festuca ovina）、拂子茅（Calamagrostis epigejos）、冈草（Beckmannia syzigachne）、狼针草（Stipa baiealensis）、狗尾草（Setaria viridis）、野稗（Echinochloa crusgalli）、芒（Miscanthus sinensis）等。

（41）佛焰苞目（Spathiflorae）：共2科11种，有菖蒲（Acorus calamus）、天南星（Arisaema heterophyllum）、半夏（Pinellia ternata）、浮萍（Lemna minor）等。

（42）露兜树目（Pandanales）：共2科8种，有黑三棱（Sparganium coreanum）、香蒲（Typha orientalis）、小香蒲（Typha minima）等。

（43）莎草目（Cyperales）：共1科99种，有水葱（Scirpus

tabernaemontani）、东方羊胡子草（Eriophorum polystachion）、莎草（Cyperus rotundus）、水莎草（Juncellus serotinus）、东北扁莎（Pycreus setiformis）、白颖薹草（Carex rigescens）、辽东薹草（Carex glabrescens）、钢草（Carex scabrifolia）等。

（44）微子目（Microspermae）：共有1科27种，有杓兰（Cypripedium calceolus）、双蕊兰（Diplandrorchis sinica）、无喙兰（Archineottia gaudissartii）、天麻（Gastrodia elata）、绍兰（Malaxis monophyllos）、山兰（Oreorchispatens）等。

被子植物是辽宁种类最多的一类植物，全为阔叶落叶木本植物和草本植物。除了用材林以外，还有很多药用及其他经济植物，观赏植物，也是草地资源的主要组成植物，因此，分布面广，并有相互渗透，相互过渡的特点。由于植物种类较多，主要按大类对被子植物资源的分布，进行叙述。

（一）野生木本植物

辽宁省被子植物中的野生木本植物500余种，隶属62科。杨柳类植物有60余种，其中杨树类有30余种，柳树类有30余种，都为辽宁的主要造林树种和用材林，有很多杨树属速生林。例如毛白杨、银白杨、新疆杨等，主要分布于大连、沈阳、丹东、葫芦岛、营口等地。黑杨类主要在辽宁南部，多为行道树。沙兰杨在辽阳、营口、葫芦岛、锦州等地有分布。山杨类在辽宁各地均有分布，其中在辽宁东部面积较大，且有成片生长的野生天然山杨林。钻杨类主要分布在沈阳、锦州、本溪、阜新、铁岭、鞍山、辽阳、朝阳、营口等地，其他地区有零星分布。小青杨和小叶杨类在全省各地均有分布，其中以辽西、辽南为多。钻天柳只分布于桓仁、清原、新宾、宽甸等地。其他柳树类植物，在全省各地均有分布，其中小红柳主要分布于阜新、沈阳，大黄柳辽东分布较多。

硬阔类植物。主要是指胡桃科、桦木科、壳斗科、榆科、桑科、芸香科和槭树科等植物。其中黄波椤、水曲柳、核桃楸主要分布于辽宁东部的丹东、本溪和抚顺，其他地区有极少量零星分布。10种栎类植物，均主要分布于辽宁东部的丹东、本溪、抚顺和大连，其中以庄河的辽宁仙人洞国家级自然保护区分布种类最多。其他地区有少量的零星分布。槭树植物有13种，主要分布于本溪、抚顺、丹东和大连，其他地区有少量零星分布。

桦木科植物有14种，其中桦树类植物主要分布在丹东、本溪、抚顺和西丰、铁岭县东部，其他地区只有少量零星分布。而岳桦在宽甸的白石砬子和桓仁的老秃顶子两个国家级自然保护区里分布较多。

2种榛子植物分布于铁岭、沈阳、丹东、本溪、抚顺、朝阳、锦州、葫芦岛、大连、营口等地，其中铁岭面积最多。

9种榆类植物在辽宁省各地均有分布，其中春榆主要分布在丹东、本溪和抚顺。

其他木本植物，如椴树类野生植物，辽宁有5种，其中紫椴、康椴主要分布在辽东的丹东、本溪和抚顺地区，其他地区有少量分布。蒙椴只分布于辽宁西部的朝阳、阜新、葫芦岛、锦州、营口和大连。圣柳科植物能耐轻度盐碱，主要分布在大连、营口、盘锦等沿海地区，特别是双台子河口的防潮大堤，栽满了圣柳，长势非常好。猕猴桃科的植物，俗称软枣子，为藤本植物，全省各地均有分布，其中以辽宁东部为多。五加科的6种植物，如刺人参，刺楸、刺五加、刺龙牙等，主要分布于辽宁东部，其他地区有零星分布。

山茱萸科的5种植物，如灯台树，红瑞木等，主要分布于丹东、本溪、抚顺、大连等地。杜鹃花科的5种植物，主要分布于辽宁省各个林区，其中以丹东、本溪、抚顺、大连、朝阳等地为多。木犀科中的11种丁香，在辽宁各地分布广泛，其中辽东丁香、暴马予丁香主要分布于丹东、本溪和抚顺，朝鲜紫丁香和东北紫丁香主要分布于锦州、朝阳、本溪等地。马鞭草科的海州常山、山紫珠，只分布于大连的庄河和金州。蔷薇科的几种杏类植物，主要分布于朝阳、阜新、葫芦岛和锦州等地，豆科植物的刺槐、胡枝子，紫穗槐等，全省各地均有分布，其中以朝阳、阜新、葫芦岛，锦州和大连为多。

（二）野生草本植物资源分布

在被子植物中，草本植物种类最多，多达1 460余种，其中有68科植物都是草本，如兰科，莎草科、香蒲科、禾本科、浮萍科、灯心草科、眼子菜科、桔梗科等。

根据辽宁的植物区特点，草本植物在全省分布面广，很多种类呈现分布集中，面积较大的特点，而有些种类有呈现出分布面极狭，且面积又很小的单一特点。禾本科植物，辽宁省有169种，全省各地都有分布，其中属草地类的植物，如披碱草、羊草、赖草等，在辽宁的几大草原中都有分布。芦苇主要分布在盘锦、丹东、锦州，其中以盘锦面积最大。兰科植物有近30种，主要分布在丹东、本溪和抚顺，铁岭、鞍山、大连、朝阳、阜新等地有少量分布，其中双蕊兰只在桓仁、新宾有分布，为中国特有种，无喙兰只在清原、桓仁有分布。在草本植物中，有很多具有药用价值，这些植物在各地区都有分布，有些分布比较集中，如党参和沙参类植物，主要分布在辽东地区，其他地区只有些少量分布。人参，主要分布于丹东、本溪、抚顺地区，鞍山、营口、大连和铁岭东部有零星分布。

濒危珍稀野生植物主要指列入《濒危野生动植物种国际贸易公约》以

下简称为《公约》附录物种，我国国家重点保护野生植物物种（第一批名录），原林业部（现国家林业局）发布的《关于保护珍贵树种的通知》中的树种，还有一些虽然没有列入上述名录之中，但实际上在野外数量已经很少，也属于濒危物种，按这个标准，辽宁省有珍稀野生植物101种。

　　国家二级重点保护的野生植物有16种，如红松、水曲柳、中华结缕草等。一级重点保护的银杏、水杉、长白松在辽宁省基本上没有原生型的，都属人工栽培物种；东北红豆杉虽然是野生植物，但资源量很少，只分布于辽宁东部，其中以宽甸、桓仁为多。二级重点保护的厚朴、凹叶厚朴和鹅掌楸在辽宁省没有原生型，只在丹东锦江山公园、大连市、营口熊岳植物园有人工栽培；红松林面积较大，基本上都是人工林，其中保存于本溪草河口的15hm$_2$红松人工林，是1938年栽植的，是目前东北地区最早的人工红松林。金钱松仅在熊岳植物园有人工栽培。大果青杆也叫青杆云杉，只在沈阳市和盖州的熊岳有人工栽培，在朝阳地区有个别单株生长。珊瑚菜，由于只生长在海滨沙滩，所以只分布于葫芦岛、锦州、大连等沿海地区，数量很少。野大豆只分布于全省各地的河岸边、水库旁和林缘灌丛中，但数量较少，主要在凌海、东港、盘锦、新宾、调兵山、营口、沈阳、铁岭。中华结缕草只分布于大连，数量较少。莲主要分布在桓仁、辽阳、沈阳和新民、辽中、大连金州区、普兰店、绥中、海城、台安、彰武等地。冬虫夏草和松茸属于真菌植物，在辽宁省有少量野生分布，其中松茸只分布于宽甸县，数量稀少。

　　其他珍稀野生植物是指国家重点保护野生植物以外的珍贵植物，共有81种，其中被列入国家林业局珍贵树种保护的有6种，非国家重点和非珍贵树种保护的有48种，列入《公约》附录的除了东北红豆杉外，还有兰科植物27种，如双蕊兰，全世界只在辽宁省桓仁和新宾两县交界处的辽宁老秃顶子国家级自然保护区有分布，其他兰科26种植物，在辽宁省数量较少。甘草只分布于建平、阜新县、黑山、彰武、康平和北票等地，野生人参虽然在丹东、本溪、抚顺、大连、铁岭、鞍山、辽阳、营口、阜新等地有分布，但极少见到，刺人参只分布于本溪县、桓仁、宽甸，数量稀少。

第二节 我国野生植物资源现状分析评价

一、我国野生植物资源的现状

在未开发的植物界中挖掘原材料、能源和在已知用途的野生、栽培植物中寻找新的用途，是当今世界各国许多经济植物学家的重要研究内容之一。例如，美国植物学家制订了筛选药用植物的计划，分期分批地对资源进行筛选研究。纽约植物园成立野生经济植物开发组织，其所属的经济植物研究所的科研人员深入到亚马逊河流域发掘油用和能源树种，如巴西坚果、巴巴苏油椰，此外在巴西还发现野生石油树。国际橡胶研究与发展委员会也曾在亚马逊河流域发现比栽培种产胶量高几倍的橡胶单株。加拿大开展了对林中野果的利用。前苏联对林下野生药用植物的利用也取得了一定成效。[1]

我国在野生植物资源的开发利用方面，历史久、起步早，但进展的速度较慢。1950年4月，国务院发出"关于利用和收集我国野生植物原料"的指示后，一年之内，组织3万余人，开展了空前规模的全国性野生植物资源清查，采集了20多万号标本，完成万余次的化验，初步摸清了我国野生植物资源的分布、数量和应用价值；各省区在不同程度上建立了药用植物资源收集区，并对主要资源进行了深入研究并开展药理和疗效实验，在发展我国中医药事业上做出了重大贡献。与此同时，近年来国内外学者应用现代科技进步，开展防癌抗癌植物资源筛选，并应用野生植物治疗疑难疾病取得了显著效果。

国内许多单位在筛选抗虫、杀菌的野生植物资源中，初步发现活性为80%～90%的野生植物主要有地榆、苦参、毛茛、黄芩、酸模、节蓼、黄花蒿、萑草等。这些植物所含的生物碱盐、皂苷、黄酮及挥发性物质，可作为研制植物农药的材料。从菊科、松科等植物中提取挥发性油，也可直接用于病虫害防治。从许多经济树种的产物中，提取害虫拒食剂及抗生育活性物质，也是研制植物农药的可行途径。这些初步研究，为利用野生植物资源，研制长效、无公害的新一代农药打下基础，已引起国内外学者的极大兴趣。

---

[1] 邓毓芳. 1995. 林产食品加工工艺学. 北京：中国林业出版社.

　　另外，食用植物色素方面已研制出越桔红、玫瑰茄红等；栀子的多种制品、紫胶色素等也已研制成功；在野生植物的筛选基础上研制成功了PW植物胶；在能源植物研究方面已初步确认黑皂树油用于各种柴油机燃料的可能性；对野生果胶植物豆腐柴进行了栽培技术和加工工艺的系列研究，并研制出了产品。我国还对蜜源植物的分布、蜜源花粉的开发利用及蜜源植物的评价等进行了系列研究；对绞股蓝饮料产品已开发研制；对紫胶虫寄主树黄檀、火绳树、合欢、木豆等进行了系列研究。近年又对紫胶虫寄主树大叶千斤拔的生物学特性、产胶能力和胶质等进行了研究并在南方推广应用；对白蜡虫寄主树白蜡树、女贞，五倍子寄主树盐肤木、青麸杨、红麸杨、提灯藓等进行了深入研究；对元宝枫、文冠果、翅果油树、毛株、黄连木、长柄扁桃等野生油料植物，甜叶菊、悬钩子、糖槭、桦树等糖料植物的研究、引种、开发也取得了很大的进展。

　　野生植物的开发利用产生了巨大的社会、经济效益。野生余甘子资源在福建省、云南省、广西壮族自治区及贵州省，年总产量约20万t，已开发出10余种系列产品，远销东南亚地区；黑龙江省开发刺五加及满山红等药材，年获效益2000多万元；贵州省遵义市遵义二化厂在开发利用五倍子中，研制出13种产品，产值3 000万元。当今世界花卉年消耗量达100亿美元以上，近年广东、江苏、浙江等省的花卉观赏植物的年产值均在1亿元以上；广西壮族自治区开发灵香草，年产150t，产值约750万元。吉林省长白山区每年野生植物药材、野菜和野果产值达10亿元。总之，野生植物资源的开发利用为我国的经济建设和改善人民的生活质量起到了很好的作用，已成为各地脱贫致富、发挥地方资源优势的重要途径之一，并呈现出以下良好的发展态势。

　　在资源调查的基础上，开始有目的地向收集、保存和人工繁殖栽培的方向发展，在对自然资源直接利用的同时，重视资源的保护和建设，有力地起到保护和发展资源的作用。

　　在对自然资源开发利用中，加强对种质资源的研究，开展有效成分分析、提取和产品深度加工，选育高产、优质、多抗的品种类型，从而提高资源的利用价值。

　　采用常规技术与生物技术相结合的研究手段和科研开发与市场需求相结合、技术创新与引进集成相结合的技术路线，提高了产品的科技含量和市场竞争力。从单一利用向多功能综合利用发展，从单纯经济效益向生态效益、保健效益等多方位利用发展，呈现出一片崭新面貌。

二、我国野生植物资源的分析

近年来，我国在野生植物资源开发与利用方面虽然进展很快，成绩很大，但还存在着以下主要问题，严重制约了产业发展。

（一）缺乏行业之间的配合和行业内的技术交流

据目前实际情况，今后我国野生植物资源的开发利用要坚持以市场经济为导向，经济效益和生态社会效益并举的指导思想，实施可持续发展战略。必须加快科技进步，不断创新，开发高附加值新产品，开辟野生植物原料利用的新领域，寻找新的增长点。此外，还应发展稳定、高产的名、特、优野生植物商品基地，因地制宜，多种经营，综合开发，永续利用。具有规模适度、布局合理的加工网点和产供销一体、产学研结合、技术先进、生产有序的生产管理和经营体系。其相应的对策是：（1）资源开发利用和资源建设相结合，对于潜力大的野生植物，要形成从资源建设、产品研制与生产、销售相结合的开发利用系统。（2）加强野生植物产品的深度加工。（3）提高野生植物利用的良种化水平。

（二）野生植物资源种类和用途的研究

野生植物资源是从自然界众多的植物中划分出来的，其决定因素是看它对人类生产、生活是否有用，当然植物的有用与无用是相对的概念，是与科学技术的发展和人类对植物认识的程度密不可分的。野生植物资源利用学的一个重要方面就是挖掘有用植物的种类，研究其形态、结构和功能特点，阐明其用途、利用方法或采收加工技术等。

（三）野生植物资源有用成分的研究

植物资源中的大多数是利用其含有的各种对人类生产、生活有用的化合物。例如，药用植物是利用对人类各种疾病具有治疗和预防保健作用的药理活性物质；工业原料是利用植物体内的芳香油、色素、油脂、树脂、树胶和鞣质的物质；农用药用植物是利用其对作物病虫害具有杀灭、控制和干扰作用的物质等。因此，野生植物资源有用成分的挖掘与筛选，以及有用成分的性质、形成、积累和转化规律，提取、分离和精制技术方法的研究是野生植物资源利用学的重要内容。

（四）野生植物资源驯化栽培的研究

野生植物资源利用学研究的重点对象是野生植物资源。然而，野生植物资源在自然界中的贮量是有限的。许多野生植物资源一旦成为重点开发对象，其自然贮量很难满足人类的大量需求。在利用过程中常影响其自然更新，造成资源破坏，甚至物种灭绝。例如，非常重要的药用植物资源人参，有几千年的利用历史，但由于价值高，长期过度采挖，在自然环境中已很难找到野生的人参。为满足人类对重要植物资源的大量需求，保护野生资源，进行野生植物资源的驯化栽培研究，建立人工集约化栽培生产基地，筛选具有优良资源特性的品系或品种等是开发利用野生植物资源的必由之路。

（五）野生植物资源综合利用的研究

多数野生植物资源具有多种用途的特点。例如，最初月见草（Oenothera biennis）仅是一种好看的观赏植物，后来研究发现其中富含了一亚油酸，对降低胆固醇具有良好的生理活性，对高血脂病和动脉硬化等有显著疗效。沙棘最早开发主要是一种营养丰富的野果资源，特别是维生素A、维生素B1、维生素B：和维生素K含量较高的野果资源，但后来研究发现沙棘种子油具有抗疲劳和增强机体活力的作用。五味子（Schisandra chinensis）是传统的大宗中药材，具有治疗神经衰弱、失眠健忘、提高机体免疫力和益智的功能，后来研究发现其果实中的红色花青素是很好的天然色素，但在制药中常被废弃。由此可见植物资源的用途是多方面的，植物资源学的一个重要内容是研究其综合利用的方法，减少加工生产中废物的排放，变"废物"为资源，提高植物资源的利用率。[1]

（六）野生植物资源开发的生物技术应用研究

现代生物技术的应用是植物资源开发利用的重要组成部分。植物资源有用的次生代谢产物分布在不同的细胞组织中，应用细胞培养技术生产有用成分是野生植物资源开发中非常重要的高科技手段。据研究报道，天然人参根含皂苷3%～6%，而细胞培养物中可高达21.1%。利用植物的茎尖、花药、胚胎等组织作为材料，生产无性繁殖苗木，实现幼苗的快速工厂化生产，也是植物资源开发中常用的技术手段。另外，基因工程技术在改造植物优良资源性状和抗逆性等方面也得到了一定的应用。总之。利用生物技术生产野生植物资源有效成分或为栽培提供大量苗木，具有速度快、生产周期短、不受季节和气候条件限制、可实现工厂化生产等特点，因而越来越受到重视。

（七）野生植物资源保护管理与可持续利用的研究

野生植物资源是典型的可更新资源，通过有性和无性繁殖不断产生新的个体，但一个正常的野生植物资源种群的增长能力是一定的，是符合生物种群的自然增长规律的。因此，在过度利用的人为压力下，其种群的自

[1] 樊金拴 . 2007. 中国冷杉林 . 北京：中国林业出版社 .

然更新将受到负面影响，使个体数量不断减少和种群衰退，许多大量开发利用的野生植物资源都受到了不同程度的威胁，如果深入研究野生植物资源的种群增长规律和更新能力，制订合理的、科学的保护性采挖利用制度和宏观调控政策，每年利用的资源量控制在不超过种群增长量的范围内，植物资源就可得到持续更新和利用。自然界植物的多样性是挖掘新的植物资源种类的物种库，保护植物赖以生存的环境是保护植物资源和潜在资源库的重要途径。因此，植物资源的保护管理与可持续利用理论与技术的研究是野生植物资源学的重要研究内容。

总之，植物资源开发利用学研究的领域是极为广泛的，是多学科的理论、方法和技术手段相互渗透而形成的应用基础理论和应用技术学科。随着科学技术的不断进步和人类对植物认识的不断深入，更多的野生植物将成为对人类有重要价值的植物资源。随着植物资源学研究的不断深化，有待其研究和回答的问题也越来越多。因此，研究的内容将更加广泛和系统，研究方法也将更加成熟和完善。

具体来讲，野生植物资源开发与利用是研究野生植物原料如何制成各种工业产品的科学，属于应用技术科学的范畴。本课程根据野生植物原料的主要用途，分别介绍其原料性质、采集与贮藏特点、生产原理、生产工艺流程、适宜的操作条件、所用主要设备的结构和材料、产品的质量和用途等。野生植物原料及其工业产品种类繁多，生产流程更是千差万别，但纵观这些生产过程，大多需要通过如水蒸气蒸馏、精馏、水或有机溶剂的提取、水解、生物加工等方法才能制得各种产品。

应用水蒸气蒸馏技术，可以对天然树脂原料进行加工，它也是提取多种天然植物精油的主要方法。纸浆造纸工业的副产物粗硫酸盐松节油和粗木浆浮油常通过精馏来达到精制和分离的目的。许多野生植物工业产品及其深加工产品的提纯也离不开精馏方法。利用水和有机溶剂来萃取各种野生植物原料可以得到栲胶、松针膏、茶多酚、银杏黄酮类化合物等诸多重要产品。

野生植物纤维原料的水解是用酸类等催化剂，将多糖苷键加水分解而转化成相应的单糖，并进一步加工成各种产品。也可利用生物技术，如酶工程、发酵工程等使纤维素、半纤维素分解。生物技术较之常规的植物化学工业技术有明显的优点，如可在常压和较低温度下反应、化学药品用量少、环境污染小、设备较简单等，预期在未来的野生植物资源化学利用中，它将发挥更重要的作用。野生植物纤维原料经水解或生物加工得到的主要产品有乙醇、葡萄糖、木糖、木糖醇、糠醛、糠醇、蛋白质饲料、功能性低聚糖等。

　　按照野生植物原料的主要用途来分述，首先综述了植物原料的化学组成、性质及用途，其次介绍了原料的采收、贮藏及管理方法与技术，在此基础上叙述了各类野生植物的各种主要加工利用方法的基本原理、工艺流程、适宜的操作条件及主要设备等。学习野生植物资源开发与利用要求同学们理论联系实际，以本地野生植物资源为主要学习对象，并结合当地野生植物资源的开发利用工作，进行必要的调研实践，为研究、开发利用和保护本地区野生植物资源贡献力量。通过本课程的学习希望学生在野生植物资源开发与利用的理论与实践方面建立起较为完整而清晰的概念，了解野生植物资源利用在国民经济中的重要地位，国内外野生植物资源开发利用的现状和发展趋势，熟悉基础知识在野生植物加工利用中的应用，掌握合理开发野生植物资源的途径和方法、基本原理和工艺技术，并且通过实验、实习环节，使学生具备从事野生植物资源开发与利用的研发工作的基本能力，为今后的工作打好基础。

三、我国野生植物资源的评价

　　野生植物资源是治疗人类多种疾病的药物来源。许多野生植物含有对人类疾病有药理活性的物质。它们是传统的中药、民族药和民间草药的主要来源，也是现代工业的主要原料。例如，人参（Panax ginseng）、柴胡（Bupleurum chinensis）、甘草（Glycyrrhiza uralensis）、草麻黄（Ephedra sinica）等植物是人类治疗疾病和增强机体抵抗力的传统中药材，并且许多种类可以通过植物化学手段提纯有效成分，已开发出新剂型。目前，在寻找抗癌、抗艾滋病新药中，野生植物红豆杉（Taxus spp.）、雷公藤（Tripterygium wilfordii）、美登木（Maytenus hookeri）、喜树（旱莲木）（Camptotheca acuminata）等备受青睐。在科学技术高度发达的今天，植物纤维仍是人类所追求的保暖和装饰衣物的主要目标，尽管棉花（Gossypium spp.）、亚麻（Linum usitatissimum）、苎麻（Boehmeria nivea）等纤维植物早已驯化栽培，但工业造纸原料多数还是野生植物，如芦苇和各种木本纤维植物等。天然植物香料和色素也已成为食品和化妆品添加剂的重要来源。天然植物香料和色素有无毒、无不良反应的优点，在食品和化妆品工业中正确地开发和使用天然植物香料和色素成分，减少合成香料和色素的用量，对提高食品和化妆品安全具有重大意义。例如，大量开发的香料植物有薄荷（Mentha haplocalyx）、花椒（Zanthoxylum bungeanum）、百里香（Thymus mongolicus）、香茅（Cymbopogon citratus）、紫罗兰（Viola odorata）等；色素植物有紫草（Lithospermum erythrorhizon）、茜草（Rubia cordifolia）、菘蓝（Isatis tinctoria）等。非糖植物甜味剂成分也是用于减肥和糖尿病患者的重要保健食品添加剂，如甜叶菊（Stevia rebaudiana）、甘草、马槟榔（Capparis masaikai）等。另外，许多野生植物所含的油脂、树胶、树脂、鞣料等成分也是工业的重要原料。

野生植物资源是新型无污染生物农药开发的热点。化学合成农药的使用曾给农业生产带来了巨大的经济效益和社会效益，但许多化学合成农药有毒性大、易残留、不易降解等缺点，使用的同时也造成了较严重的环境污染，对人类的健康和生态环境构成了重大威胁。植物农药有低毒、低残留、易降解等优点，因此，植物农药逐步替代化学合成农药是未来农药的发展方向之一。

野生植物资源是筛选绿化观赏植物、抗污染和净化环境植物、防风固沙植物、绿肥植物、能源植物等的重要野生物种库。许多栽培植物的野生原种和近缘属种还是改良农作物品种性状的重要种质资源，如野大豆（Glycine soja）、野山楂（Crataegus cuneata）、新疆野苹果（Malus sieversii）、秋子梨（Pyrus ussuriensis）、东方草莓（Fragaria orientalis）等。

野生植物资源的研究是寻找进口或短缺植物原料的替代品、发现自然界中新的化合物及其用途的重要途径，并可通过化学技术改造和合成该化合物。例如，田菁（Sesbania cannabina）胶的发现为石油工业配制油井水基压裂液提供了原料；香料植物山苍子（Litsea cubeba）中山苍子油的发现解决了我国对柠檬醛的需要；利血平原料植物萝芙木（Rauvolfia verticillata）和云南萝芙木（R.yunnnanensis）的研究为生产降压灵药找到了国产原料；除虫菊酯杀虫效果的发现，使目前化学合成除虫菊酯类化合物达20余个，是农药的一个大家族；紫杉醇抗癌作用的发现，为化学合成紫杉醇的问世提供了先决条件等。

另外，野生植物资源的开发利用是山区农民脱贫致富、保护天然森林资源、调整林区产业结构的重要组成部分，对提高人类生活质量、促进社会经济发展、保护生态环境和物种多样性均有重要意义。

我国地域辽阔，横跨热带、亚热带、暖温带和寒带4个气候带，自然条件十分优越，野生植物资源极其丰富。据资料统计，目前已知我国有中草药植物5000余种；芳香类植物有56科340种；果树资源有59科、670多种。目前全国各地陆续开发了一批食用果品类的野生资源，如刺梨、沙棘、无花果、橄榄、猕猴桃、山楂、余甘子、白刺、野香橼、杨梅、胡柚、山核桃等。工业用淀粉植物，是以壳斗科植物为主的，全世界壳斗科植物有600多种，其中我国以橡子为主的壳斗科淀粉类植物占了400种。油料植物也不少，除油茶、油菜、花生、大豆外，还有毛株、文冠果、山核桃、巴旦杏、接骨木、榛子、油棕、竹柏、腰果、油瓜等。我国近年投放国际市场的香料有40多种，其中天然香料近30种。我国是观赏植物茶花、桂花、梅花、月季、蜡梅的分布和栽培中心，全世界800余种杜鹃中我国有650种，在世界200多种木兰科植物中我国有130多种，占总数的50％以上。丰富的野生植物资源是我国宝贵的财富，通过开发利用将产生巨大的经济效益。例如，我国可用于工业淀粉的橡子，目前每年产量有700t；东北各省及内蒙古野生榛子每年产量达15万t；沙棘分布面积约1500万亩，仅陕西省年产量就达到5 000t以上。这些事例说明我国丰富的野生植物资源，具有转化成商品优势和经济效益的潜在可能。

第三节　野生植物资源保护管理现状与对策

一、野生植物资源保护管理的现状

新中国建立前的历代对于野生植物基本无所谓保护管理，基本是采取放任自流的态度，任人、任时和任意采挖，缺少管理法规和具体的保护措施。只在清朝时期，对于采挖人参，曾有过禁止令，但贯彻不力，收效甚微。新中国成立以后，党和政府对野生植物保护工作非常重视，在保护宣传教育、管理机构建设、法制建设、采集管理和资源调查及科学研究方面都做了大量深入细致的工作。

（一）野生植物保护宣传教育

由于植物历来就和人们的接触比较广泛，人们对植物也有着较深的认识，因此，在植物保护宣传教育方面，到2005年，还没有专门用以宣传保护野生植物的纪念日、保护周等。除了在林业系统按照有关法律、法规进行管理宣传外，在社会上，主要是通过印制和散发一些宣传册、宣传单来进行宣传，还有利用科协、林学会、植物保护学会等社团组织，进行一些野生植物方面的科学普及宣传。此外，在宣传野生动物和湿地保护时，作为栖息环境和生境的主要野生生物物种，向社会宣传野生植物保护的重要性，号召人们不要乱采滥挖、乱砍滥伐珍稀野生植物。

（二）野生植物保护管理

野生植物保护管理工作，主要是加强管理机构建设，加强法制建设，提高管理人员的管理水平，依法管理对国家重点保护的野生植物采集的管理，加强野生植物的资源调查和科学研究，制订保护管理规划，划定森林类型自然保护区等办法，促进野生植物特别是珍稀野生植物的恢复和发展。

1.保护管理机构建设

按现行管理体制和机构设置，省、市、县（区、县级市）三级管理机构的野生植物和野生动物管理都在一起，省林业厅在野生动植物保护处，市、县都在野生动植物保护处（科、站），特别是市、县级管理机构由于受编制所限，野生植物保护管理工作一直是和野生动物保护管理工作在一起进行。因此，到2003年年末，野生植物保护管理机构建设和野生动物保护管理机构建设是一致的。

2.保护管理与法制建设

1954年11月，辽宁省人民政府发布通知，禁止乱挖红松。广泛地向农民进行药源保护教育，注意保护细辛、黄芪、党参、甘草、天麻、枣仁、李仁、五味子等品种，防止采挖幼苗和割掉树枝以及剥活树皮的现象发生"。同时，为增加药源性野生植物，《通知》中还要求各地"进行培植药材，人参、红花、平贝、薏米、茴香、沙参等，因为这些品种野生很少，需要量大，目前供不应求"。同年4月，辽宁省人民委员会又向各专署、市、县人民委员会发布了《关于积极采集用野生植物原料的紧急指示》，指出辽宁有造纸代用原料山梨、山葡萄等30余种，制油代用原料苍耳、山花椒等50多种，纤维原料南蛇藤等50余种，因此要"充分利用，积极发展，但必须要注意保护"。为此《指示》要求"在采集的同时，还要做好封山育林、水土保持和培植生产等教育工作，严防杀鸡取卵，一次挖光的做法"。

由于药用植物中很多种类属野生珍稀植物，应加以保护，为此，要求各地积极发展培植生产，同时"还必须加强对野生药源的保护"。但在1960—1962年困难时期，虽然也强调了保护，但由于经济困难，重采挖，轻保护，致使"有些地区出现吃山不养山，在采集野生纤维、药材时，出现乱砍林木和剥活树皮等破坏森林资源的现象"。为此，1960年9月，辽宁省人民委员会对营口纺织厂在采集野生纤维中大量损坏野生资源向全省发了通报。对营口纺织厂在6月6日至25日的20天中，在盖县剥活胡桃树10万多株，剥树皮30多万斤的破坏行为进行查处，并将结果报省人民委员会。

尽管《森林法》《森林和野生动物类型自然保护区管理办法》等法律中都有关于野生植物保护的条款，但由于多年来没有明确主管部门，比较混乱，以至于商业、医药、供销、外贸部门只强调采挖、收购和出口，对保护和管理重视不够，使某些珍稀植物濒临灭绝。虽然林业部门划定一些自然保护区进行了保护，但所管理范围毕竟狭小，在此野生植物保护工作，还有待于进一步加强，否则，后果不堪设想。

1986年以来，除了森林法及配套法规外，专门的野生植物保护管理法律法规几乎没有。1987年2月12日，省医药局、农牧业厅和林业厅三家联合下达了1987年全省中药材生产收购计划，其中党参等57种野生药材为收购计划，对人参、辽细辛等358种野生药材为生产计划。随着《森林法》的实施，辽宁对《森林法》有关配套规定都进行了修订。这些都是野生植物保护的主要法律法规和规章。

2002年9月6日，农业部第21号令，颁布了《农业野生植物保护办法》，自2002年10月1日起实施。《办法》共5章27条，对农业部门管理的野生植物的保护、管理和采集、收购、出售等作出了具体规定。11月12日，辽宁省农业厅转发农业部关于加强农业野生植物保护工作的通知，要求各地充分认识加强农业野生植物保护的重要性和紧迫性。建立健全监管体系，完善制度，依法加强监督管理。开展调查，制订保护规划，实施有效的保护措施。加强宣传和培训，提高全社会保护意识和管理人员的工作水平。

2002年12月10日国家林业局下发《关于加强红豆杉资源保护管理工作有关问题的通知》，要求各地加强野生红豆杉资源的保护，规范管理采集野生红豆杉枝条的行为，开展红豆杉资源经营加工企业清理，强化出口紫杉醇及其他红豆杉产品的出口管理，提高认识，加强领导，加大保护宣传和执法监督力度。

2005年7月1日，《国家林业局关于进一步加强红豆杉资源管理的紧急通知》，要求各省加强红豆杉保护，并对人工培植和利用红豆杉的企业情况进行调查。

2006年11月29—30日，国家林业局在江苏省无锡市召开了"中国野生植物保护协会红豆杉保育委员会成立大会暨全国红豆杉保护与可持续发展研讨会"，各有关单位100余人参加会议。辽宁省林业厅副厅长黄庆宇和国家濒管办沈阳办事处邱英杰，宽甸京石红豆杉培植场的道理等参加会议。

为进一步加强珍稀野生植物的保护，国家林业局2011年实施野生植物极小种群保护项目，辽宁省的东北红豆杉被列入其中。

3.野生植物采集管理

在《中华人民共和国野生植物保护条例》颁布前，野生珍稀木本植物采集主要按森林法规定进行办理，按照《中华人民共和国野生植物保护条例》的规定，2001年12月17日，国家林业局就实行国家重点保护野生植物采集证有关问题向各省、市、区发出了通知，规定采集林业部门管理的国家重点保护野生植物的，必须持有采集证，需要采伐的，在申办采集证同时，申办采伐证，并纳入森林采伐限额管理。采集二级国家重点保护野生植物的，申请人报请省林业主管部门批准。采集申请人要填写采集申请表，并提供有关材料。《通知》印发了采集证申请表和采集证样本，规定申请表和采集证由国家林业局印制。随着申请表和采集证的下发，2002年6月5日，辽宁省林业厅转发了此文件并予以实施。2004年1月22日，辽宁省林业厅下发《关于国家二级重点保护野生植物采集有关问题的通知》，进一步明确了采集（采伐）林业部门主管的国家二级重点保护野生植物的程序和管理权限。2007年7月1日《行政许可法》的实施，国家重点保护野生植物采集就作为一项行政许可来进行管理。

4.野生植物资源调查与研究

野生植物资源调查，主要是由辽宁省林业勘测设计院进行的野外森林资源调查，森林资源清查，重点是对木本野生植物资源的调查。1995--2000年，在国家林业局安排下，辽宁进行了全省野生植物资源调查，对红豆杉、红松、长白松、紫椴、水曲柳、天女木兰、双蕊兰等40种珍稀野生植物进行了调查，查清了分布和数量，调查结果通过了专家鉴定，并与野生动物和湿地资源一起出版。

二、野生植物资源保护管理的政策

（一）资源供应可持续性的评估

1.问题的提出

世界各地的许多人通过采集野生植物来维持他们的生计，他们直接利用，或采集后给予他人（加强了他们之间的社会关系），或出售以增加收入。他们所采集的植物可能是经过人为管理的，也可能没有经过人为管理，有时可能生长在不同权属形式的土地上，我们将这些非栽培植物称为"野生植物"。

我们把野生植物资源的生物可持续性定义为在某种采集水平和采集方式上，植物能够无限地、持续地为人类供给他们所需要的产品。对一些特定的植物资源，需要强调的是在一定的系统（譬如在一个特别的地理区域）中，它们能否为满足人类的需求而提供充足的产品。可持续性分析可能会揭示出采收程度是否可持续。如果是这样的话，接下来可以尝试采取两个步骤来促进资源的管理或找到可代替资源。

可持续性评估可以让我们洞察到将来可能会出现什么情况，但这也会伴随着不确定性。在一个特定的地区，为什么对于某一类资源的需求有时会出于意料地上升、下降甚至消失，这有很多原因。在较大的政治、经济和社会系统中，所有类型的变化都可以影响到当地的变化。当然也会对有些物种的其他需求、生物的或生态因素相联系的复杂性或不确定性有所影响。

尽管很多复杂性和不确定性可能与可持续性评估有关联，但它们仍然是很有价值的。在理论方面，一个环境学家或许会在利用资源的过程中，根据他们的能力追求更大的可持续性，并为这种有价值的观点进行辩解。将所有的力量汇集到一起，许多小的努力将会形成一股对保护工作的强大力量。在此有一告诫，那就是人们在他们所处的环境背景下，努力去认证什么是优先保护的目标，这一点对他们来说很重要。站在实践的角度上，对于可持续性分析的不确定说明对于采集量的建议或其他管理建议可能会出现错误。

为什么值得我们在可持续性评估上花费大量时间，这是有许多原因的。①它给当地居民和资源拥有人（如资源管理者、商人和工厂）提供了参与到植物保护行动中来的机会，这是以他们对植物多样性的某些方面感兴趣为基础的，他们为后续保护工作奠定了合作的基础。②研究过程为项目组成员提供了学习项目实施地的有关资源利用和管理的社会、经济、文化等方面知识的机会。研究工作对寻求解决植物保护问题的途径也非常重要。③从这种研究结果得到的一些定量信息也许对政府官员和政策制定者有一定说服力。④研究者计划不遗余力地收集详细资料，这一事实对那些在计划和价值取向上都比较慎重的发展项目的合作者来说具有一定的说服力。[1]

可持续性评估必须在一定的系统类型中进行，这种系统可以根据项目所关心的内容以各种不同的方式来划分。最简单的一个情况就是在社会单元界限清楚，如一个家庭、村庄甚至一个民族从一个单独的特定区域获得植物产品，如一块私人林地、社区保护区或国家保护区。资源管理者（如林业官员）会根据他们负责的区域来界定相关的区域。采取的方法将根据它们的目的是否是在一块土地内持续产生产品或是否进行合理的采集等而有所不同。一个机构（如林业部门）也许会确定从其所管辖的林地中源源不断地提供产品的最好方法是在保护区周围（或保护区内不同区域中）进行轮歇生产，每个区域进行间断采收而不是连续采收。

关于资源供给的评估有两种方式（图5-1）。一种是基础研究，考虑的主要问题是对资源量进行初步评估（参见"定量评估"）。另一种是监控研究，它是作为常规管理的一部分来完成的。对于可持续性的研究可以

[1] PETERS C M，PURATA S E，CHIBNIK M，BROSI B J，Lt）PEZ A M，AMBROSIO M. The life and times ofBursera glabrifolia（HB. K. ）En91. in Mexic0：a parable ofethnobotany[J]. Economic Botany，2003，57：431-441.

在不同详细程度上进行理解。最详细的分析是根据一系列与供求相关的变量进行定量化。但这样做比较耗时，有些方法还需要专门技术。比较简单的是通过不太费力的研究找出一些指标，通过这些指标来反映出某个资源正在被过度采集。它们包括：（1）萎缩的资源界限。比如，在肯尼亚用于木雕工业的黑檀木就是一个典型的例子，过去都是从肯尼亚获得原料，而现在大部分来自于坦桑尼亚，因为肯尼亚黑檀木资源的储藏量已经耗竭。（2）在一段时间内商品比较高的价格；（3）由于更为理想的样品已经无法得到而利用不太理想的样品。例如体积较小的木材树种；（4）使用较难采集的植物部位。比如洛伊塔马塞人（Loita Maasai）采集油橄榄（Olea europaea）来做燃料就是一个典型的例子，有时采集枯死的枝条，有时采集活的枝条，后来又采集活的树干、树桩，最后采根（而采根需要挖掘）；（5）其他物种的替代。比如在肯尼亚沿海木雕工业中，黑檀木大部分已经被短盖豆（Brachylaena buillensis）所取代，而短盖豆又被印度楝树（Azadirachta indica）代替。

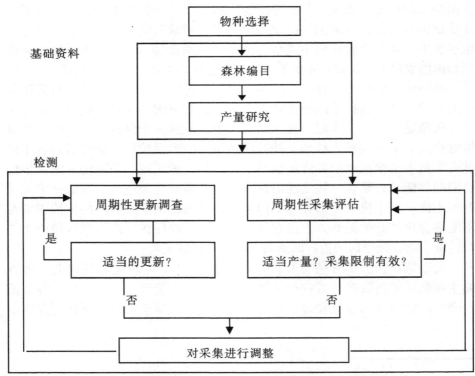

图5-1 建立非木材植物资源可持续采集的基本战略流程图

2. 定量评估

供求的定量比较，需要资源方程式的两边都要以相同的单位来表达。比如植物每年生产的原材料的公斤数（供）和人们每年需要材料的公斤数（求）。沿着最初的植物材料到最终的使用链条，测量和观察在许多环节上的状况。[1]采集者、商人、制造商和最后的消费者都有他们自己的计量单位（比如捆、筐、袋等单位，在采集者将采集材料卖给商人时会采用这样的计量单位）。这些计量单位的名字和定义应该记录下来，而且应该弄明白它们的科学计量单位的等价关系。在生长—采集—交易—消费这一链条上，在进行可持续性评估中常常要研究的内容包括：（1）采集者寻找的植物或植物的某些部位；（2）从采集点被人搬走的植物；（3）（交易物品）制造商用作原材料而进行交易或直接使用的物品；（4）最终产品。在活的植物材料、最终产品以及各种商品和材料之间，由于采收后水分逐渐丧失，因此它们的含水量变化很大。因此，在生长—采集—交易—消费链条的各个环节上应该对含水量进行测定，从而使湿重与干重有很好的可比性。

在深入研究生物资源可持续性过程中，数据的收集通常在好几个领域同时不断进行，而且受后勤保障和各种情况的影响。然而，最好的办法也许是将工作起点放在可持续性的需求一方，因为如果对所需求的植物材料的类型和在什么地方进行采集等问题没有任何概念，供方资料的收集就无从着手。

与需求有关的调查和测定可采取许多种方式来进行。比如参与采集工作，进行家庭调查或者找出哪些植物进行了买卖或被制造商使用等。当研究采集时，应注意记录采集者选择了哪种植物进行采集，包括植物的部位、大小、形状以及其他特征。植物是如何被采集的，这点很重要，因为采集方式在很大程度上影响到可持续利用。比如，如果采集时很小心，为植物继续生长或继续繁殖提供了条件，这是积极的一面；如果砍倒一棵树只是为了采集它们的果实（这种行为很普遍），这就是消极的一面。

关于要求收集不同方面的定量数据，需要转换成可以与供方进行比较的形式。因此，"采集者使用的计量单位"（如一捆砍下来的茎干），最终需要参考与每捆茎干等量的体积大小。计算需求要考虑时间因素，这可以通过对每一单位时间内采集、交易或利用的植物材料的数量等资料的收集来实现。例如，一个村庄每年消耗掉的野生食用叶的总量，可以通过计

[1] FARJON A，PAGE C N. Conifers. Status survey and conservation action plan[M]. IUCN/SSCConifer Specialist Group，IUCN，Gland，Switzerland and Cambridge，UK，1999.

算每户每周消费的数量乘以该村庄的所有家庭的数量、再乘以一年内的星期数来进行一个粗略的估计。

目前，为估算可持续性方程式中供方的数据已经设计了许多详细的方法，这些方法包括在物种所在地设置样方，进行观察和测量。在样地中如何进行取样，取决于采集者采集何种植物，他们采用什么方法进行采集等资料。

每一植物个体的资源产量，最好是通过对一些不同大小的植物进行取样，测量它们所提供的资源量来确定。例如，可以通过燃烧一些不同大小的样本树木，然后测量每一样本树木产出的木炭数量来确定不同大小的树木所生产的木炭数量。这种方法一旦建立，就可以应用回归关系根据植物的大小来计算它们的资源产量。

现在有很多种方法可以用来测定植物的年龄。[1]这些方法包括检查树木的年轮或植物其他类型的季节性生长标志、来自永久样地的资料，以及访问当地人，他们知道植物的某些部位是什么时候形成和产生的等知识。植物大小和年龄之间的关系一旦确定下来后，植物年龄和大小之间的回归曲线就可以计算出来，植物的大小就可以作为一种植物年龄替代指标。确定植物年龄的工作可能会很困难，尤其是在那些气候稳定的地方，植物生长几乎没有季节性变化。

在可持续性评估中，研究供给方的关键问题之一是确定在何处设置样方。取样在许多不同水平和不同详细程度上都可以进行。比如，林业部门为了获得国家木材资源的整体情况的信息，也许希望在全国范围内进行取样。与此同时，另一个极端则是森林中某一树种的制图是为了确定采集策略而进行的。

从当地居民那里获得的信息对于规划取样策略是非常有用的。许多植物资源分布呈斑块状，而当地居民通常不仅知道这些斑块在哪里，而且也知道其他相关的有用信息，如所有权。然后样地在这些斑块中可以随机设置，检查那些可能是贫瘠荒芜的地区，以确保当地信息的可靠性和准确性。设置样带也是很有用处的。例如，沿着利用强度的下降梯度（像从村庄向外直至森林）就可以设置样带。在那些资源采集界限扩张的地方，最好的方法是在已经采集过的地方设置一些样方，在正在采集的区域也设置一些样方，同时在尚未采集但是下一步将要采集的地区也设置一些样方。

---

[1] HEDBERG l. Botanical methods in ethnopharmacology and the need for conservation of medicinal plants[J]. Journal ofEthnopharmacology, 1993, 38: 121-128.

（二）加强资源的管理

就地植物保护需要管理者，因此，以植物保护为重点的项目在实施的最初阶段需要确定有这些植物资源。薄弱的管理有许多原因，包括所有者缺乏对植物资源的管理兴趣和相关知识，或所有权不明确，或所有权存在争议。项目有时可以通过建议哪些人可以参与到资源的管理中来提高管理工作的有效性。在资源管理中，除了明确的资源所有者之外，通常还会有其他人或部门在管理中发挥作用，如在私有土地情况下的政府部门，以及保护区工作与当地社区等。

管理体系的界限应该明确。这会涉及对森林保护区或农田的边界进行设立和制图，或在土地权属分属于不同人群的情况下，建立一个在森林保护区体系中所有的保护区或在一块分散的农田中的所有呈零星分布的土地的综合性目录。关于土地边界应该在什么地方这一问题，总是会频繁出现某些不确定性，有时会忽略或出现争端。这些问题都应该在项目中给予重视。边界标记（如栽种树木）可以对保护工作作出重要贡献。

当项目逐渐进入到更详细的筹划阶段时，地理因素将是一个主要的考虑因素。例如，可能会根据不同的目的将一个区域划分为不同的管理小区域。在当地水平上考虑边界划定时，当地人对自然的和社会的地理因素的认识应该作为重点来考虑。比如一个保护区，可以为自然保护服务，也可以为低影响的利用服务，同时也可以为强度更高的利用服务。识别各区域功能的另外一个基础是对该区域进行分隔，对不同小区域进行轮流利用，比如放牧或野生植物的采集。

设计强化管理如何才能满足未来的生境和植物需要，事先应该有一些构想。为了对植物保护有利，一个项目计划应该以此作为一个目的的构想。然后才能形成特殊管理的目标，以达到上面所提到的目的构想。这些构思想法不仅要以当地资源所有人的价值观为条件，还应该以植物保护中的科学观点为指导。

管理体系依其类型程度的不同而有所不同。世界上大多数土地和植物的管理都是以非书面形式为基础的，在这些管理体系中，管理者遵循已形成的实际操作经验或者将传统方法、建议、经历或政府部门的指导综合后进行适当创新。正式的（书面的）计划对于负责复杂的土地权属或涉及好几个政体而需要协调的土地管理者来说是很有用的。正式的管理计划应该包括以下几种情况：（1）构思想法和管理目的、目标的阐述；（2）已经规定的活动，包括监控；（3）责任的分配；（4）对计划方案周期性审查的安排。

管理计划应该由那些积极参与到管理工作中的人来准备，管理计划不仅可以被别人理解，同时也具有可操作性，也能够进行适当的调整。如何准备一项管理计划的一些建议列出来。根据这些建议，管理计划不应该由咨询专家组成的专家组来准备，因为他们经常会做出又冗长、又详细（而且花费比较大）的文件，正如有些保护区的管理计划一样。这样的计划很难付诸实践，因为这些计划对当地情况涉及不足，对当地情况的可变性和当地人的自我决策的能力估计不足。

在资源管理中，人们可能会对某一认可的标准感兴趣。例如，对市场销售的产品标上可持续生产的标签。各种各样的标准类型已经被用在了土地和资源（包括自然生境和人工种植的土地）的管理工作中，以及产品质量、生态可持续性和社会责任的一方面或多方面：（1）针对于一个地区：负责生态效益的森林管理标准用来评估水和土壤的保护、野生生物种的栖息地、森林管理计划、采集活动[例如，森林管理委员会（Forest Stewardship Council，FSC）认证书]；（2）针对于一个地区：有机标准用来评估不施用杀虫剂和无机肥料的农业实践活动，有时也用于农林复合系统和林业实践中（例如，土壤协会的有机物标准）；（3）针对于采收者的野生植物加工工艺品标准，是对采集者总结出了最佳的采收原则；（4）针对于所有参与到贸易体系中的人：公平交易证明，它使生产商之间利益的公平分享、工人的权利以及良好的工作环境得到保证。

在资源管理中有许多不确定性。对生态系统如何运作、对人类与自然未来的种种奇思异想的无知随处可见，人类干预后所产生的实际影响也具有不确定性（与人们有意识的行为不同）。正是由于这些原因，建议在自然资源管理中采用"适应性途径"（adaptive approach），它在正常管理过程中结合了监测过程中各阶段的情况，以及反馈和学习适应性管理并没有特别新奇的成分。对那些管理土地和植物的人（无论是林业工作者、农民还是园艺工作者）来说，决定他们将要做什么时，考虑过去的经验和新信息是再正常不过的。

研究是资源管理的一个基本特征。研究可以分为两类：本底调查（Baseline Research，在开始管理方案设计之前进行的）和监测研究（Monitoring Research，是管理的一个常规部分）。图5-1表明了这两类研究及其与植物资源可持续性相关的问题。监测对于一个系统的状态提供了周期性的"快照"，允许在管理过程中做出适当的调整和改变。比如，调整采集定额或采取一些措施来增加一个物种的再生能力。正式的监控体系应该包括检查已确定的管理任务是否完成、记录系统本身的状态等过程。

正式的监测要采用根据一些指标所进行的测量和观察结果。这些指标的选择要与那些从事监测工作的人们进行合作，要考虑他们的兴趣、责任以及技术能力。对于自然保护区来说，三类不同的人群（资源管理者、资源使用者和专业科学家）会采用不同的指标。对资源管理者来说，指标的选择可能要参考某一物种保护的优先水平或资源的用途（如果允许采收）、为资源采集所颁发的许可证、已发现的非法活动和获得的收入等。对资源的利用者来说，指标的选择可能要参考他们已经采集的资源数量、分布地和采收时间等。对科学家来说，指标的选择可能会联系到生境、物种和资源状态的全面调查和对一些具有特殊意义的物种的详细研究，也许会每隔几年就会做一次总体调查。

（三）资源管理过程中的合作

自然保护区存在于一定的文化、社会、经济和政治的大环境下。它们的生物保护是否有成效，一部分取决于它们与环境的各个方面的关系。保护区与当地人之间的关系对于成功保护至关重要，尤其是在当地人对保护区的资源具有强烈的依赖情况下或当地人把保护区当做他们的传统领地组成部分时。

联合森林管理和参与式资源共管，是保护区与当地人进行合作的两种形式。尼泊尔和印度，在这些方法的发展中处于领先地位。当地社区目前已经获得了对某些类型森林的控制权，也就是说他们可以对这些森林实施管理权力。最基本的组织概念是森林利用者群体。在印度，1988年颁布了一项新的国家林业政策，鼓励当地人参与管理退化的林地。

合作管理应该在法律支持的框架下实施，这有可能需要对现有的法律与自然保护区有关的法律和法规做一些修改和调整。但是，就其本身而言，一个可行的法律环境还不足以产生新的安排和计划。尝试论证在实践中怎样才能实现合作管理的目标和对保护区职员以及当地群众进行培训的项目是非常有用的。

保护区和当地群众之间的合作管理协议内容包括以下几个方面：（1）一个团队根据其自身文化所承担的教育他人的义务。例如，通过保护区实施一些教育项目，或在文化事务中由当地社区接纳保护区职员等方式；（2）当地人有参观保护区内具有重要文化价值的地点并从事相关的宗教仪式和庆祝活动的权利；（3）当地人采集保护区内某些特殊的资源的权利，但要说明是谁?在哪里?怎样采集等问题；（4）当地社区应承担的保护区某些特殊的管理任务的职责。比如，撒播他们已采集植物的种子或者帮助控制野火；（5）当保护区的资源的持续利用已经不合适或受限制时，保护区帮助当地居民发展维持生计的替代途径的义务；（6）明确在监管保护区系统中，保护区和社区的各自作用；（7）对于维护或违反协议所规定的奖罚；（8）建立解决纠纷和修订协议的机制。

合作协议是靠双方共同完成的。当为达成协议而确定最好的机构安排形式时，包容性和合法性是我们应该必须考虑的两个因素。就社区这方面来说，这就意味着在社区中与保护区有紧密的经济和文化联系的成员应有的代表性，也就是通常情况下在政治上被界定为当地社会体系的人。他们可以是没有土地的人、对保护区有强烈的依赖性的当地人和妇女；或那些对社区内的决定影响很小的各种团体。如果保护区和社区的协议是绕过了那些对保护区资源具有强烈依靠的当地群众而制订的，那么这个协议也许不具有可操作性。

现有的社区机构也可能成为新计划和新安排制订的社会基础。乌干达布温底封闭式国家公园与当地社区签订的合作协议，部分是以现存的机构"阿巴安卡"（abataka，当地成年负责人组织）和"担架手协会"（ebibina bya engozi，负责向医疗诊所运送病人的组织）为基础的。

在达成合作协议之前，保护区和当地社区之间建立起信任关系是非常必要[271]。有时，保护区和当地群众可能在历史上就存在冲突，或者非法活动或暴力冲突。非政府组织（NGOs）可能会在促进信任工作中发挥重要作用，对非政府组织来说，其中一个重要的方法是组织一系列的会议和研讨会，首先是分别组织双方进行研讨，其次使双方聚集到一起进行研讨，当时机成熟后，最后进行联合研究和讨论。[1]

参与式研究涉及与来自于当地社区的成员一道工作的专业研究人员和政府机构，该方法已经被"人与植物行动计划"在保护区项目中作为一种标准的方法来应用。该方法业已证明是探求当地社区与政府机构之间相互关系、确认优先保护选择最有效的方法之一。欧洲热带森林论坛和牛津大学环境变化研究所于2002年在英国国际发展署（DFD）共同组织过一次关于参与式评估、监测和评价学术研讨会上，将参与式研究方法的许多优点总结为以下方面：（1）当地群众可以为科学评估提供他们关于物种和生境等方面的知识，从而使评估过程省时省力。（2）研究工作可以将工作重点放在对资源管理者和（或）当地人的需求方面。（3）整个过程涉及面广，基于研究而产生的建议被接受的可能性更大。（4）从科学家的角度来看，与他们自己收集资料相比，当地人（一旦经过培训）可以高效快捷地收集信息和资料，且花费较低。（5）从当地群众角度来看，他们可以对项目提

[1] HILTON. TAYLOR C. Western Cape Domain（succulent karoo[M]. In Centres of Plant Diversity（eds S. D. Davis，V Heywood&A. C. Hamilton），V01. 1，1UCN，Gland，Switzerland，and Cambridge，UK，1994：204-217.

出他们自己的观点，在项目实施过程中可以参与到有关问题的商议之中，为保护工作出谋划策，同时也学习到一些科学方法。在这次研讨会上有关参与式研究方法吸取的教训包括以下几个方面：①使研究程序简单化。②确保适宜的制度设置。③对生物学及社会经济学的资料同等对待。④发展将信息整合到决策制定过程中的机制。⑤占用时间（需要建立一种工作的责任感）。

在这次研讨会上，最后得出这样一个结论：参与式方法并不适合所有的情况在同一次会议上，F.丹尼尔逊根据他自己在菲律宾一个保护区中由当地人建立的资源监测系统的经验也提出了一个观点。他本人倡导在监测资料的收集并将其转化，但与管理行动之间不能有一丝的延误，因为这将有助于保持人们的注意力，当问题出现后能有效地解决这些问题。他发现收集资料的一些非常有用的方法，包括定时定点的群体讨论（三个月一次的村民会议，在会议上村民小组向保护区工作人员展示他们的发现）、样带踏勘、以常规巡逻为基础的信息记录和在选择的山坡上与不同间隔地段上进行定点拍照等。

（四）寻找野生植物代用品

用替代品解决野生采集的植物资源已经有很长的历史了，这种做法可以追溯到人类最初的植物栽培时期，这一过程目前在世界各地依然在继续进行。直到最近，在印度尼西亚苏门答腊的克林泽（Kerinci），人们建筑房屋时依然使用诸如龙脑香树等硬质树木；但是随着硬木资源量的减少（由于房屋附近的自然林被全部砍伐和对森林利用的限制），人们已经将硬木的利用过程转移到一些速生乔木[如红椿（Toona sinensis）]等植物上面，他们将这些植物种植在农林复合系统中，今天，红椿被当做是建筑房屋的最合适的材料。

保护工作者也许希望加快对野生资源采集的替代步伐以保护一些物种或使其免予生境过度退化以至有利于对生物保护。在有些情况下，资源的管理在实践中过于复杂，或实现起来过于昂贵，因此寻找野生采集资源的替代品会成为极具吸引力的方式。

替代途径中，有一条途径是通过栽培植物（同一种或其他种）来产生相同的资源。对某些具有重要栽培价值和效果的植物来说，如果物种的替代是不可能的，物种的驯化就显得十分必要。然而，物种的驯化可能是一项比较费力的工作，同时也没有任何成功的保证。在20世纪中期，我国曾经进行过许多野生物种的人工驯化工作，其结果并非像开始想象得那样容易。例如，中国科学院西双版纳热带植物园曾经历时数年研究野生食用油料植物油瓜（Hodgsonia macrocarpa）人工驯化，由于油瓜是雌雄异株植物，无法在种子期或幼苗期识别雌雄性别，大田栽培就无法控制油瓜的产量；另一个问题是油瓜是多年生木质藤本植物，生长需要树木或支柱攀缘才能大量结果，而热带地区白蚁危害严重，木支柱一两年要换新，成本太高。尽管研究工作取得了多项科学上的成果（油瓜分类学、地理分布、生态学、开花生物学、无性繁殖、引种驯化、油脂化学以及古籍考证等），但野生油瓜的人工驯化并没有达到成为大田栽培油料植物的最终目标。

瑞士在国家水平上为木本植物资源的替代提供了许多典型的范例。19世纪后叶，瑞士正陷入工业革命的热潮之中，森林被大面积砍伐用做燃料和木材，整个国家的森林受到极大的破坏。依靠适当的法律支撑，通过用煤代替烧柴、进口热带木材代替当地木材等联合行动，森林的破坏被制止住了。之后森林逐渐恢复起来，瑞士今天的木材蓄积在不断增长。有人通过比较尼泊尔的森林历史后针对资源的替代在该国中能否减少对森林的压力这一问题也提出了许多质疑，而问题的关键是替代能源如何才能开发出来。

科研项目可能会对在刺激替代途径的探索过程中发挥重要作用。例如通过加强对替代选择的研究、增加示范项目以展示新技术，或为加速当地的购买力，如为增加苗圃的投入，必须采取必要的措施，保证目前尚进行野生植物采集的人们被纳入到利益群体当中。野生植物采集者往往缺少土地或维持生计活动中能够利用的资源比较少。如果一种资源的栽培方式作为野生采集的替代途径，在没有采取其他措施的情况被引入到某一地区，那么目前一部分进行野生植物采集的群众可能得不到任何利益，他们将会与以往一样继续采集野生植物叫替代植物。替代植物的寻找研究在药用植物、工业原料植物、用材树种和薪材树种等方面比食用植物、燃料、色素、橡胶等可行性要大一些。在20世纪中期，中国在寻找进口药物原料植物方面取得了很好的成就，如寻找提取利血平、薯蓣皂苷、马钱子碱、血竭酯、芦丁、黄樟油素、柠檬醛、十四碳脂肪酸、半乳甘露醇糖胶等制药和化学工业原料的植物都先后被发现，先后寻找到了替代物种或资源分布，为中国生物寰业发展作出了重要贡献。然而在食用植物、食用油料、色素、橡胶等代用品寻找方面情况就完全不同了。即使在饥荒年代，一般被利用的可食用植物如橡子淀粉也并未正式进入栽培食用植物行列。天然色素已被化学合成染料代替，但由于化学污染和毒害问题愈来愈严重，人们又回到植物中寻找天然染料。

替代途径的探索和对最需要进行替代的区域的确认，需要利用参与式方法。保护工作者可能相信野生资源正在被过度利用；但资源利用者有可能持有完全不同的观点，或认为资源对项目的目标来说贡献还较低。

当地知识对确认替代物种非常重要。例如，社区内的有些人已经对某些野生植物进行人工栽培，作为对野生植物采集的一种替代途径，他们也可能正在准备向其他人展示如何进行这种植物的栽培。当地人的知识为中国寻找南药代用品作出了许多重要的贡献。云南热带少数民族地区的民族民间草医曾经为中国科学院西双版纳热带植物园的植物学家，从茫茫林海中寻找砂仁、荜茇、马钱子、大枫子、血竭、千年健等国产代用品资源提供了最有价值的线索。我们曾经经历过这些植物代用品的调查寻找工作，受益匪浅，并从这些与当地人一道工作的实践中深深地感悟到参与式方法的重要性。

如果是在保护区背景下，提倡对野生植物资源采集寻找替代途径可以对保护带来潜在的利益。保护区所展现出的事实可以有助于分析采集资源所带来的保护影响。也就是说，从更广的角度考虑与生物多样性保护有关的问题，不要仅仅将提供资源的相关物种独立出来。如果确定应该为某一野生采集的物种寻找替代途径，那么寻找替代途径能够在社区与保护区之间形成部分的共识。通过这种方式，社区为寻找替代资源所提供的帮助将有助于保护区与社区之间相互关系的建立，进而促进保护区内生物多样性的保护。

处理资源过度采集问题的一种措施是提高资源的利用效率。许多从野生植物获得的材料，利用方式可能是一种浪费。例如，据报道，许多为销售而采集的药用植物普遍都存在着不合适的干燥现象，因而不得不丢弃。提高利用效率与减少采集，当植物作为生计为目的的利用和每一家庭所需的量在长时间内都保持恒定的情况下最有可能实现。例如，在巴基斯坦阿尤布国家公园（Ayubia，A NP）地区烧柴就是一个例子，该地区由人与植物项目提供资助，有500多户人家引进了节柴灶，这一举措期望能对森林减少一些采集压力。这些节能灶减少了40%～50%的薪柴。然而，提高资源的效率不一定总是能减少对资源的利用压力。如果野生采集的资源是用于出售的，那么在采集后进行加工过程中提高其效率有时可能会增加采集量，因为现在人们挣钱越来越多，需求量也会增加。解决农村燃料的最好出路就是人工栽培适合当地自然环境条件的薪材林树种。在中国云南西双版纳傣族社区，几乎家家户户都种植铁刀木（Cassia seamia）作燃料，既保护了当地森林，增加了林木覆盖，又大大节省了打柴火的劳力投入。

（五）建立保护工作的文化支持系统

在过去几百年中，全球范围内文化发生了巨大变化。在过去，几乎人人都居住在乡村社会，按照宗族或部落组织在一起，或者他们是国家的农民。那时人们对当地自然资源的依赖程度十分高。在全世界范围内，不同地域的人们具有不同的文化，与当地植物之间的相互作用关系也十分多样。今天，世界正在快速进入一个趋于文化大同的时代。这些发展与人类社会其他许多方面的变化密切相关，如货币经济的巨大扩张、以生计为基础的经济和当地交换系统的萎缩、大规模迁徙、城市化、正规教育广泛引入、职业的高度专一化和休闲活动，以及无线电、电视、手机和DVD等现代产品对偏远地区的渗透等。

当地人对当地植物多样性的兴趣是植物保护最重要的基础。因此，有关植物的传统知识的丧失是保护工作关心的主要问题之一，尤其当新的事物取代人们对当地植物多样性兴趣的时候。例如，与植物学或自然历史的业余爱好相联系的这类兴趣。鼓励"在做中学习"的行动计划有时特别有用，因为它是通过做（与从书本上学习相对）来获取深层次的知识。也可以通过继续利用当地植物，从而使与植物相关的文化知识得以传承。这就是为什么继续利用野生植物资源（而不使用替代物种）对保护来说是人们所期望，而且这种做法也是可持续的。

一项旨在保护肯尼亚小葫芦（Lagenaria siceraria）多样性的项目采用了其中几种方法，如建立资源中心、创办种子市场、组织农民在田间地头进行交流活动，通过音像、演示资料和老年人讲故事等形式，整理与收集当地少数民族的神话故事、歌曲、谜语、诗歌和舞蹈等。在项目组与当地社区频繁接触、很好地了解当地社区文化、充分利用传统社区的集会和传统交流方式的情况下，该项目的做法取得了很大成功。

世界许多地区的人们试图在根植于当地社会和当地的感觉之间找到合理的平衡点，同时从国家和全球文化中获得利益。在印度尼西亚，有人这样写道："印度尼西亚的每一个人都正在寻找如何在一个新的集权分散的印度尼西亚中提高当地的身份和地位的途径"。当然，来自于传统背景下的人们对西方的影响会态度不同，有人全心全意地接受，也有人持怀疑态度，还有人羞于提及自己的传统文化，甚至也有人直接反对他们的传统文化遗产。植物保护工作者有义务帮助当地人维持和发展与他们传统文化相关的植物知识。通过这种文化促进，保护工作者就能够在提高当地人对其传统文化自豪感中发挥作用，同时也能帮助当地人面对现代社会带来的挑战。

R.马修（Robbie Mathew）是加拿大詹姆斯湾（James Bay）的北美克里克人中的一名长者，他十分关心会影响到他们部落中一些年轻人的社会迷茫，消沉与青少年犯罪已经到了让人无法接受的程度，他相信克里克人的少男少女们需要重新开始，这要取决于他们对自己来自何方这一问题的了解程度，因为这一问题决定着他们将走向何方。他发现在现今世界要传承他们的传统知识并不是一件易事。罗宾（Robbie）开设了一所低级学堂，在这所学堂里，传统知识通过做事情的过程、通过讲述传奇故事等方式进行传承。年轻人参加3~4个月，远离城市生活，他们根据另外一种节律学会如何生活，决定他们的价值取向。他们接受生存技巧、离开土地如何生存等方面的教育，课程包括传统狩猎、捕捉大型动物、捕鱼和克里克人的宗教活动等。少男少女们在一种关心和爱护的环境中被接受为一个家庭中的成员，他们开始学习如何尊重土地、他人和自己，他们领会因自己是克里克人而感到骄傲和自豪。

第四节　西北野生药用植物红茂草资源的研究与利用

一、秃疮花属植物的分布及生物学特征

秃疮花属（dicranostigma hook f et thorns）系根据采自喜马拉雅山西部的标本，1855年在"印度植物志"中发表。苣叶秃疮花（dicranostigma lactucoides hook fet lhoms）多生于3 000m以上的高山，它尚经西藏向东分布至云的西北部，多生于3000m以上的高山，最早发现于喜马拉雅山西部的加瓦尔区（Garwhal），经西藏向东分布至云南的西北部。宽果秃疮花（dicranostigtma platycarpum）分布于海拔3 500多米云南西北西藏东南部。红茂草[秃疮花，dicranostigma leptopodum（maxim）fedde]则分布于青海、甘肃、陕西、河北、河南等省，喜生于较干旱的黄土高原地区。

二年生或多年生罂粟科（papaveraceae）草本，被短柔毛或无毛，常具黄色液汁。根木质，狭纺锤形。茎圆柱形，具多数分枝。基生叶多数，羽状浅裂或深裂或二回羽状分裂，裂片疏离，边缘波状或具齿，具叶柄；茎生叶互生，羽状分裂或为不规则的大型粗齿，无叶柄。花单生或几朵于茎或分枝先端排成聚伞花序；具花梗，通常无毛；无苞片。萼片2枚，卵形或宽卵形，先端渐尖成距状或为匙形，无毛或被短柔毛；花瓣4，倒卵形或近圆形，黄色或橙黄色；雄蕊多数，花丝丝状，花药长圆形，2室，纵裂，基着；子房1室，2心皮，圆柱形或狭圆柱形，疏被短柔毛或具瘤状突起，花柱极短，柱头头状。蒴果圆柱形或线形，被短柔毛或无毛，2瓣自顶端开裂至近基部。种子小，多数，通常卵珠形，具网纹，无种阜，无冠状附属物。

近年来，有相关文献报道，又发现了3个新定名种。滇秃疮花（dicranostigmafranchetianum prain fedde）分布于云南西北部，四川西部或西北部的山区。伊犁秃疮花（dicranostigma iliensis）分布于720~900m的新

疆地区。河南秃疮花（dicranostigma henanensis）分布于200～300m河南洛阳南部干旱山区，如图5-2所示。

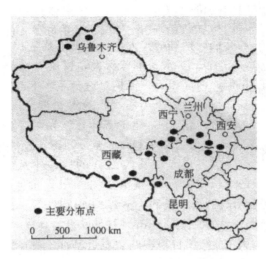

图5-2　秃疮花在中国（局部）的分布不示意

（一）苣叶秀疮花

1.形态特征

苣叶秀疮花，草本，高50～60cm，被短柔毛。根长10～15cm，顶端粗1.2cm，其上密盖残枯的叶基。茎3～4cm，直立，粗3～5mm，疏被柔毛。基生叶丛生，叶片长12～25cm，宽3～5cm，大头羽状浅裂或深裂，裂齿呈粗齿状浅裂或基部裂片不分裂，齿端具短尖头，表面灰绿色，背面具白粉，两面疏被短柔毛；叶柄长3.5～5cm，具翅，疏被短柔毛；茎生叶长3～8cm，宽2.5～4cm，无柄，其他同基生叶。聚伞花序生于茎和分枝先端；花梗长5～7.5cm；具苞片。花芽卵形，长1.5～2cm；萼片宽卵形，长1.5～2cm，淡黄色，被短柔毛，边缘膜质；花瓣宽倒卵形，长2～2.5cm，宽1.5～2cm，橙黄色；花丝丝状，长5～7mm，花药线状长圆形，长2～3mm，淡黄色；子房狭卵圆形，长7～10mm，被淡黄色短柔毛，花柱长2～3mm，柱头帽状，裂片宽。蒴果圆柱形，两端渐尖，长5～6cm，宽5～8mm，被短柔毛。种子小，卵形，具网纹、斑点，但无小凹穴与凸起。花果期6～8月。

2.生境分布

生于海拔3 700～4 300m的石坡或崖坡，分布于四川西北部（马尔康、甘孜）和西藏南部（拉萨、江孜、日喀则、昂仁、聂拉木、吉隆）及印度西北部至尼泊尔等地的一种草本植物，是一种珍稀中药。

（二）宽果秃疮花

1.形态特征

宽果秃疮花，草本，高1～2m。根狭圆锥形，长10～15cm，顶端粗约1.5m。茎直立，粗壮，无毛，基部密盖残枯的叶基。基生叶数枚，叶片大头羽状分裂，裂片疏离，具叶柄，柄基部扩大成鞘；下部茎生叶倒披针形或狭倒披针形，长20～27cm，宽8～14cm，大头羽状深裂，裂片4+-.6对，疏离，两侧交互生，边缘为不规则的粗齿，两面无毛，无柄且近抱茎，上部茎生叶宽卵形，向上渐变小，先端渐尖，基部抱茎，边缘为不规则的大型粗齿，齿端通常急尖或钝，两面无毛，侧脉网状，明显。花1～3朵于茎和分枝先端排列成聚伞花序；花梗长达7cm，果时达15cm，无毛。花芽宽卵形至近圆形，长约1.5cm，径约1cm；萼片舟状宽卵形，先端急尖并延长成长约1cm的柱，外面疏被短柔毛，边缘一侧薄膜质；花瓣倒卵形，长2～3cm，宽1.2～1.5cm，黄色；雄蕊多数，花丝丝状，长6～10mm，花药长圆形，长约2mm；子房圆柱形，长1～1.5cm，粗2～3mm，先端渐狭，无毛，花柱长约1mm，柱头头状，2裂。蒴果圆柱形，长6～8mm，粗5～8mm，无毛，2瓣自顶端开裂至近基部。种子卵珠形，长约1mm，具网纹。花果期8～9月。本种茎无毛，高达0.3～2m，果无毛，长6～8cm，粗0.5～0.8cm，可与其他种区别。

2.生境分布

生于海拔3 300～3 500m的高山草地或沟边岩石隙，分布于云南西北部（丽江、中旬）和西藏东南部（亚东、春丕、帕里）。

（三）红茂草

1.形态特征

红茂草，通常为多年生直立草本，植物体含淡黄色汁液，高约25～30cm，植株茎呈圆柱形，扭曲，直径0.2～o.6cm，全体含淡黄色液汁。根圆柱形，茎丛生，被长毛。基生叶簇生，基生叶呈莲座状生于根头，具柄，叶片卷折皱缩，展平后呈狭长椭圆形，叶长达18cm；叶片轮廓披针形，长达8～15cm，宽达1.5～5cm，下面有白粉，羽状全裂或深裂，裂片具缺刻或浅裂，2回裂片疏生小牙齿；茎生叶小、卵形，无柄，羽状全裂，叶呈次绿色，背面疏生柔毛。花橙黄色，花萼外被柔毛；雄蕊多数，胚珠多数，直径约3cm，呈聚伞花序式排列，花柄无苞片；萼片2枚，卵形；花瓣4。蒴果长圆柱形，长约5～8cm，成熟时由顶向基部裂为2瓣，种子多数，卵形，斑点，无小凹穴和凸起，气微，味微苦。花期4～5月，果期6～7月。

红茂草茎横切面：表皮层1列细胞，外具微齿；被非腺毛，由4～25

个细胞组成,基部多排成2～3列,呈多边形,中部以上排成单列,呈长方形。下皮细胞1列,壁略增厚。皮层外侧2～4列细胞薄壁,内侧数列壁厚。维管束15～27束呈辐射状排列。具韧皮纤维群,韧皮部狭小。木质部呈三角状,导管均匀散在。中央为宽广髓,部分细胞具壁孔。叶表面观:上、下表皮均有气孔,气孔不定式,副卫细胞3～6个。上表皮细胞垂轴壁平直或较平直,里多边形。下表皮细胞垂轴壁成波浪状,不规则形,有非腺毛。

与苣叶秀疮花比较相近,主要区别在于茎之上段具多数丛生的枝,茎叶基部狭窄成楔形,萼片表面密被柔毛,子房的柱头为小型,全部裂,蒴果较短,长仅4～5m。因其盛花期蒴果成熟后,植株茎端呈暗红色,甘陕地区称其为红茂草。

2.生境分布

生于海拔400～2 900m的丘陵、草坡、路旁、田埂、墙头、屋顶等处,耐旱、耐瘠薄,有一定的抗逆性。主要分布于青海东南部、甘肃南部至东南部、陕西秦岭北坡至西南,在山西南部、河北西南部、河南西北部、云南西北部、四川西部和西藏南部有零星分布。

3.化学成分

全草含:紫堇碱(corydine)、异紫堇碱(isocorydine)、异紫堇啡碱(d-isocorydine)、木兰碱(magnflorine)、原阿片碱(protopine)、秃疮花碱(dicranostigmine)、海罂粟碱(glaucine)、N—甲基莲叶桐文碱(N-methylhernovine)、隐品碱(cryptopine)、别隐品碱(allocryptopine)、顺式普罗托品季铵盐(cis-protopinium)、反式普罗托品季铵盐(trans-protopinium)、血根碱(sanguinarine)、白屈菜红碱(chelerythrine)、白屈菜碱(chelidonine)、二氢血根碱(dihydrosanguinarine)、6-丙酮基-5,6-二氢血根碱(6-acetonyl-5,6-dihydrosanguinaline)、清风藤碱(sinoacutine)、青藤碱(sinomenine)、去氢紫堇碱(dehydrocorydaline)等多种异喹啉类生物碱,前5种为红茂草主要化学成分。

4.药用价值

春、夏两季均可采挖带根全草,阴干或鲜用。《本草纲目》记载为石长生,"味蕾、大凉、无毒,主痈疽疮肿。焙研为末,冷水调贴。春采根叶,四季枝叶繁,故有长生之名";《陕西中草药》"味苦、涩,性凉";《陕西中草药》"清热解毒,消肿,止痛,杀虫。治扁桃体炎,牙痛,咽喉痛,扁桃体炎,淋巴结核,秃疮,疮疖疥癣,痈疽";《中国高等植物图鉴》"治风火牙痛,咽喉肿痛,扁桃体炎等";《商洛山区兽用中草药》"主治牲畜咽喉肿痛,口疮腮黄,痈疖疥癣"。

【用法与用量】内服：煎汤，9～159。外用：煎水洗或鲜品捣烂敷患处。鲜草捣烂，投入污水中，可杀孑孓灭蚊。猪羊10～309、牛马30～609。

【药材基原】全草入药；春夏采集，晒干。

【性味】苦、涩，凉；有小毒。

【归经】肺、心、胃经。

【功能主治】清热解毒，消肿止痛，杀虫。用于扁桃体炎、牙痛、咽喉痛、淋巴结核，外用于秃疮、疥癣、头癣、体癣、阴囊癣、痈疽、瘘管、顽固性口炎、化脓性中耳炎、胃溃疡、外伤、带状疱疹、阴户肿痛、霉菌性阴道炎等症，以及动物羊口疮、乳房炎等疾病。

【贮藏】置阴凉干燥处。

【附方】

治牙痛、咽喉痛：红茂草49，水煎，加白糖适量服（《陕西中草药》）。

治睾丸癣、妇女阴户肿痛：红茂草、蒲公英、艾叶、全葱各适量，水煎洗（《陕西中草药》）。

治老鼠疮、秃疮：红茂草、白杨树花等分，煎成膏药，敷贴疮部（《陕西草药》）。

治秃疮、顽癣：鲜红茂草捣成泥状，敷贴患部（《陕西草药》）。

治牛口疮：红茂草509，车前草1009，煎水喂服（《商洛山区兽用中草药》）。

治兔疥癣：红茂草、苦参各等份，水煎取汁，洗擦患处（陕西商州市畜牧局）。

治羊口疮：红茂草水煎取汁，涂抹患处，每天1～2次，5天痊愈（赵强、王廷璞等）。

治动物瘘管：红茂草水煎取汁，涂抹患处（赵强、王廷璞等）。

（四）滇秃疮花

1.形态特征

滇秃疮花，长达18cm。茎多数，上部分枝，被短柔毛。基生叶狭倒被针形，长6–15cm，宽2～4cm，羽状深裂，裂片4～6对，疏离，裂片间通常圆形，具羽状深裂、浅裂或呈波状，其先端均为圆形、钝或凸尖；具叶柄，长2～5cm。茎生叶长1～3cm，无柄，半抱茎。花3～5朵于茎或分枝顶端组成聚伞状花序；花梗长2～3cm花芽卵形，长0.7～1.3cm萼片宽卵形，长约1cm，无毛，先端渐尖成距，至末端略扩大，连距全长达1.5mm花瓣近圆形，长约1cm，黄色；雄蕊多数，花丝丝状，长约3mm，花药长圆形，开裂后弧曲；

子房狭圆柱形，长约6mm，无毛，密具疣状突起，花柱极短，柱头2裂，直立。种子多数，卵珠形，长约0.5mm，具网纹。花果期3~9月。

2.生境分布

生于海拔1 700~2 800m的草坡，产于滇西北（丽江、鹤庆），四川西部亦产。

3.医疗用途

根或全草供药用，治风火牙痛、咽喉痛、扁桃体炎等症。

（五）伊犁秃疮花

1.形态特征

伊犁秃疮花，草本，株高20~50cm，基生叶多数，轮廓狭倒披针形，长10~15cm，大头羽状深裂，裂片三角形，具不规则的粗齿，茎直立有多个分支，茎生叶圆形抱茎，叶缘有粗齿，枝顶端着花几乎平齐。花黄色，瓣倒卵形。径4~6cm，蒴果线状圆柱形，长20~30cm。基生叶莲座状，长圆形至椭圆形，茎生叶卵圆形至宽卵圆形。花大，单生于茎顶。种子多数，肾形，深褐色。花期4月中旬开始，花期5~6月，果期6~8月。本种果细长，无毛，子房无毛，裂柱头横向伸展，与子房成丁字形，和本属其他种容易区别。

2.生境分布

生于海拔720~900m，分布于新疆地区，北疆多有分布（富蕴、温泉、霍城、尼勒克、新源、乌鲁木齐、阜康等地），乌市周边山坡地多见。

（六）河南秃疮花

1.形态特征

河南秃疮花，草本，高30~80cm。根狭倒圆锥形，长10~38cm，顶端粗约1.2cm。根茎短，基部密被残枯的叶基。茎8~40条，圆柱形，粗0.2~0.4cm，有分枝，疏被白色短柔毛。基生叶较长，叶片大头羽状分裂，裂片疏离，叶柄近基部逐渐扩大成鞘；下部茎生叶倒披针形或狭倒卵形、叶片长8~17cm。宽4~8.5cm，大头羽状分裂，裂片4~6对，对生或互生，上部裂片羽状分裂，下部裂片具不规则粗齿，裂片顶端都具有腺体状尖头，叶片上面灰绿色，具灰白斑，幼时有白色短毛，以后无毛，下面具白粉，疏被白色或短柔毛，主脉阔，侧脉二叉状；叶柄长2~12cm，有翅和鞘；上部茎生叶较小，倒卵圆形或三角状卵形，有柄或无柄，大头羽状深裂或羽状深裂，向上逐渐变小，基部稍抱茎。1~3朵花生于茎顶或分枝上部成聚伞花序；花柄长2~3.5cm，疏被短柔毛。果期无毛，长达8.5cm。尊片2个，绿色，瓢形（长约1.5cm），边缘膜质，先端延长成距，外面被短柔毛；花瓣4个，黄色，卵圆形或倒卵形，长1.5~2.4cm，宽1.5~2.2cm；

雄蕊多数，花丝丝状，长0.5～0.7cm，化药矩圆形，长约1.2mm。最后外卷，花粉三沟型；子房圆柱状，长0.5～o.9cm，密被疣状突起（短毛），花柱较短，柱头头状2裂，长约lmm。蒴果线形，长7～15cm，粗3～4mm，疏被疣状突起、粗糙。种子卵球形，黑色，长约0.9～1ram，具网脉。花期3～5月，果期5～7月，染色体2n-12。

本种与红茂草（秃疮花）相似，但区别在于茎8～40条，高达80cm，下部茎生叶较长达29cm，花瓣长1.2～2.4cm，蒴果线形，长7～15cm，种子0.9～1cm。与伊犁秃疮花的区别在于本种茎较高，花萼外被短柔毛，子房密被疣状突起（短毛），种子卵球形。

2.生境分布

生于海拔200～300m，分布于河南洛阳郊区孙旗屯乡以南、洛河以北的广大丘陵干旱地区。

二、红茂草资源价值及研究利用前景

（一）红茂草药物研究历程

红茂草主产于我国青海、甘肃和陕西地区，且为野生植物，尤以青海东南部、甘肃省陇东南地区、陕西西南部等地分布最为广泛，国外学者对其研究不多，国内研究首先起始于20世纪80年代，1980年陕西李镇等人从该植物中分离出异紫堇碱，这为红茂草化学成分的进一步研究拉开了序幕。紧接着陕西省中医研究所畅行若先后于1981年和1982年对红茂草化学成分进行了研究，从红茂草中提取分离鉴定出：异紫堇碱、原阿片碱、紫堇碱、二十九碳醇等化合物。陕西中医学院雷国莲通过理化特性检验红茂草主要化学成分为生物碱，其总碱含量约为0.36％～0.47％。其后中国科学院兰州化物所于90年代，从红茂草制剂中检测出原阿片碱和异紫堇啡碱。但此后的二十多年时间里，对红茂草化学成分的研究却鲜有报道。2009年赵强、王廷璞等人先后利用指纹识别和TLC检测技术，发现红茂草中含有5种主要生物碱成分，其中异紫堇碱含量较高。2010年赵强、王廷璞等人采用酸性染料比色法，以异紫定堇碱标准品为对照，对红茂草中总生物碱含量进行了测定，从而建立了红茂草中总生物碱含量的检测方法，为该药材的质量控制和评价提供了科学依据。2011年党岩、刘大护等人从红茂草中提取了11种结晶，部分结晶经鉴定分别为秃疮花碱、异紫堇碱、紫堇碱、原阿片碱、别隐品碱、血根碱、清风藤碱等。2012年赵强、王廷璞等人对红茂草挥发油成分做了分析，鉴定出了46个化合物；建立了红茂草生物碱和黄酮类化合物（芦丁）的正交和响应面提取工艺模式；建立了红茂草生物碱冻干工艺；对红茂草生物碱抑菌活性及抑菌机理进行了深入研究；对其系列提取物的抗氧化活性做了系统研究；对其抗炎、抗肿瘤作用及疗效做了较为全面的研究。近年来，在相关领域学者的合作研究下，对红茂草化学成分的分析才取得了一些阶段性的成果。

红茂草药理作用开启于上世纪七八十年代，甘肃省平凉市第一医院脱守文和卢贤昭等用当地野生红茂草治疗人外伤、肺结核和乙型肝炎中治疗效果显著。其后时为甘肃省畜牧兽医研究所的王廷璞研究员将红茂草水煎剂应用于羊口疮的治疗，发现其对"orf病毒"有很好的抑制作用，在甘肃省畜牧兽医研究所相关研究人员的推动下，开始对药用种植红茂草进行了一系列较为系统的药理作用研究。近十年来，随着人员的流动和学术的交流，其研究单位已延伸到新疆、上海、黑龙江等地。逐渐形成了天水师范学院王廷璞研究员，中国科学院西北高原生物研究所赵强博士后，天水师范学院袁毅君教授、董晓宁副教授，兰州大学王勤教授，甘肃农业大学赵海福硕士等参与的科研团队，联合中科院兰州化学物理研究所、甘肃省畜牧兽医研究所和甘肃省中医学院等科研院所，从不同研究方向和领域，对西北地区特色药用植物红茂草资源进行了较为深入的研究与开发。截至目前，国内已有青海、新疆、西藏等地的科研工作者，也在逐渐发现并开始进行红茂草药物的相关研究。

红茂草在《本草纲目》中记载为石长生，是民间习用药材，全草入药，能清热解毒、消肿止痛、杀虫，治疗扁桃腺炎，咽喉痛、淋巴结核（瘰疬、老鼠疮），秃疮，疥癣等症。根据民间用药，提取并分析有效活性成分，制成不同的药物剂型，从免疫学、毒理学、病理学等方面进行了基础研究。结果表明，从红茂草中分离出的异紫堇碱、紫堇碱、原阿片碱等多种生物活性碱，制成的注射液可抑制结核菌生长和orf病毒繁殖；小鼠毒性实验检测其最大致死量为40g/kg体重，LD50为（16.39±0.04）g/kg体重；促进小鼠脾细胞增殖，使T细胞增殖与活化；刺激巨噬细胞活化及细胞因子分泌；诱导并促使IL—2的分泌，增加红细胞免疫功能；对移植性S180肉瘤抑制率达50％以上；对CC14造成的急性肝损伤有明显保护作用；在有效成分分析的基础上建立了红茂草生物碱实验室提取工艺及指纹检测技术，提出了质量检验规程。进行了抑菌实验和生物活性测定：红茂草生物碱对几种常见细菌的IC50分别为：大肠埃希氏杆菌0.1807mg/mL、金黄色葡萄球菌0.1407mg/mL、枯草杆菌0.1407mg/mL、粪肠球菌0.2605mg/mL，证明红茂草生物碱具有明显的抑菌活性。对红茂草不同生长期不同器官中生物碱的含量进行分析检测，确定了生药采集的最佳时期为盛花期。因此，红茂草生物碱可用于治疗各种伤口和开放性创伤，并对其生理药理作用机理进行深入研究。

红茂草是一种亟待开发的新药物资源，有着广阔的开发应用前景和巨大的社会经济效益。异紫堇碱具有毒性，其在心血管系统具有广泛的药理作用，有明显的镇痛、镇静、缓解内脏和平滑肌痉挛等作用。其扩血管及心脏作用与抑制受体中介的钙释放和钙内流，进而抑制去甲肾上腺素（NA）引起的心肌细胞$[Ca^{2+}]$升高，达到抑制血管收缩的作用，但不是典型的钙拮抗剂。4~10mol/L异紫堇碱可明显抑制PGF2a诱导心肌细胞肥大，细胞明显缩小，肿胀减轻，改善器官微循环、抗心律失常、减慢心率等作用；[1]原阿片碱具有松弛平滑肌、抗血小板聚集、抗心率失常等作用，可以抑制受体中介的钙内和流钙释放来松弛动脉平滑肌。红茂草具有止咳、平喘、杀菌、抗肿瘤和活血通络，行气止痛的功效，可用于治疗中风偏瘫，跌扑损伤，风湿性关节炎，坐骨神经痛等疾病，红茂草生物碱具有明显的生物活性和药理学活性，是红茂草中的主要有效成分，其含量高低直接影响药材的质量与疗效。目前国内对红茂草的研究主要还是集中在对其生物碱的生物和药理活性方面。

（二）红茂草主要药理作用

1.对心肌和免疫系统作用

卢贤昭等研究证明红茂草素注射液对小鼠脾、胞的吞噬功能；低剂量红茂草素注射液（0.2g/kg）具有促进红细胞免疫黏附的作用；小鼠腹腔连续注射不同剂量的红茂草素注射液10d后：能明显促进脾细胞分泌IL-2，且无剂量依赖关系。而5g/kg、1.0g/kg能使血清溶血素含量升高。陈正山等用不同浓度剂量的红茂草制剂实验组，对小鼠腹腔巨噬细胞的吞噬功能、溶菌酶活力和·O_2^-等进行体内外测定，实验结果表明，体外50~100mg/mL红茂草制剂实验组能产生比对照组高的·O_2^-，而体内以1.0g/kg作用效果最显著；红茂草制剂实验组在体内外均能激活PMΦ中，并显著提高其吞噬能力；红茂草制剂实验组在体内外对PM西溶菌酶水平和小鼠血清溶菌酶含量均有显著的作用。张兴旺用红茂革注射液对地塞米松（DEX，o.8mg/kg）造成免疫功能低下小鼠进行小鼠血清溶血素、小鼠血清溶菌酶活性、小鼠巨噬细胞吞噬功能和小鼠脾指数和胸腺指数的测定，实验结果显示，腹腔注射地塞米松可使小鼠血清溶血素水平明显降低；100mg/mL红茂草注射液可显著提高小鼠血清溶血素水平；腹腔注射地塞米松可明显提高小鼠血清

[1] 赵祁，韩寅，杜字平等.秃疮花提取物对红细胞氧化性溶血的抑制机制［J］.兰州大学学报：医学版，2006，32（03）：41.

溶菌酶活力，100mg/mL红茂草注射液可显著提高小鼠血清溶菌酶活力；腹腔注射地塞米松可使小鼠巨噬细胞碳粒廓清功能明显降低，100mg/mL红茂草注射液可显著提高小鼠单核巨噬细胞碳粒廓清功能；腹腔注射地塞米松可提高小鼠器官指数，100mg/mL红茂草注射液可显著提高小鼠脾指数和胸腺指数。将28d龄Balb/c小鼠60只，分成4组，实验组每天分别ip 4mg/mL、20mg/mL、100mg/mL的红茂草内用制剂（0.2mL/每只）；对照组每天分别ip生理盐水（0.2mL/每只）。各组连续注射7d后，用流式细胞仪和ELIsA试剂盒测定小鼠T淋巴细胞的CD_4^+和CD_8^+及小鼠淋巴细胞48h培养上清液中的IL-4和IFN-γ的浓度。实验结果表明，小鼠腹腔注射红茂草内用制剂7d后，小鼠淋巴细胞CD_4^+才数量明显下降，小鼠淋巴细胞CD_8^+才数量也明显下降；其中4mg/mL注射组CD_4^+数量明显下降最多，loomg/mL注射组CD_8^+声数量下降最多。分离红茂草内用制剂处理的小鼠淋巴细胞，用ConA刺激，5%CO_2、37℃培养48h后，小鼠淋巴细胞CD_4^+产数量增多，小鼠淋巴细胞CD_8^+手数量增减不一；其中20mg/mL注射组CD_4^+才数量增多最大，4mg/mL和20mg/mL注射组CD_8^+手数量下降，但100mg/mL注射组CD_8^+产数量增高；小飘淋巴细胞分泌IL-4和IFN-γ含量均明显增多，其中4~20mg/mL注射组含量最高，100mg/mL注射组IL-4含量和100mg/mL注射组IFN-γ含量增量较低。实验结果提示，红茂草内用制剂处理7d后，CD_4^+/CD_8^+才数量的倒置是小鼠在高免疫水平下的调节时期；红茂草内用制剂处理的小鼠T淋巴细胞用conA刺激后，CD_4^+产数量增多，CD_8^+才数量下降，能分泌高水平的IL-4和IFN-γ，能提高小鼠的细胞免疫和体液免疫水平；说明红茂草内用制剂处理7d小鼠T淋巴细胞功能正常，红茂草内用制剂对小鼠免疫系统没有不良影响；从IFN-γ分泌高水平远高于IL-4水平，提示红茂草内用制剂对细胞免疫调节的作用更大；同时也提示高剂量组对免疫调节的作用差一些。实验结果表明，红茂草内用制剂对小鼠T淋巴细胞有明显的调节功能，能提高小鼠的细胞免疫和体液免疫水平。

红茂草注射液能提高实验性免疫功能低小鼠的免疫能力，显著提高机体非特异性免疫、特异性体液免疫等，可作为免疫增强剂。巨噬细胞（PMΦ）是免疫应答中一类十分活跃的细胞，它在非特异性免疫、体液免疫以及肿瘤免疫等方面起着重要作用，红茂草提取物可诱导PM西活化并提高其免疫功能。异紫堇碱、原阿片碱对小鼠腹腔巨噬细胞免疫能力有较强的促进作用。

2.抗菌、抗病毒作用

红茂草具有清热解毒、抗菌消炎的作用。从该植物中提取的有效成分可抑制结核菌的生长，与链霉素、异烟肼相比较，前者在低浓度时也能很好的抑制结核菌的生长。王廷璞等用不同浓度的红茂草注射液分别作用于牛睾丸细胞和羊传染性脓疱（orf）病毒，并回归动物，测定其对正常细胞的毒性和对orf病毒的抑制作用。红茂草在一定浓度范围内对细胞具有毒性作用，可抑制细胞的分裂和繁殖；对orf病毒有较强的抑制和灭活作用，治愈羊口疮及羊痘引起的口腔溃烂10 000余例，产生了良好的经济效益。薛掌林等用不同含量的红茂草注射液对鸡传染性支气管炎病毒（IBV）的H52毒株进行稀释，在鸡胚尿囊中接种传代，测试红茂草注射液对H52毒株的抑制作用，发现红茂草注射液能有效地抑制H52毒株在鸡胚中的增殖，对鸡胚的生长、发育无任何不良影响。红茂草素注射液对小鼠腹腔传代的肿瘤S180细胞具有明显抑制作用，抑瘤率最高可达58.82%。

为研究红茂草生物碱抑菌活性，我们用醇提法辅助超声波破碎法提取红茂草生物碱，超滤后经石英色谱柱层析分离，结晶后对不同细菌进行体外抑菌活性研究，通过对供试菌的最小抑制浓度（MIC）、抑菌率、半数抑菌浓度（IC50）进行测定，LSD法进行统计学多重比较。结果表明，红茂草生物碱对供试菌的MIC分别为：大肠埃希氏杆菌0.22mg/mL、金黄色葡萄球菌0.18mg/mL、枯草杆菌0.18mg/mL、粪肠球菌0.30mg/mL；IC50分别为：大肠埃希氏杆菌0.1807mg/mL、金黄色葡萄球菌0.1407mg/mL、枯草杆菌0.1407mg/mL、粪肠球菌0.2605mg/mL，红茂草生物碱具有明显的抑菌作用。[1]

红茂草具有抑菌和抗病毒作用。赵强博士等用红茂草提取物对大肠杆菌、金黄色葡萄球菌、枯草杆菌、粪肠球菌、奇异变形杆菌进行抑菌实验，实验结果表明，红茂草提取物对大肠杆菌、金黄色葡萄球菌、枯草杆菌、粪肠球菌的半数抑菌浓度（IC50）分别是0.1807mg/mL、0.1407mg/mL、0.1407mg/mL、0.2605mg/mL；奇异变形杆菌在不同浓度的红茂草提取物作用下变化不显著。作者用红茂草水溶性外用制剂对大肠杆菌、葡萄球菌和无乳链球菌进行抑菌实验，实验结果表明，大肠杆菌的IC50=0.98±0.16（含氮量mg/mL）；葡萄球菌的IC50=2.54±0.39（含氮量mg/mL）；链球菌的IC50=1.60±0.34（含氮量mg/mL）。我们用红茂草水溶性外用制剂在兽医临床治疗中对动物外科刨伤、疥癣和瘘管的治愈百分率分别为95.59%、91.43%和85.71%，在治疗过程中发现红茂草水溶性外用制剂不仅对病原微生物有杀灭作用而且对外科创伤、疥癣和瘘管的愈合和组织的修复有促进作用。薛掌林等用含5.0mg/mL、3.3mg/mL、2.5mg/mL、2.0mg/mL、1.7mg/mL（红茂草干草粉质量/制剂最终体积）的红茂草制剂鸡

---

[1] 董晓宁，赵强，杨明. 秃疮花生物碱的提取与体外抑菌研究 [J]. 中兽医学杂志，2010，02：6–11.

传染性支气管炎病毒（IBV）H52尿囊病毒液进行10倍之稀释，将10d龄SPF鸡胚70枚，分为7组，每组10枚，药物对照组接种5mg/mL红茂草的稀释液各0.2mL，阳性对照组接种1：10稀释的IBV H52毒液各0.2mL，其他各组分别接种不同浓度红茂草制剂稀释的病毒液各0.2mL，用红细胞凝集实验测定病毒效价，对每个对鸡传染性支气管炎H52进行抑制实验，研究结果显示，红茂草制剂能抑制H52毒株在鸡胚中的增殖，有效浓度为2.5～5mg/mL。王廷璞等将平凉地区医院（现为甘肃省平凉市第一人民医院）免疫室制备的红茂草制剂，依次做22、23、24、25、26、27、28倍稀释，各取4.5mL于试管中，每管加入9代羊传染性脓疱病毒HCE毒株（TCID50为105·769）0.5mL，4℃作用6h，同时设立细胞对照和病毒对照。然后加于生长4d的犊牛睾丸单层细胞上，每个稀释度各加4个细胞管，逐日观察记录，直至病毒对照细胞全部产生CPE为止。重复本实验3次，对羊传染性脓疱病毒进行抑制实验，实验结果显示，在接种细胞后72h观察，病毒对照瓶细胞全部产生病变，正常对照细胞没有发生病变，28倍红茂草制剂稀释瓶细胞几乎全部产生病变；27倍红茂草制剂稀释瓶约有70%细胞发生病变，26倍红茂草制剂稀释瓶细胞的病变细胞在50%以下，25倍红茂草制剂稀释的细胞有脱落的趋势，两瓶有20%左右的病变，另两瓶没有病变，24稀释瓶细胞脱落趋势更明显，但没有产生病变；23和22的细胞瓶细胞全部脱落；用24倍红茂草制剂稀释病毒液接种正常健康羊股内侧，股内侧正常无病变，用25和26倍红茂草制剂稀释病毒液接种正常健康羊4d内出现红肿、水泡，至6d时出现脓疱，未经治疗，很快痊愈，而接种病毒的对照羊，则出现典型的水泡和脓疱病变，至10d经治疗后才痊愈。专家以红茂草内用制剂（含氮量0.55%）的0.2mL为1个单位，对鸡ND病毒和鸡传染性支气管炎H52病毒进行抑制实验，实验结果表明，在18～36倍稀释的红茂草内用应用制剂对鸡ND病毒和对鸡传染性支气管炎H52病毒抑制效果最好，浓度过高或过低对病毒抑制效果都不好。专家以红茂草内用制剂和外用制剂对GPV和CPDV进行抑制实验，实验结果表明，红茂草外用制剂对GPV和CPDV的半数抑制浓度是8.8mg/mL和5.4mg/mL；红茂草内用制剂对GPV和CPDV的半数抑制浓度是1.omg/mL和0.6mg/mL，说明红茂草内用制剂和红茂草外用制剂的化学成分和作用机理可能不同。

3.抗肿瘤作用

陈正山等将昆明小鼠分为生理盐水组、20mg/kg环磷酰胺组、0.5g/kg红茂草组、1.0g/妇红茂草组、2.0g/kg红茂草组。每只小鼠右腋下接种5×106细胞/mL浓度的荷S180肉瘤细胞悬液0.2mL，24h后，生理盐水组腹腔注射0.2mL/d生理盐水，环磷酰胺组腹腔注射0.2mL/d、20mg/始环磷酰胺，其余各组腹腔注射相应剂量红茂草0.2mL/d，连续10d后，用微循环仪测定实体瘤的平均血管孔径和平均血流速率；取出肿瘤、脾脏和胸腺称重，测定抑瘤率、脾指数和胸腺指数；用中性红法测定腹腔巨噬细胞的吞噬功能。实体瘤的平均血管孔径和平均血流速率测定实验结果表明，20mg/kg环磷酰胺组对实体瘤的平均血管孔径和平均血流速率没有影响，3个红茂草组对实体瘤的平均血管孔径和平均血流速率均有一定程度的抑制，特别是1.0g/蛣红茂草组，它的平均血管孔径和平均血流速率是对照组的45.30％和61.13％；抑瘤率、脾指数和胸腺指数和腹腔巨噬细胞的吞噬功能测定实验结果表明，20mg/始环磷酰胺组、0.5g/kg红茂草组、1.0g/kg红茂草组、2.0g/kg红茂草组的抑瘤率分别是54.62％、16.47％、40.96％、43.78％；红茂草组不同程度提高荷瘤小鼠脾指数和胸腺指数腹腔和巨噬细胞的吞噬功能。[1]

　　龚艳妮等将昆明小鼠分为生理盐水组、0.75g/h卡介苗组、0.2g/妇红茂草组、1.0g/妇红茂草组、5.0g/奴红茂草组。每只小鼠右腋下接种1×10^7细胞/mL浓度的荷S180肉瘤细胞悬液0.2mL、24h后，生理盐水组腹腔注射0.2mL/d生理盐水，卡介苗组腹腔注射0.2mL/d卡介苗，其余各组腹腔注射相应剂量红茂草0.2mL/d，连续10d后，测定抑瘤率、脾指数和胸腺指数、测定荷S180肉瘤小鼠红细胞受体和红细胞免疫复合物花环率、用四甲基偶氮唑盐比色法测定红茂草对小鼠脾脏和胸腺淋巴细胞、腹腔巨噬细胞的增殖、外周血NK细胞和体内IL-2的活性、用鸡红细胞半体内法观察红茂草对小鼠腹腔巨噬细胞吞噬功能的影响、用溶血素法测定红茂草对小鼠血清19水平的影响。抑瘤率、脾指数和胸腺指数测定实验结果表明，1.0g/kg红茂草组荷瘤小鼠的脾指数和胸腺指数均高于生理盐水组，但低于卡介苗组水平；5.0g/kg红茂草组脾指数和胸腺指数均下降；0.2g/kg红茂草组荷瘤小鼠的脾指数和胸腺指数与生理盐水组差异不显著。荷s180肉瘤小鼠红细胞受体和红细胞免疫复合物花环率测定实验结果表明，0.2g/kg和1.0g/kg剂量的红茂草组荷瘤小鼠的红细胞花环率和红细胞免疫复合物花环率均高于生理盐水组，其中0.2g/kg的红茂革效果最为显著，但5.0g/kg剂量的红茂草组荷瘤小鼠的红细胞花环率和红细胞免疫复合物花环率低于生理盐水组。对荷瘤小鼠脾脏、胸腺淋巴细胞及外周血细胞的影响测定实验结果表明，红茂草可显著促进荷瘤小鼠胸腺和脾脏淋巴细胞的增殖，随剂量增加增殖增高，但均未达到卡介苗组水平；红茂草可增强外周血细胞的杀伤活性，其杀伤率随剂

---

[1] 马志宏.红茂草水提取物腹腔注射对小鼠半数致死量的测定[J].畜牧兽医杂志，2010。29（05）：13-15.

量而增加。对荷瘤小鼠腹腔巨噬细胞功能的影响测定实验结果表明，红茂草可促进荷瘤小鼠腹腔巨噬细胞的吞噬功能，剂量在1.0g/kg时，吞噬百分率高于卡介苗组，但剂量在5.0g/kg时，吞噬百分率和吞噬指数均有所下降。对荷瘤小鼠IgG水平和IL-2活性的影响测定实验结果表明，红茂草制剂可显著提高荷瘤小鼠IgG血清水平，高于生理盐水组与卡介苗组，在1.0g/kg剂量时，效果显著；红茂草能提高荷瘤小鼠IL-2的活性，但各组间无剂量效应关系。

4.对肝损伤的保护和抗溶血作用

红茂草提取物对小鼠实验性肝损伤有保护作用，对化学试剂诱发的溶血有一定的抑制作用。毛爱红、张昱等对实验小鼠灌胃或腹腔注射不同剂量的红茂草制剂，连续10d后，腹腔注射CC14、卡介苗（BCG）和脂多糖（LPS）造成急性肝损伤，16h后测定血清谷丙转氨酶（ALT）、谷草转氨酶（AST）、乳酸脱氢酶（LDH）和肝组织匀浆中脂质过氧化产物丙二醛（MDA）、超氧化物歧化酶（SOD）、谷胱甘肽过氧化物酶（GSH-Px）活性，并用组织病理学方法检查肝组织状况，结果显示，不同剂量的红茂草提取物治疗组小鼠血清谷丙转氨酶（ALT）、谷草转氨酶（AST）、乳酸脱氢酶（LDH）活性及肝组织匀浆中脂质过氧化产物丙二醛（MDA）含量均低于模型组，肝组织中超氧化物歧化酶（SOD）、谷胱甘肽过氧化物酶（GSH-Px）活性显著升高；病理切片表明红茂草作用后肝组织损伤不同程度地减轻，其中剂量为2.og/kg时，肝组织的损伤程度较轻。赵祈等以H202诱导体外鼠红细胞发生氧化性溶血，以乙酰苯肼引发小鼠体内溶血性贫血，观察不同浓度或剂量红茂草对鼠红细胞溶血率、细胞形态、小鼠体内红细胞、白细胞数量，血红蛋白含量，血浆丙二醛含量，以及红细胞内各种抗氧化酶活性的影响，结果显示，红茂草提取物对H202诱导的鼠红细胞溶血的抑制率可达78%。小鼠腹腔注射红茂草提取物后，与模型组比较，红细胞数目增加，血红蛋白含量提高，白细胞数目减少，血浆丙二醛含量降低，四项指标均接近正常组。

5.对淋巴结核及结核病所致创伤及炎症的治疗

卢贤昭研究红茂草对结核病及其所致创伤有良好的治愈作用，接受治疗的颈、背部淋巴结核患者156例，骨结核及其窦道和引起的脓性溃疡患者23例。患者在常规化疗基础上肌注红茂草素注射液，伤口用红茂草浸膏引流条填塞治疗，治愈疗效100%。用红茂草共治疗不同类型的肺结核患者78例，其中肺门淋巴结核11例，浸润型肺结核39例，慢性纤维空洞型肺结核18例，慢性血行播散型5饲，结核性胸膜炎5例。经治疗3~6个月后，痊愈32例，显效26例，好转15例，无效5例，疗效最好者是肺门淋巴结核和结核性胸膜炎的患者，痊愈和显效为100%；其次为浸润性肺结核的患者，痊愈和显效31例，占79.5%，疗效最差者为慢性纤维空洞性肺结核。

6.毒性

红茂草主要成分为：异紫堇碱。白屈菜红碱和血根碱也有一定毒性，但其在全草中的含量较少。给小鼠腹腔注射红茂草素注射液，其最大致死剂量为40g/kg，LD50为（16.39±0.04）g/kg，证明红茂草注射液安全，低毒。

（三）近年来红茂草药物资源研究成果

近年来，国内对红茂草药物在毒理学、免疫学、病理学、药理学及临床疗效等方面，以及红茂草微观结构、植物学分类、成分分析均进行了不少有价值的研究。1998年陕西省中医药研究院沈雅琴将从红茂草中提取的异紫堇碱作用于减少蓖麻油或番泻叶致小鼠腹泻，发现其能很好地抑制小鼠墨水胃肠推进运动，能制二甲苯导致的小鼠耳壳肿胀和组胺导致的大鼠皮肤毛细血管通透性增高，有很好的抗炎作用。1998年王廷璞将红茂草运用于对羊传染性脓疱病毒（orf）的治疗，发现其水提物在在一定浓度范围内对orf细胞具有毒性作用，可抑制该细胞的分裂与繁殖；对orf病毒有较强的抑制和灭活作用，且对传染性脓疱有显著的治疗作用。2001年陈正山将红茂革注射液作用于小鼠腹腔巨噬细胞，观察其对免疫功能的影响，发现红茂草注射液不仅可以活化巨噬细胞，而且还可以提高其免疫功能。2004年薛掌林将红茂草注射液作用于鸡传染性支气管炎病毒（IBV），发现其但对鸡传染性支气管炎病毒具有一定的抑制作用，还可以杀灭鸡传染性支气管炎病毒，并对鸡胚的发育无任何不良影响。2004年毛爱红将红茂草提取物作用于小鼠免疫性肝损伤的保护，发现其对脂多糖（LPS）和卡介苗（BCG）诱导的小鼠免疫性肝损伤，具有很好的保护作用。2004年张昱将从红茂草中提取的有效成分作用于小鼠CCl4肝损伤的保护，发现其可显著降低因CC14而引起的血清碱性磷酸酶（ALP）、谷丙转氨酶（ALT）、乳酸脱氢酶（LDH）、谷草转氨酶（AST）和肝脏丙二醛（MDA）水平的升高，并可以维持血清超氧化物歧化酶（SOD）水平，从而改善使肝组织的病理变化。2006年赵祁将红茂草提取物作用于红细胞氧化性溶血的抑制，发现其在小鼠体内外可分别抑制由乙酰苯肼和H2O2引发的小鼠红细胞氧化性溶血，且效果显著。2006年张兴旺将红茂草注射液作用于免疫低下小鼠，以研究其对小鼠免疫功能的影响，发现红茂草注射液可以明显的增强实验性免疫功能低下小鼠的免疫力，可以提高特异性体液免疫和机体非特异免疫。2007年刘明久对野生红茂草种子特性进行研究，发现野生红茂草种子发芽迟缓且无明显发芽高峰，可能与野生植物自身对外界环境条件的适应有关。2008年毛爱红将红茂草提取物作用于CC14诱导的小鼠急性肝损伤，发现其对CC14诱导的小鼠急性肝损伤具有很好的保护作用，其作用机制可能与红茂草抗自由基活性和抑制抗氧化酶活性有一定关系。2008年赵强将红茂草中提取的生物碱作用于对大肠杆菌、金黄色葡萄球菌、枯草杆菌和粪肠球菌，测定其最小抑菌浓度和半数抑菌浓度，发现红茂草生物碱对这4种供试菌有显著地抑制作用。2007朱荣对红茂草在Zn、Cd、Cu和Pb胁迫下的耐性和富集特征进行了研究，发现红茂草对Cd和Zn具有较强的耐性和富集能力，对Cu和Pb具有较弱的耐性和富集能力。2008年王廷璞对不同生长期不同器官红茂草中生物碱含量的动态变化进行研究，发现红茂草初花期生物碱含量最高，可达为6.14%，采收最佳，对其进行了人工种植驯化及大面积推广种植。2008年王廷璞对红茂草生物碱提取方法及指纹检测技术进行了研究，醇溶法适合于工业化生产，生物碱提取含量为1.83%和3.33%，薄层层析法可作为红茂草提取物中生物碱的质量控制方法，该方法重现性好、准确度高。2008年龚艳妮将红茂草制剂作用于荷瘤小鼠以观察对其免疫功能的影响，发现红茂草能通过调节小鼠机体免疫功能，从而抑制S180肉瘤细胞的增殖，从免疫学角度探讨红茂草抑制肿瘤的作用机制。2008年石慧珍对红茂草种子萌发特性进行了研究，发现红茂草种子萌发速率随温度升高增大，在25℃时萌发速率最大。2009年苟想珍凯采用氏定氮法测定红茂草提取物中的氮含量，发现红茂草中的蛋白氮含量较低，为0.2281%。2010年赵强利用醇提法提取红茂草中生物碱，并对其进行TLC检测，建立了红茂草生物碱TLC检测技术，发现以V95%乙醇:V冰乙酸2:V水:v浓氨水（15：0.5：2.5：o.5）为展开系统，分离效果最好。2010年施海燕对温度、pH值、营养条件影响红茂草种子萌发率进行了研究，发现在23℃、pH=6.0、0.3%KH2P04条件下，红茂草种子萌发率可达76.02%。2010年赵强将红茂草浓缩液经石英色谱柱层析分离，作用于金黄色葡萄球菌、大肠埃希氏杆菌、粪肠球菌、枯草杆菌等供试菌，其抑菌效果显著。2010年马志宏将红茂草水提取物腹腔注射于实验小鼠，测定出小鼠半数致死量LD50为1 777.5mg/kg。2010年陈荃利用光学显微镜技术对红茂草营养器官进行显微结构观察，发现红茂革根的次生结构中有大量孔径不同的导管，但薄壁细胞数量较少；红茂草茎的维管束分散排列在基本组织中，皮层内有分泌腔分布，叶片上下表面均有大量表皮毛分布，叶肉组织中有1～2层的栅栏组织，中脉横切面上有三个靠得很近的维管束。2011李岩采用DNA条形码技术，对新疆伊犁地区红茂草基因条形码及系统发生关系进行了研究，测序获得的rbcL和matK基因序列长度分别为539bp和700bp，用最大简约法构建了基于rbcL和matK序列的系统树，发现伊犁红茂草聚在罂粟亚科中，与荷青花属、金罂粟属、海罂粟属亲缘关系较近。2011年赵强以异紫定堇碱为标准品，利用酸性染料比色法测定红茂草中总生物碱含量，发现红茂草中总生物碱含量为1.386％。2011年刘大护对红茂草生物碱类化学成分进行了研究，从红茂草中分离鉴定出11个异喹啉类生物碱。2011年党岩对红茂草水溶性制剂的毒性进行了研究，发现红茂草水溶性制剂对动物皮肤无毒、无刺激；对犊小鼠、鸡胚、牛睾丸细胞和的LD50分别为1 776.20mg/kg、0.70mg/kg和0.43mg/kg。2012年赵强对红茂革生物碱进行正交提取工艺，并建立优化了相关工艺模式，将提取物作用于羟自由基和超氧自由基，以测定其清除自由基能力。2012年李一婧对红茂草种子萌发及组织培养最佳条件进行研究，发现茂草种子在石英砂基质中萌发效果好，其叶片是诱导愈伤组织形成的最佳外植体。2012年赵强利用响应面法，优化建立了红茂草生物碱提取工艺，并对提取物的抑菌活性进行了研究，发现红茂草生物碱最佳提取工艺条件为：乙醇浓度65％、超声时间35min、液料15mL/g、回流时间2.5h，此工艺下红茂草生物碱含量为9.33％；提取物对绿脓杆菌、大肠埃希氏杆菌、白色念珠菌的最小抑菌浓度分别为0.35mg/mL、o.20mg/mL、0.15mg/mL，透射电镜观察其抑菌效果显著。

（四）目前取得的阶段性成果

1.红茂草药物资源的保护、利用与开发

红茂草在青海省东南地区、甘陕交界的秦岭南北、渭河流域资源分布十分丰富，是一种亟待开发的新药物资源，有广阔的开发应用前景和巨大的社会经济效益。近年来课题组先后申报完成甘肃省科技厅科研资助项目"红茂革新药资源开发和临床应用研究''（N0.06-1-23）、甘肃省跨世纪学术带头人和甘肃省"555创新人才工程"科研基金资助项目"红茂草生物碱分离工艺与规范化种植研究"（N0.2003167）、天水师范学院科研基金资助项目"地方药材红茂草提取物与规范化种植研究"（NO.TSB1015）、甘肃省中医药管理局资助项目"红茂草生物碱临床抗炎机制与新药开发研究"（NO.GZK-2010-20）、2010年国家人社部出国留学人员基金项目"红茂草生物碱临床抗炎机制与毒理研究"、2013年国家自然基金项目（31360603）、2014年中国博士后科学基金支持，力争对红茂草生物碱临床抗炎机制与新药开发能有一个较为全面而深入的研究，全面推动我国西北地区红茂革新药开发产业的进一步发展。目前主要已完成的阶段性成果有以下几个方面。

（1）红茂草人工栽培及植物核型研究

采用调查研究与实验研究相结合，室内测试分析与室外观察相结合，实验设计与统计分析相结合的技术路线开展工作，将红茂草这种野生药用资源进行人工驯化栽培研究。并在此基础上肯定了红茂草人工栽培的可能性和利用价值。但是将一种野生植物变为人工栽培的植物，并提出其规范化种植（GAP）规程，研究结果显然不便做出科学的定论。因此，有关红茂草规范化栽培技术规程尚须在进一步深入系统研究的基础上制定。对红茂草规范化种植进行实验，发现其发芽率随种子储藏时间迅速下降，播种期以每年8月底至9月初最佳，播种量5g/m2，播种深度0.5cm，播种后土壤浇水3cm出苗整齐度最好，盛花期及时采收入药。并据此制定出规范化种植规程，在不同地理条件和不同农户试种120多亩，每亩可产红茂草干草500kg，为工业化生产的原料来源打下了基础。

红茂草的染色体类型主要为中部着丝点染色体和近中部着丝点染色体，核型属2A型，核型不对称系数接近50%，表现了较强的对称性。据报道，河南红茂草的染色体数目为2n=12，与本种染色体数目一致。其染色体长度变异范围为1.30～2.59μm，与本种相近，均为小染色体。河南红茂草的第一对染色体的短臂上有一次缢痕，并具一较大的随体，本种的第三对染色体的端臂上也具一次缢痕及一较大的随体，河南红茂草的6对染色体中有3对中部着丝点染色体，1对近中部着丝点染色体，核型亦较对称，这些特点均表明红茂草属于比较原始的核型类型。

（2）优化建立了红茂草生物碱及黄酮类化合物（芦丁）提取工艺

采用水溶法和醇溶法结合超声波辅助提取，单因素实验筛选出影响红茂草生物碱提取的主要影响因子，再进行正交实验设计法、响应面优化设计法比较其化学提取工艺，确定最佳工艺参数，以此参数对红茂草中的主要活性成分生物碱进行提取，再经TLc检测、紫外光谱、红外光谱、高效液相色谱检测，发现其与对照品基本一致，从而优化建立红茂草中生物碱的化学提取工艺模式。利用响应面法提取工艺模式，初步建立了一套完整有效的红茂草中黄酮类化合物（芦丁）提取工艺，摸索其与系列金属形成配合物的稳定性及生物活性。建立和完善红茂草生物碱真空冷冻干燥工艺，使其冻干率达到44.26%以上。[1]

（3）提取、分离、鉴定了红茂草生物碱及其他成分

在原有薄层色谱分析、显微镜熔点测定、元素分析、差热/热重综合分析、紫外光谱分析、红外光谱分析、气—质联用分析和高效液相色谱检测的基础上，通过石英色谱柱层析，洗脱剂冲洗，浓缩馏分，经核磁鉴定

[1] 李岩，梁雪，刘斌. 伊犁秃疮花基因条形码及系统发生关系研究 [C]. 2011 年全国系统与进化植物学暨第十届青年学术研讨会论文集 . 昆明，2011。10：139.

其生物碱类别。首次采用CO2超临界萃取法，提取了红茂草挥发油，并用GC—MS法鉴定其化学成分，共鉴定出46个化合物。利用火焰原子吸收光谱对红茂草干草粉末中的Cu、Zn、Fe、Mn、CO、Ni、Cr、Cd、As、K、Na、Ca、Mg、Li、Sr、Al、Pb、Se、Hg 19种微量金属元素进行了测定。

（4）确立了红茂草芦丁提取物对卵磷脂双层膜电化学行为的影响

用玻碳电极支撑的磷脂双层膜（s—BLM）作为生物膜的模型，以Fe（CN）63-4-为探针分子，利用循环伏安与SECM实验研究了红茂草芦丁提取物对磷脂双层膜电化学行为的影响，发现s-BLM与芦丁之间可以发生比较强烈的相互作用，结果使s-BLM的通透性发生变化，探针分子可以通过s-BLM到达电极表面。这种现象的出现可能是由于在芦丁与磷脂双层膜发生作用时引起s-BLM表面分子的排列变化，进而在膜的表面形成不可逆的微孔，而探针分子Fe（CN）63-～4-可以通过这些微孔接近电极，产生氧化还原响应。采用电化学方法研究红茂草中提取的芦丁对卵磷脂双层膜电化学行为的影响，对于进一步了解红茂草药材的生物活性及药物疗效机理有一定的意义。

（5）对红茂草生物学活性及临床作用进行研究

以大肠埃希氏杆菌、金黄色葡萄球菌、枯草杆菌、粪肠球菌、奇异变形杆菌、白色念珠菌和绿脓杆菌等作为实验菌种，进行了细菌生长曲线法、纸片法、最小抑菌浓度、半数杀菌浓度、半数抑菌浓度、抑菌率、透射电镜观察、菌膜通透性和形态测定等实验，研究表明红茂草生物碱具有明显的抑菌活性。将在最佳工艺条件下提取的红茂草生物碱、挥发油、芦丁等，对DPPH、·OH自由基·OH自由基进行清除效果实验，发现红茂草各种成分对自由基均有显著的清除作用。将提取的红茂草生物碱提取液肌肉注射BALB/c小鼠，在不同时间采集小鼠心、肝、脾、肺、肾和注射部位肌肉组织，通过制作切片，用HE染色法进行染色后镜检，未发现典型性病理变化，结果表明红茂草生物碱具有很好的安全性。临床疗效观察，红茂草对分离到的结核分枝杆菌有较强的抑制作用，而这些菌株对异烟肼和链霉素都有不同程度的抗药性，可以在一定程度上能够抑制结核菌的生长繁殖；红茂草对伤口的愈合有促进作用；红茂草对一些慢性疾病都有较好的疗效，可以提高肌体的免疫机能，恢复被抑制或破坏的免疫系统。

2.红茂草研究的展望

（1）建立种苗繁育场所，开展品种改良研究

目前红茂草还没有完全实行人工种植，栽培技术还不十分成熟，还是以野生环境为主，经过长期自然繁殖，野生资源本身是一个混杂群体，产量低，药用品质不稳定。应当选择自然生态条件适合、种植环境符合中

药材规范化生产、具有一定生产水平的地区，利用传统方法现与代生物技术相结合的方式，建立西北地区特色药用植物红茂草种苗繁育基地，筛选出形态特征明显、生长整齐健壮、药用成分含量符合《中华人民共和国药典》要求、遗传性状稳定的栽培种供生产使用。与药材加工企业合作，大力发展符合GAP规范要求的道地药材生产基地。

（2）继续开展红茂草有效成分分析及其深加工研究

在原有红茂草药物资源开发、利用和研究的基础上，加强与省内外相关大专院校和科研单位的联系，开展红茂草植物资源分布的详细普查，细化各地区红茂草有效成分的分析，研究人工栽培与野生种属之间化学成分的异同与变化。并进行深加工研究，以提高该药用植物利用的经济效益。

（3）进一步加强其药理作用研究

目前临床上尚没有一种高效、低毒的抗病毒化学药物出现，中草药直接进行病毒疾病治疗和新药开发都具有广阔的空间。红茂草可清热解毒、消肿止痛、杀虫，对治疗淋巴结核、秃疮疥癣效果明显，其抗病毒作用显著，不论从兽医临床用药，还是人用药物研究方面，红茂草都是很有发展潜力的药物资源。

植物红茂草与其他中草药一样，经历了中药的相似的过程。在长期的临床实验后，近年来开始了对其制剂药效、药理、毒理等动物实验。从上面红茂草制剂研究进展中可以看出，目前应用于临床和实验的红茂草制剂是一种含生物碱和其他成分的多种化学成分的复合制剂。尽管目前红茂草制剂的质量标准还没有规范化，尽管目前红茂草制剂的有效化学成分是什么还不是太清楚，但是有几个方面是清楚的：第一，从红茂草制剂的制作过程到动物体内外的药理作用是复杂的多种化学成分共同作用和交互作用的结果；第二，红茂草制剂具有抗真菌、抗菌、抗病毒、抗肿瘤、抗血小板聚集、保肝、调节免疫等多种药效；第三，红茂草制剂的药效作用与现从中分离到的生物碱有非常相似的药效作用。鉴于上述几点，许多研究者认为红茂草的药物有效成分是生物碱或至少与红茂草中所含的多种生物碱有很大的相关性，同时红茂草制剂的研制者在临床上应用的红茂草制剂是多种化学成分的复合制剂，以避免制剂失去真正的药物有效成分和其多种化学成分的共同作用和交互作用。

红茂草化学成分和制剂的研究仅仅是个开始，它内含的许多化学物质都是目前研究的热点，通过系统的研究和开发使它的药效基础深入挖掘，使祖国传统的中医药在人类疾病防治中发挥其应有的作用。

红茂草对结核病有良好的治愈作用、能提高机体免疫力、对胃溃疡和外科创伤有良好的愈合作用。对其主要成分紫堇碱、异紫堇碱进行纯化，进行抗炎机制研究，对于推进红茂草资源开发，及早应用于临床具有重要的意义。在今后研究工作中，还需进一步加强和开展红茂草生物碱对细胞膜作用的研究、对胃溃疡治疗的研究、对肿瘤细胞作用的研究、对肺结核治疗的研究，从临床实验到作用机理，实现各个方面的突破，为红茂草生物碱临床抗炎机制与新药开发的深入研究奠定基础，从而推动我国西北地区特色药物红茂草开发产业的蓬勃发展。

第六章

观赏植物资源的可持续利用

第一节　观赏植物的起源、分布与演化

观赏植物的起源、分布与演化是观赏植物资源研究的重要内容。了解观赏植物的起源，进而可以了解观赏植物适应的栽培环境和生长规律，对于观赏植物的引种、栽培和应用具有十分重要的指导作用。观赏植物在世界范围内广泛分布，但是不同种类分布的中心不同。了解其分布特点，对观赏植物资源的保护、开发和应用具有指导意义。掌握观赏植物观赏性状的演化规律与传播途径，有利于品种培育和资源挖掘。

一、观赏植物的地理起源

观赏植物的地理起源是指观赏植物地理上的发生区域。迄今为止，已经有数以万计的植物应用于观赏栽培，它们起源的地区各不相同。由于植物总是与其生长的自然环境相适应，而地理位置往往决定其所处自然环境的条件，所以观赏植物的地理起源与其栽培、分布和演化有着密切的关系。了解观赏植物的地理起源，对了解观赏植物的生理生态特性，进而促进其保护、开发和利用，有着重要的意义。

（一）观赏植物起源中心

观赏植物也是随着其他栽培植物的起源发展而逐步发展起来的。由于观赏植物栽培往往是伴随着生产力水平的提高而发展，且在较长时间内应用价值低于食用植物，所以各种起源中心理论中对于纯粹的观赏植物涉及不多，我国南京中山植物园张宇和推测，可能存在以下三个起源中心：

1.中国中心

中国被称为"世界园林之母"，具有丰富的野生观赏植物资源，对观赏植物的引种驯化、繁殖栽培、杂交选育也由来已久。起源于中国的观赏植物包括梅花、牡丹、芍药、菊花、兰花、月季、玫瑰、杜鹃花、山茶花、荷花、桂花、蜡梅、扶桑、海棠花、紫薇、木兰、丁香、萱草等。中国中心经过唐、宋的发展达到鼎盛。从明、清开始，观赏植物的起源中心逐渐向日本、欧洲和美国转移，形成了日本次生中心。

2.西亚中心

西亚是古代巴比伦文明和世界三大宗教的发祥地，起源于此的观赏植物有郁金香、仙客来、秋水仙、风信子、水仙、鸢尾、金鱼草、金盏菊、瓜叶菊、紫罗兰等。西亚中心经过希腊、罗马的发展，逐渐形成了欧洲次生中心，是欧洲花卉发展的肇始。美国也是欧洲次生中心的一部分。

3.中南美中心

当地古老的玛雅文化，孕育了许多草本花卉，如孤挺花、大丽花、万寿菊、百日草等。与中国中心和西亚中心不同的是，中南美中心至今没有得到足够的发展。

（二）我国观赏植物资源分布

我国地域辽阔，有花植物多达近3万种，花卉资源极多，品种纷繁，享有"世界园林之母"的誉称。由于各个区域自然条件差异极大，观赏植物的种类和数量也有巨大的差异，使得我国观赏植物的分布具有明显的地方不平衡性。

1.一、二年生花卉

我国历史上对一、二年生花卉的记载不多，但实际栽培应用比较广泛，也形成了许多原产我国的一二年生花卉。根据对气候的适应性不同，大体可分为两类，即中国气候温暖型和中国气候冷凉型。前者如雏菊 Bellis perennis、翠菊 Callistephus chinensis、紫罗兰 Matthioal incana 等，主要分布于华北和东北南部等地区。而长江以南区域是凤仙花属 Impntiens、报春花属 Primula、石竹属 Dianthus、蜀葵 Althaea rosea、曼陀罗 Datura stramonium "m等喜温花卉的主要分布区。现代引进国外的一些种类，如一串红 Salvia splendens、三色堇 Viola tricolor 等，则在我国大部分地区都可以生长。

2.宿根花卉

我国是宿根花卉的重要分布区域，如起源于我国的菊花，现代分布极广，几乎全国都有栽培。我国也是芍药的起源和栽培中心。[1]我国兰属植物约有30个种，超过全世界的60%，西南地区为集中分布区；春兰、蕙兰分布最广，栽培历史悠久。吉祥草属Reineckia、麦冬属Liriope、万年青属Rohdea、天南星属Acorus、紫金牛属 Ardisia和秋海棠属Begonia等喜温宿根花卉多分布于我国长江以南和西南地区，而比较耐寒的菊属、芍药属、鸢尾属Iris、荷包牡丹Dicentra spectabilis等则集中分布于我国华北及东北南部地区。我国同时也是热带兰花的集中分布区，仅海南就有兰花250余种，其中特有种多达25种。

3.球根花卉

我国为水仙 Narcissus 的次生分布中心，现栽培中心在福建漳州和上海崇明。我国球根花卉野生资源主要分布于黑龙江、吉林、辽宁、山西、甘肃、

[1] 陈俊愉 . 中国花卉品种分类学 . 北京：中国林业出版社，2001.

四川、云南、广西、广东等省。特别是在东北西北部、西藏东南部、四川西南部、云南西北部、新疆北部分布着许多抗性强、观赏价值高的种属。

百合属植物是我国分布很广的球根花卉，北起黑龙江有毛百合Lilium dauricum，西至新疆有新疆百合L.martagon var.pilosiusculum，东南至台湾有台湾百合L.formorsanum。海拔平均在4 500米以上的青藏高原气候寒冷，干旱，辐射强，昼夜温差大，在此分布的球根花卉抗性好，花形漂亮，如尖被百合L.lophophorum、紫斑百合L.nepalense等。长白山区是典型的温带大陆性气候，野生球根花卉资源极为丰富，花色多样，花形奇特，还分布着珍贵的蓝紫色系花卉。主要代表种类有山丹Lilium pumilum和东北百合L.distichum等，还有在海拔1 800米以上高寒地区生长的长白乌头Aconitumtschangbaischanense、高山乌头A.monanthum等。此外，新疆地区蕴藏着优良的郁金香亲本资源，如多花的新疆郁金香Tulipa sinkiangensis、迟花郁金香T.kolpakowskiana，耐旱的柔毛郁金香T.buhseana等。云南、广东、海南等地蕴藏着大量的姜花Hedychium资源。

4.木本观赏植物

我国是许多著名木本花卉植物的起源地和栽培中心。梅花在我国已有3 000多年的栽培史。20世纪90年代以来，以武汉和南京为主要的栽培中心。牡丹在我国也有1500多年的栽培历史，野生牡丹在我国西北、西南及华中部分区域有分布，现栽培中心主要在河南洛阳和山东菏泽。蔷薇属植物是我国另一类非常重要的木本观赏植物，有80余种，以云南、四川、新疆分布最为集中，而栽培品种在全国分布十分广泛。我国杜鹃有600多种，集中分布于云南、四川、西藏等地，占全世界75%。我国也是山茶花的分布和栽培中心，浙江、江西、四川等地有野生种分布，华北和东北是一些耐寒的木本观赏植物如贴梗海棠Chaenomeles speciosa、蜡梅Chimonanthus praecox、丁香属Syringa、冬青属Ilex的主要分布区。此外，松科、柏科、杉科、木兰科Magnoliaceae、杨柳科Salicaceae、樟科Lauraceae和壳斗科Fagaceae中的重要观赏植物，在我国都有较广泛的分布。

5.水生花卉

荷花是我国栽培历史久远的水生花卉。南起海南岛（北纬19°左右），北至黑龙江的富锦（北纬47.3°），东临上海及台湾省，西至天山北麓，除西藏自治区和青海省外，全国大部分地区都有分布。垂直分布可达2 000米，在秦岭和神农架的深山池沼中也可见到。20世纪80年代以来，武汉地区已成为近代荷花品种资源中心和研究中心。睡莲主要分布于我国温暖气候地区，栽培范围也相当广泛，收集栽培中心主要在北京植物园和武汉植物园。其他一些水生花卉如慈姑Sagittaria trifolia、香蒲属Typha、泽泻

Alisma orien—tazP、雨久花Monochoria korsakowii等，也都是分布比较广泛的种。

6.仙人掌科及多浆类植物

海南岛西南部部分地区是一些多浆植物分布或栽培集中的地区，如仙人掌属Opuntia、龙舌兰属Agave、大戟科多浆植物如光棍树Euphorbia tirucalli、佛肚树Jatro-pha podagrica、霸王鞭Euphorbia royleana等；一些景天科多浆植物如佛甲草Sedumlineare、落地生根Bryophyllum pinnatum等，则分布于长江以南的广大区域。

7.观叶植物

君子兰是重要的观叶和观花植物，我国分布广泛，栽培中心则在东北地区，特别是长春。而另一些重要的观叶植物，如天南星科植物、棕榈科植物、龙血树属Dracaena以及观赏蕨类植物，则主要分布于华南地区。

二、观赏植物的演化与传播

观赏植物从野生植物转变为栽培植物后，在人工选择和自然选择的双重压力下，各种性状逐渐发生变化，特别是观赏性状向着符合人类审美观点的方向转化，这就是观赏植物的演化，演化的结果往往是其观赏价值大大提高。这些观赏价值更高的植物，又往往随着人类活动或者自然媒介，向其他地方传播，形成了现代丰富的观赏植物种类和品种。

（一）观赏植物的演化途径

自然条件下，植物一般是按照从低级向高级、从简单到复杂的途径进化的，目前被子植物被认为是最为进化的植物类群。观赏植物大多数为被子植物，但是裸子植物和蕨类植物种类也很多，还有部分的蕨类植物，因此其演化变化的途径比较复杂。此外，观赏植物因为其特殊的观赏价值，在人为选择压力下，其演化途径往往和植物自然的演化方向不一致。[1]由于不同地区、文化、民族、时代等导致的审美观点的差异，人们在观赏植物的选育过程中，对观赏植物的根、茎、叶、花、果等性状的选择往往与自然演化的方向相反，一些在自然条件下可能被淘汰的性状如白化、雄雌蕊瓣化、畸形等，被人为地保留下来，从而影响到观赏植物的演化。

1.野生观赏植物到栽培观赏植物的演化

现有的观赏栽培植物都是起源于野生的观赏植物。根据考古学和古文

---

[1] 曹家树，秦岭．园艺植物种质资源学．北京：中国农业出版社，2006.

学等的研究，一般认为从野生植物到栽培植物的进化要经过采集野生、垃圾场野生、管理野生和驯化栽培的过程。人类从野外采集果实、根茎和幼嫩的茎叶时，把种核、根株扔到栖息地附近，被扔弃的种核、根株遇到适宜的温度、水分、土壤和光照便长出新的植株。久而久之，那些被古人当作垃圾场的地方，成了植物的自然繁殖地。这种无意识的人工繁殖现象称为"垃圾野生"。另一种驯化途径是人类为方便采集野生食物而清除无用植物，保留某些有用植物，即"管理野生"。垃圾野生和管理野生逐渐演变为原始的驯化栽培。

2.栽培观赏植物的演化

花是观赏植物主要的观赏器官，因此栽培观赏植物的演化在花器官上表现最为复杂。野生状态下的观赏植物一般是单瓣，花朵较小，花色单一，育性高。而转化为栽培植物后，往往出现花瓣增多、花径增大、花色变得更加丰富。在这个演化的过程中，自然和人为的杂交、突变和选择起着重要的作用。花器官主要的观赏性状的演化内容及其途径有：

（1）花瓣瓣性演化

即从单瓣演化到复瓣、重瓣的过程。这种演化有着不同的途径：

①积累起源的重瓣花

单瓣花的花瓣数目在一般情况下是固定的，但偶尔也出现增加或减少一两个花瓣的单株，经若干代的人工选择，可使花瓣数目逐代增加，直至形成复、重瓣花。石竹 Dian — thus chinensis，花冠裂片以 5 为基数，偶尔有少于 4% 的植株花冠裂片数量增加的现象，以这些变异株为材料，经过 5 个世代的人工选择，所有后代植株的花瓣都多于 5 个裂片，有些达 8 ～ 9 个裂片。

②营养器官突变起源

由花器官以外的其他营养器官（主要是花苞片）突变成类似花瓣的彩色结构，从而形成重瓣状的花朵，如紫茉莉'二层楼'。重瓣马蹄莲有两层瓣化的佛焰苞片，重瓣一品红和重瓣三角梅有多数瓣化的花苞片。

③花萼瓣化

由花萼彩化、瓣化形成重瓣花类型，如欧洲银莲花、山茶，仙人掌科鹿角柱属植物Echinocereus fendler等。

④雄蕊、雌蕊起源的重瓣花

很多观赏植物的雄雌蕊可演化成花瓣状，从而使花朵瓣数增加，形成复瓣或重瓣花。有时在一些品种的花心部位还可看到尚未完全瓣化的雄蕊，有些花卉品种中雌蕊也会发生瓣化。这种演化途径在一些具有多数雄蕊的观赏植物如蔷薇科海棠、锦葵科扶桑、芍药科牡丹等中很常见。

⑤台阁

由于两朵花着生的节间极度短缩，使花朵叠生，形成花中有花的重瓣类型。这种重瓣花的特点是有两层花蕊，在梅花、牡丹、芍药中较为常见，这种重瓣花的性状常因营养状况而变化，不稳定。

⑥重复起源

重复起源的重瓣花　即套筒花，常见于合瓣花中。从其结构上看，雄蕊、雌蕊及萼片均未发生变化，而花冠则为2～3层呈套筒状。如重瓣类型的曼陀罗、矮牵牛、套筒型映山红、重瓣丁香等。

⑦花序起源

花序起源的重瓣花又称假重瓣（pseudo—doubles），由多朵单瓣的小花组成的花序形成重瓣花。其中最突出的是菊科植物，花序由许多单瓣小花构成，当最外一轮的小花（边花）延伸或扩展成舌状或管状花瓣，其余小花（心花）保持不变，称为单瓣花；在选择的压力下，外轮花瓣的数目可以跃变式增加，即大部分或全部的心花同时瓣化成球型或托桂型，就成为重瓣花。另外，还有一些重瓣扶桑、重瓣丽格海棠等，由于花序轴极度短缩，使得同一花序上的几朵花簇拥到一起，外观上呈现重瓣。[1]

2.花色演化

从进化的角度来讲，植物花色一直处于不断演化中。裸子植物的"花"为绿色，绿色应为最原始的花色。自然情况下，花色的进化是以绿色为起点，向长光波一端进化为黄色到橙色，最后出现红色，向短光波一端进化出蓝色到紫色。较原始植物仅具花色苷所致的红色到紫红色花色，高度进化的被子植物才具蓝色花，因此，玫瑰Rosa rugosa等蔷薇科植物缺乏蓝色花色。从植物花色素的角度来看，花青素是最原始的花色素，天竺葵色素pelargonidin和飞燕草色素（花翠素，delphinidin）应由花青素演化而来，前者主要存在于热带较进化的花中，是花青素丧失突变和减少羟基的结果。后者主要存在于温带较进化的植物内，如报春花科Primulaceae和唇形科Labiatae等，是花青素获得突变和增加羟基的结果；花色素的甲基化也更常出现在较进化的科的植物中。

栽培观赏植物花色的演化途径主要有两种：①杂交后选择，包括自然杂交和人工杂交，许多重要花卉植物的花色变化就来源于此；②基因突变，常为芽变。例如欧阳修所著《洛阳牡丹记》中记载牡丹'潜溪绯'的来历："潜溪绯者，千叶（重瓣）绯花，出于潜溪寺，寺在龙门山后……

---

[1] 陈俊愉.中国农业百科全书.观赏园艺卷.北京：农业出版社，1996.

本是紫花，忽于丛中特出绯者，不过一二朵，明年移在他枝，洛人谓之转枝花。"描述了牡丹紫花变异为绯红色花的现象。吴自牧《梦粱录》和乾隆《浙江通志》等记载："宋高宗南渡建都临安后，曾在德寿宫赏桂。有象山士子史本，见木樨忽变红色，异香，而把接本献上。高宗雅爱之。"则是描述金桂或银桂芽变为红色丹桂的现象。

3.花径演化

一般认为观赏植物的花朵大小是数量性状，所以花朵大小的演化主要是通过选择积累的途径来实现。杂交过程中杂种优势导致的花径增大，通过无性繁殖的方式固定下来后，也是花径演化的另一条途径。此外，倍性的增加，也往往导致花径增大，如菊花中多倍体类型的花径一般比二倍体的大。

除了花器官的演化外，其他观赏性状如色斑、彩叶等，也往往出现在栽培种中，其产生和演化的途径与上述性状类似，基本上是通过杂交、基因突变等方式实现的。

（二）观赏植物的传播途径

自然情况下，植物为了保证本物种的繁衍，必须具有一定数量并具备一定范围的领地。为了扩大自己的种群范围，植物进化出了各种自然传播方式，如利用风、水、动物等进行传播。观赏植物也有自己各种特定的传播方式，如很多热带兰的种子极微小，可以被风带到几十甚至几百上千公里之外传播；椰子利用其果实漂浮的性能，可以通过海洋进行长距离的传播；凤仙花果实具有弹射的功能，能将种子弹射出十几米远的距离等。这些自然的传播方式，促进了植物资源的交流，对于保证植物的生存发展有重要的意义。

观赏植物被引种驯化为栽培植物后，人类的活动大大加快了其传播的速度和范围。随着人类的进化，民族间的贸易往来、战争、宗教活动以及其他种种的人类活动，使得被驯化后的观赏植物等栽培植物得以传播。导致观赏植物传播的人类行为大致有以下几种：

1.文明扩张

文明发达的地区或国家在向外扩张的同时，很自然地将熟悉的栽培植物扩展到自己势力范围之类，是观赏植物传播的一个重要途径。例如古罗马帝国将它所拥有的栽培植物带到了英格兰和北欧各地。中国元朝时期，来自蒙古的王公贵族在自己府邸中种植来自草原的草种，形成了我国草坪栽培应用的雏形。欧洲人在发现美洲后，向美洲大量移民，同时也带去了大量欧洲植物。

2.特权赏玩

观赏植物作为一类用来观赏游玩的植物种类，往往为古代特权阶层所追逐炫耀。历代帝王一般都会建立皇家园林即所谓的"御花园"搜罗各种珍奇花卉植物，供自己观赏游玩。其他王公贵族也大都建有类似的私家园林。这些花园中往往有各种珍奇植物，相当于古代的植物园，对于观赏植物的收集和传播，起着重要的作用。例如春秋时期吴王夫差曾建梧桐园，园中遍植奇树异草，而汉代《西京杂记》记载汉武帝上林苑中种植名木2 000余种，堪称中国古代最早的植物园。

3.民间花会

观赏植物由于具有优美的姿态、动人的颜色、迷人的香气，或者蕴涵着特定的文化含义，为社会各各阶层的人们所喜爱。中国人民自古都有因季赏花的风俗，春赏玉兰牡丹，夏观紫薇荷花，秋品菊花红叶，冬鉴梅花蜡梅，在这些观赏活动中，人群聚集，往往形成民间的花卉聚集交流的盛会如海南岛海口市府城的"换花节"。而国外很多国家或地区也有举行花卉展示集会。在这些民间的花卉交流活动中，往往伴随着花卉种类的广泛传播。

4.商贾贸易

不同国家和地区间的贸易交流，也是观赏植物传播的重要途径。著名的陆上丝绸之路，就是联系中国和欧洲的主要陆上交通要道，它翻过秦岭，穿越中亚沙漠，经黑海或小亚细亚，直达欧洲；而海上丝绸之路源于广州或泉州，经东南亚，沿印度洋、红海等到达欧洲。通过丝绸之路，引进了大量西亚和欧洲的植物，而中国的桑、桃、杏等也传播到西方。这些植物中有许多就具有观赏价值。[1]

5.使节往来

古时不同国家之间使节往来比较频繁，往往会携带当地有特色的种子或繁殖材料作为交往的礼物，从而促进了植物的交流。

6.近现代引种

观赏植物的大规模交流，还是主要源于有目的地引种。特别是对早期菊花、月季等的引种，以及19世纪、20世纪对中国观赏植物大规模的引种，对丰富西方园林起到了至关重要的作用，因而中国被誉为"世界园林之母"。鸦片战争前后，在北京活动的法国传教士汤执中（P.D Incarville）向欧洲传出了荷包牡丹Dicentra spectabilis、苏铁Cycas revoluta、翠菊

---

[1] 戴宝合.野生植物资源学（第二版）.北京：中国农业大学出版社，2003.

Calllistephus chinensis以及紫堇属植物。进入20世纪后，许多西方学者在中国西南山区、长江三峡区域、西藏等地考察，发现和引种了许多新的观赏植物资源。新中国成立以后，特别是改革开放以来，我国也从国外引进大量的观赏植物，如大量一、二年生花卉、香石竹、凤梨科观赏植物、竹芋科观赏植物、赫蕉类花卉以及菊花、月季等传统名花的新品种等。

观赏植物的地理起源是指观赏植物地理上的发生区域。众多学者提出了不同的栽培植物地理起源中心论，但均认为中国是重要的中心之一。观赏植物栽培起源有中国、西亚和中南美洲三个中心。根据原产地的气候特点，可以将世界野生观赏植物划分为七个气候分布型。我国观赏植物资源十分丰富，不同类型的观赏植物分布区域有较大的差异。观赏植物的起源可能有杂交选择、基因突变、倍性变化、嫁接杂种和综合性起源等不同的起源方式。文明扩张、特权赏玩、民间花会、商贾贸易、使节往来、近现代引种等促进花卉得以在世界范围内传播。

第二节　影响观赏植物生长的主要生态因子

在观赏植物种质资源研究方法中生态学方面的研究内容常见的有物候期观察、气象因子、土壤因子以及人类活动的影响分析等。

一、气象因子的影响分析

影响植物种质资源起源及其分布最主要的气象因子是温度、光照和水分等。

首先，温度对植物的重要性在于植物体的所有生理活动、代谢反应都必须在一定的温度条件下才能进行。在一定的温度范围内，随着温度的升高，植物体的生理生化反应加快，生长发育加快；反之，温度降低，其生理生化反应变慢，生长发育迟缓。温度对植物的生态作用按照温度变化的规律而言，可分为节律性变温（一年的四季变化，一天的昼夜变化）和非节律性变温（极端温度）两个方面，特别是极端高低温值、升降温速度和高低温持续时间，对植物都有极大的影响。此外，地球表面的温度条件还随着海拔的升高和纬度的北移（北半球）而降低，随海拔的降低和纬度的南移而升高。因此，根据观赏园艺植物种质资源立地环境的温度调查，可以推测出其整个生育周期对温度的要求。此外，植物需要在一定的温度数以上才能开始生长发育，同时植物也需要有一定的温度总量才能完成其生活周期，所以在农业生产中引入了积温的概念。根据苗情和天气预报，就能根据积温预估植物各发育阶段的来临日期，以及在临界期内是否会遇到不良气候条件，从而便于事前采取相应的措施。但由于积温没有考虑到生物学极限温度对植物生长发育的影响，有其自身的局限性，应用时需要特别注意。

其次，光照对植物种质资源的起源、分布和生长发育具有决定性的影响。光是太阳的辐射能以电磁波的形式，投射到地球表面上的辐射线，地球上所有的生命都是靠来自太阳辐射并经生物圈的能量流来维持的。光对植物的生态作用是由光照强度、日照长度、光谱成分的对比关系构成的，它们各自有着时间和空间的变化规律，随着不同的地理条件和不同的时间而发生变化，因此光能在地球表面上的分布是不均匀的。不同地区的植物长期生活在具有一定光照条件的生境中，就形成了相应的生物学特性和发育规律，在生长发育过程中要求特定的光照条件。

最后，水是植物生存的极重要的因子，它通过不同的形态、量和持续时间等三方面的变化对植物起作用。其中不同形态指水的三种状态（固态、液态和气态）；量是指降水量的多少和大气湿度的高低；持续时间是指降水、干旱、淹水等的持续时间。上述三方面的变化对植物的生长、发育、生理生化活动产生极其重要的生态作用，进而影响产品的品质和产量。水分对植物生长也有一个最高、最适、最低（量）的三基点。低于最低点，植物就会萎蔫、停止生长、甚至枯死；高于最高点，根系缺氧、引起植物的窒息、烂根；只有处在最适的范围内，才能维持水分的平衡，以保证植物有最优的水分生长条件。

二、土壤因子的影响分析

土壤是岩石圈表面能够生长植物的疏松表层，是陆地植物生活的基质，它提供植物生活所必需的矿物质元素和水分，是生态系统中物质与能量交换的重要场所；同时，它本身又是生态系统中生物部分和无机环境部分相互作用的产物。经过长期的研究，人们逐渐认识到土壤肥力是土壤物理、化学、生物等性质的综合反映，这些基本性质都能通过直接或间接的途径影响植物的生长发育。要提高土壤的肥力，就必须使土壤同时具有良好的物理性质（土壤质地、结构、容量、孔隙度等）、化学性质（土壤酸度、有机质、矿质元素）和生物性质（土壤中的动物、植物、微生物等）。

在不同的土壤上生长的植物由于长期生活在那里，因而对该种土壤产生了一系列的适应特性，形成各种以土壤为主导因子的植物生态类型。例如，根据植物对土壤酸度的反应，可以把植物划分为酸性土植物、中性土植物和碱性土植物；根据植物对土壤中过量盐类的适应特点不同，又可划分为聚盐性植物、泌盐性植物和不透盐性植物。

三、人类活动的影响分析

人类的进化与生态环境密切相关，人类为了从自然界获取自己生存和发展所必需的物质财富，总是不断地同自然界进行顽强的斗争，对自然资源进行开发和利用，不断地进行一系列不同规模不同类型的活动，包括农、林、渔、牧、矿、工、商、交通、观光和各种工程建设等。把人为因子从生物因子中分离出来是为了强调人的作用的特殊性和重要性。人类活动对自然界的影响越来越大和越来越带有全球性，人类加以开垦、搬运和堆积的速度已经逐渐等于自然地质作用的速度，对生物圈和生态系改造有时也会超过了自然生物作用规模。分布在地球各地的生物都直接或间接受到人类活动的巨大影响。人类活动已成为地球上一项巨大的营力，迅速而剧烈地改变着自然界，反过来又影响到自身的福祉。

人类本来就是自然的一个组成部分，近几百年来人类社会非理性超速发展，已经使人类活动成了影响地球上各圈层自然环境稳定的主导负面因子。联合国在伦敦公布的一份研究报告称，过去50年间世界人口的持续增加和经济活动的不断扩展对地球生态系统造成了巨大压力，严重影响了国际社会为削减贫困和抵抗疾病所做的努力。人类活动已给地球上60%的草地、森林、农耕地、河流和湖泊带来了消极影响。近几十年中，地球上1/5的珊瑚和1/3的红树林遭到破坏，动物和植物多样性迅速降低，1/3的物种濒临灭绝。另外，疾病、洪水和火灾的发生也更为频繁，空气中的二氧化碳浓度不断上升。这一切无不给人类敲响了警钟，人类必须善待自然，对自己的发展和活动有所控制，人与自然才能和谐发展。

第三节　观赏植物在景观设计中的应用

一、观赏植物在云南西双版纳的应用

云南热带地区在古生代（5.7亿年前）以前属于康滇隆块的组成部分，

为古代生物的生息繁衍场所。随着喜马拉雅造山运动，古地中海的消失，经历了"沧海桑田"的特殊地质历史变迁。古老的地质历史，特殊的地理位置，南北向的地形地貌和复杂的自然环境，造就了云南西双版纳热带丰富的生物资源。

西双版纳的植物区系属于古热带植物区系，并与东南亚热带植物区系有极密切的关系。热带性显著，如具有丰富的龙脑香科（Dipterocarpaceae）、四数木科（Tetrameleaceae）、肉豆蔻科（Myristicaeae）、藤黄科（Guttiferae）、棕榈科（Palmae）、山榄科（Sapotaceae）等植物。由于西双版纳具有热带北缘的性质，植物区系中含有许多南亚热带的成分，如山毛榉科、樟科、山茶科等。根据热带植物的原生性和生态适应性，云南西双版纳热带植被主要为热带季节性雨林（Tropical seasonal rain forest）和热带季雨林（Tropical monsoon forest）两大类型。

（一）热带季节性雨林

这是一类具有热带低地雨林（lowland rain forest）特征的热带植被。它们一般分布在800～900m以下的山涧沟谷、盆地阶地、浅丘及石灰岩的山地上。有些地方由于水湿条件较好，也可分布至1 100 m的小溪的两侧。这类热带植被在气候的影响下具有明显的季节性变化，在上层树种中混有少数的落叶树种，因而可以认为它是东南亚热带雨林延伸到本区的一个地理变型。按照它们在本区分布的地形、水湿条件、群落的结构及成分，又可划分为：（1）湿性季节性雨林（Wet tropical seasonal rain forest）。主要分布在湿润的沟谷两侧的下部，盆地附近的阶地。林下阴湿，群落高度一般在30～40m，最高可达70m。植物成分最复杂，在2 500m²的样方中一般有高等植物120种左右，上层中有少量的落叶树种，优势群落有望天树（Parashorea chinensis）、版纳青梅（Vatica xishuangbannaensis）、千果榄仁（Terminalia myriocarpa）、绒毛番龙眼（Pomentia tomentosa）、常绿刺桐（Erythrina lithosperma）、老挝天料木（Homalium laoticum）等。（2）干性季节性雨林（Dry tropical seasonal rain forest）。主要分布在低海拔丘陵、山地的下部及河谷盆地两侧的阶地。这类植被立地的水湿条件比前者较次。旱季时林内较干燥，群落的高度一般在25～30m。植物成分比较复杂，在2500m²的样方中一般有高等植物110种左右，上层中有少量的落叶树种。在本区中，这类植被很难找到单优势的植物群落类型，通常是以见血封喉（Antiaris toxicaria）、麻楝（Chukrasia tabularis）、白颜树（Gironniera subaequalia）、常绿臭椿（Ailanthus fordii）、盆架树（Winchia calophylla）等，为多优势的各种群落类型。（3）石灰岩季节性雨林（Limestone tropical seasonal rain forest）。主要分布在勐腊县境内的二叠纪的石灰岩山上，在海拔800～900m以下的地方。上有森林，下有"石林"。林内溶岩裸露，土层很薄，有时仅见于岩石间及石缝中，土壤过度排水，林内干燥，因而不仅上层中有一定成分的落叶树种，而且中下层也有一些落叶树的成分。由于较干燥，加上林内石灰岩林立，植物成分的复杂性不如湿性及干性季节雨林，在2500m2的样方中，高等植物一般100种以下。这类植被常有以四数木（Tetrameles nudifloya）、油朴（Celtis wightii）、嘉榄（Garuga floribunda var.gamblei）、闭花木（Cleistanthus sumatranus）、半枫荷（Ptpraspermum lanceaefolium）为多优势的各种群落类型。

（二）热带季雨林

热带季雨林主要分布在宽阔的河谷、台地，这些地方水湿条件比较差。有些因地势平缓，多被开垦为农田，很难找到大片完整的森林。这些地方在冬季半年受干暖季风的影响较大，植被以落叶树种为主，生长呈明显的季节性变化。由于立地条件及代表树种不同，又可划分为：（1）河谷季雨林（Valley tropical monsoon forest）。这一类型分布在宽广的河谷地带，由于土壤缺乏流水灌溉而尚未被开垦成农田的地方尚零星地存在着此类季雨林。上层树种几乎由落叶树种组成，如木棉（Bombax malabarica）、毛紫薇（Lagerstroemia tomentosa）、劲直刺桐（Erythrina stricta）、重阳木（Bischofia javanica）、酸枣（Spondias pinnata）等。（2）河岸季雨林（Bank tropical monsoon forest）。这一类型分布在河岸两侧的狭长地带，这一带在若干年中常被河水短期淹没，是河谷季雨林与河滩灌木林的过渡地带。此类季雨林常以东京枫杨（Pterocarya tonkinensis）为主，也有木棉、八角枫（Alangium chinensis）、黄果朴（Celtis bodinieri）及大叶合欢（Albizzia meyeri）等落叶树种。（3）河滩灌木林（Beach tropical shrub forest）。这一类型分布在河岸季雨林的下部，近河边的砂质河漫滩及砂石滩上。这些地方雨季时几乎全部被水淹没，干季时才露出水面。这是在周期性的淹水条件下所形成的特殊的植被类型。其主要成分都是耐水淹没和冲刷的灌木，多年生草本植物，如水杨柳（Homonoia riparia）、甜根草（Saccharum spontaneum）、水竹蒲桃（Syzygium fluviatile）等。

二、观赏植物在台湾的应用

台湾位于欧亚大陆东南缘的海洋中，地处热带北部和亚热带南部；是中国最大的岛屿，也是受季风气候强烈影响的地区之一。热量丰富，雨量充沛，干湿季明显，具有非常丰富的岛屿和山区植物资源多样性。种子植物约有186科，1 201属，3 656种，包括热带属742属，温带属346属，其中绝大部分都可用于观赏。

　　台湾南都的恒春半岛位于地球热带的北界，植被带生境非常复杂，类型多样。特殊的生境条件，构成特有的植被类型，包括：①东半部分布有榕属和重阳木等落叶树为主的平地季雨林；②西半部分布有山地季风常绿阔叶林；③以棋盘脚树（Berringtonia asiatica）和莲叶桐（Hernandia Ovigera）为优势的热带海岸林；④高位珊瑚礁群落；⑤珊瑚礁海岸群落。这些群落体现了恒春半岛的植被群落的热带属性。丰富的热带花卉资源给台湾带来机遇和强大的动力，目前观赏植物达4 000多种，是亚洲著名的天然植物园。适宜的自然地理条件为台湾花卉产业发展奠定了良好的基础。20世纪80年代以来，台湾大量培植各种用于观光、制作菜肴、配制饮料和精深加工等不同用途的花卉和种苗，取得了巨大的成功。花卉业的发展不仅带动出口增长，同时促进了岛内观光、休闲农业的发展。

三、观赏植物在海南岛的应用

　　海南岛植物资源丰富，素有"热带植物宝库"之称。拥有热带植物4 500余种，花卉种质资源近1 000种，其中野生种约500种。乔木花卉如美丽梧桐（Firmiana pulcherrima）、毛萼紫薇（Lagerstroemia balansae）、南亚杜鹃（Rhododendron klossii）、木荷（Schima superba）、银珠（Peltophorum tonkinense）、刺桐、长叶木兰（Magnolia paenetalauma）、槟榔、鱼尾葵等，灌木花卉如海南杜鹃、映山红、虎舌红（Ardisa mamillata）、钝叶紫金牛（A.obtusa）、华南苏铁（Cycas rumphii）等，藤本花卉如羊蹄藤、海南鹿角藤（Chonemorpha splendens）、鱼黄草（Merremiahederacea）、大花翼萼藤（Porana spectabilis var. megalantha）等，草本花卉如铜锤玉带草（Pratia nummularia）、狭叶钩粉草（Pseuderanthemum couderci）、扭序花（Clinacanthus nutans）、钟花草（Codonacanthus pauciflorus）等。[1]

　　海南岛热带植被类型大致可分为以下六种类型：

　　（1）高山矮林。分布在海拔1 000m以上，但随各主要山岭海拔不同而有差异，如五指山的山顶矮林分布于海拔1 500m以上，尖峰岭则在1 000m以上。在海拔较高的山顶地段，由于风力强劲，土壤瘠薄，不利于林木生

---

[1] 邢福武，曾庆文，陈红锋等.中国景观植物（上下册）.武汉：华中科技大学出版社，2009.

长，在这种特殊的环境下形成高山矮林，植物区系成分和森林结构简单，乔木仅一层，多矮小，分枝多，弯曲而密集，叶片革质较厚，且多被毛，并具旱生结构，为小型叶或中型叶。在海拔较高处，由于空气湿度较大，地表、树干和树枝上常有许多苔藓植物，因此山顶矮林又称为苔藓林、高山云雾林。

（2）山地常绿针、阔叶混交林。分布在琼中山地的上部，海拔1000～1500m，树种复杂，密度很大。面积不大，除了常绿阔叶树种以壳斗科、樟科、山茶科和金缕梅科等为优势，针叶树有陆均松、海南油杉和海南五针松等。

（3）山地雨林。主要分布于中山区低海拔的山坡上，垂直分布带的下限约为海拔500m左右，上限约为1 000～1 100m。海南山地雨林是一个混合的、没有分化的原始森林。林层结构与低山雨林相似，特点是没有茎花植物、层间植物较少以及缺少坡垒（Hopeahainanensis）等龙脑香科植物。主要分布在吊罗山、五指山、尖峰岭、黎母岭和霸王岭等林区的山地。

（4）低地雨林。雨林外貌高大、茂密而终年常绿，是热带低海拔地区的典型植被类型。分布海拔一般在500m以下，林内阴暗潮湿。层间植物丰富，林层结构达6层之多；林内茎花植物多，如大果榕（Ficus auriculata）；有热带指示植物龙脑香科植物，伴有野荔枝（Litchi chinensis）和母生（Homalium hainanense）等。

（5）季雨林。为低山雨林和山地雨林过渡带，海拔600～800m。海南的热带季雨林包括：①常绿季雨林如东方峨贤岭地区；②落叶季雨林如海南岛西部霸王岭国家级自然保护区。根据地貌类型，可分河溪两侧的河滩林和山涧谷地的沟谷雨林。

（6）滨海台地，石灰岩、火山岩地区。火山岩地区的植被为禾本科杂草和灌丛。东方峨贤岭为我国分布最南端的喀斯特地貌地区，保亭毛感乡仙安石林为新发现的针状石林。

第四节　观赏植物种质资源原生境保护与可持续利用

对观赏植物来说，其相应的野生种的保护是开展种质资源保护的关键和核心。野生种为栽培和观赏提供直接或间接的种系来源。但是，野生种在长期的引种驯化过程中遭受了极为严重的破坏，如在我国兰科兰属的春兰、蕙兰等在最近100多年的商业化操纵模式下，野外种群锐减，目前，其至在其主要的分布区如云南等省已很难觅到芳踪。

一、原生境保护主要理论

原生境保护的主要理论是基于原生境保护动因的讨论而形成的。原生境保护的理论主要包括生物多样性、群体遗传平衡与变异进化理论、最小种群理论、岛屿生物学四个方面。

（一）生物多样性

生物多样性通常指全部物种的所有遗传变异以及完整的生物群落和各式各样的生态系统。一般分为三个层次：物种多样性、遗传多样性、生态系统多样性。

1.物种多样性

指地球上的所有生物（包括从原生生物到多细胞生物、植物、动物在内的所有生命体）的多样性。为了确定物种多样性的高低程度，生态学家和保护生物学家已经建立了在不同尺度上定量测量多样性的方法。

a多样性：即物种丰富度，指群落内的物种总数。

y多样性：一个大的范围内其生态系统中所有物种的总数，具有更广地理范围适应性。比如海洋范围内的物种数。

β多样性：一个大区域内的物种组成沿环境梯度的变化程度，是将a多样性和y多样性结合起来而形成的描述多样性测度的指标。

这些定量指数对于全球范围内的物种分布及区域划分具有重要的理论价值，在强调保护某地区的物种时也是非常有用的。

2.遗传多样性

广义的遗传多样性是指地球上所有生物所携带的遗传信息的总和。但一般所指的遗传多样性是指种内的遗传多样性，即种内个体之间或一个群体内不同个体的遗传变异总和。由于一个物种的稳定性和进化潜力依赖其遗传多样性，而物种的经济和生态价值也依赖其特有的基因组成，因此遗传多样性是生物多样性的核心，保护生物多样性最终是要保护其遗传多样性。

遗传多样性不仅包括遗传变异高低，也包括遗传变异分布格局，即居群的遗传结构。一个居群遗传多样性越高或遗传变异越丰富，对环境变化的适应能力就越强，越容易扩展其分布范围和开拓新的环境。理论推导和大量实验证据表明，生物居群中遗传变异的大小与其进化速率成正比，因此对遗传多样性的研究可以揭示物种或居群的进化历史，也能为进一步分析其进化潜力和未来命运提供重要资料，尤其有助于濒危原因及过程的探讨。了解种内遗传变异的大小、时空分布及其与环境条件的关系，有助于珍稀濒危物种保护策略和措施的制订，如原生境保护或异地保护的选择等等都有赖于对物种遗传多样性的认识。

3.生态系统多样性

指生物与其周围的各种环境因子相互作用而形成的多样化，表现为生态系统结构多样性及生态过程（能流、物流和演替等）的复杂性和多变性。生态系统多样性的保护直接影响全球变化和物种多样性及其遗传多样性。生态系统多样性的测定包括生物群落和生态系统两个水平的多样性。由于生物群落是生态系统的核心部分，因此一般多以群落多样性代替生态系统的多样性。

（二）群体遗传平衡与进化理论

1.群体遗传平衡

群体是指同类生物群的所有个体的总和。一个群体中所有个体的全部基因称为基因库。在同一个群体内虽然不同个体的基因型可能不同，但群体的基因总是一定的。在孟德尔群体中，每个个体与其他个体以相等的概率进行交配，即随机交配。随机交配的群体标志着各个个体之间的交配是相互独立的。因此，在随机交配的情况下，两个基因型交配的概率等于各自基因型频率的乘积。Hardy-Weinberg平衡定律是指在一个大的随机交配的群体内，如果没有突变、选择和迁移因素的干扰，则基因频率和基因型频率在世代间保持不变。

群体的遗传平衡是有一定条件的。第一，群体大，产生的后代符合孟德尔比例。第二，随机交配，各种基因的配子有同等的结合机会。第三，其他因素如突变、选择迁移等不改变基因频率。

需要指出的是，遗传平衡所讲的群体是理想的群体。严格地讲，在自然界中这样的群体是不存在的，只能有近似于遗传平衡所要求条件的群体。因而在考虑遗传平衡时，也必须考虑影响遗传平衡的因素，如突变、自然选择、遗传漂变和迁移等。

2.进化理论和新种形成

目前有关进化理论主要有以下3种：

（1）拉马克的获得性状遗传说

为了适应生物生长的环境，生物改变旧的器官，或产生新的痕迹器官，以适应这些要求；继续使用这些痕迹器官，使这些器官的体积增大，功能增进，但不用时，可以退化或消失。同时，这些由环境引起的性状改变是可以遗传的。

（2）达尔文的自然选择说

生物个体间存在变异，至少有一部分是由于遗传上的差异。生物体的繁育后代中由于遗传型的不同，对环境的适应能力和程度存在差别；适合度高的个体将留下较多的后代，使群体的遗传组成趋向更高的适合度，这个过程就叫做自然选择。生物居住的环境是多种多样的，并且环境条件也在不断地改变，通过自然选择过程，使群体的遗传组成产生相应的变化，从而形成生物界的众多种类。

（3）木村资生的分子进化中性学说

中性学说认为分子水平上的大量进化变化，如蛋白质和DNA顺序，是通过选择上呈中性或近中性的突变型的随机漂变所造成的。该学说并不否定自然选择在决定适应性进化的过程中的作用，但认为进化中的DNA变化，只有一小部分是适应性的，而大量不在毒型上反映出来的分子替换，对生存和生殖无关轻重，只是随物种随机漂变。

那么，到底物种是如何形成的呢?①变异——物种形成的原始材料，是物种形成的基础。②自然选择——决定物种形成的方向，是物种形成的主导因素。③隔离-使群体分化，达到新种的形成。其中，隔离是物种形成的必要条件。隔离存在着几种不同的形式，主要有：①地理隔离。两个群体占据着不连续的分布区，空间上的隔离阻止着两个群体间个体的交配。②生态隔离。是指由于食物、环境和其他生态条件的差异而发生的隔离。③生殖隔离。是指种群间不能杂交或杂交后代不能生育的现象。包括合子前的生殖隔离（阻止了杂种合子的形成）和合子后的生殖隔离（影响杂种的生活力或生殖力）。在物种形成的过程中，一般先有地理隔离，使不同群体不能相互交配，不能交流NN。这样，在各个隔离的群体中发生各种遗传变异，在自然选择和随机漂变中，这些变异逐渐累积起来，出现了生殖隔离，就完成了物种形成过程中的飞跃。

（三）最小种群理论

1981年Shaffer发表了一篇在生态学中影响甚大的论文，提出了最小存活种群（Min-imum viable population，简称MVP）的概念。有关最小存活种群研究的关键问题是如何确定MVP，这取决于从野外获得数据的可靠程度，根据最小存活种群来估算实际需要维持的种群，需要了解该栖息地的各种生活条件和种群实际情况。目前一些学者常用种群脆弱性分析各种因素对种群生存力的影响，了解和分析种群的数量减少直至灭绝的过程，以确定最小存活种群的数量。

Shaffer把种群灭绝的原因分为两类：确定性的灭绝和随机性的灭绝。目前对种群脆弱性分析集中在对种群的随机性灭绝上。随机性灭绝有4种可能性：①种群统计学的随机性；②遗传学上的随机性；③环境的随机性；④自然灾害的随机性。分析这几个随机因素对种群数量增减的影响，就能够估算出MVP，从而在保护区的建设中维持种群的生存，达到避免物种灭绝的目的。事实上，在物种灭绝的过程中，这四个方面是综合起作用的，因此在估计最小有效种群时，要考虑上述四方面的综合评价。[1]

MVP研究涉及如何保护物种长期生存的核心问题，这对于定量分析种群灭绝风险，维持生物多样性具有重要的意义。但在实践中要估算出MVP的大小是很困难的，因为当种群变得太小，某些随机因素会突然起作用，甚至是决定作用，从而导致大部分个体突然死亡。这就使MVP理论的实际应用遇到了阻力，最小存活种群理论在种群数量和持续时间等方面还需要进一步的定量化研究。然而，在保护区的设计中模拟物种数量的临界阈值，从而确立被保护物种的数量是必不可少的，这对于指导珍稀物种的保护具有很大的应用潜力。

（四）岛屿生物学

生物生存的生境从大陆到湖泊，从海洋到岛屿以及各种自然保护区中小到一棵树的冠层等都是形状、大小、隔离程度不同的岛屿组成。例如湖泊可以看成是陆地海洋中的岛屿，林冠可以认为是森林海洋中的岛屿。岛屿性是生物地理所具备的普遍特征。有理论认为由于新物种的迁入和原来占据岛屿的物种及灭绝物种的组成随时间不断变化，当物种的迁入率和灭绝率相等时岛屿物种的数目趋于达到动态的平衡，即物种的数目相对稳定但物种的组成却不断变化和更新，这就是岛屿生物学理论的核心。

自然保护区和片断化的生态系统都可以看成是大小、形状和隔离程度不同的生境岛屿，因此岛屿生物学理论为生物多样性的保护提供了重要的理论依据。但由于该理论的局限性，仅仅根据岛屿生物地理学理论进行生物多样性的保护是远远不够的。生物的生存除了受物种本身生物学特性的影响外，环境因素、遗传因素和生物之间的相互作用也对生物的分布、繁殖、扩散、迁移、种群调节、适应等具有非常重要的影响。

保护区分类系统是保护区进行组织与信息交流的基础，正逐步被世界各国所普遍接受，此外，联合国国家公园和保护区名录也将此分类系统作为统计世界各国保护区数据的标准结构。1994年出版的世界自然保护联盟

---

[1] 张大勇. 植物生活史进化与繁殖生态学 [M]. 北京：科学出版社，2004.

（IUCN）《保护区管理类型指南》依据主要管理目标将保护区划分为7个类型（严格自然保护区、自然荒野区、国家公园、自然纪念物、生境物种管理区、风景海景保护地、资源管理保护地）。而中国自然保护区分类标准根据自然保护区的主要保护对象将自然保护区划分为6个类型，对于我国自然保护区的发展、规划以及信息统计起到了重要作用。下面主要介绍中国自然保护区的划分：

（1）典型自然生态系统保护区

为保护不同自然地带中具有代表性的保持完好的生态系统而建立的保护区。自然生态系统中与人类关系最密切而且受威胁最大的是森林生态系统，因此这类保护区大多是森林生态保护区。

（2）主要生物物种保护区

这类保护区主要为保护珍贵、稀有、濒危物种及其栖息生境而建的。例如保护大熊猫的四川卧龙保护区，保护兰科植物的广西雅长兰科植物国家级保护区。

（3）森林公园

我国的好多名山大川，如泰山、黄山等，既是自然生态系统、天然林区，具有重要的科研价值，又分布有较多的人文、历史遗迹，是旅游胜地。鉴于森林生态系统是其景观的主体，同时照顾我国群众的称呼习惯命名为森林公园。其主要任务是保护自然生态系统，开展科研、科普教育、旅游观光等。例如张家界国家森林公园。

（4）自然遗产保护区

为保护具有重要意义的自然景观和地质遗迹，在具有特殊科研价值、游览价值的自然遗产地建立的保护区，如浙江新昌硅化木国家地质公园。

（5）山地水源保护区

为保护山地集水区植被和江河中上游或湖泊、水库水源中上游植被建立的保护区。这类保护区以涵养水源为主要目的，也可以进行有控制的林业生产，相当于国际上的"多种经营管理保护区"，如江西鄱阳湖国家级自然保护区。

（6）自然资源保护区

这类保护区可以是单项自然资源的保护地或储备地，如江西省水杉松林禁伐区、伊犁黑蜂自然资源保护区等。同时也可是综合自然资源的整体性保护区，如以保护温带山地生态系统及自然景观为主的长白山自然保护区，以保护亚热带生态系统为主的武夷山自然保护区和保护热带自然生态系统的云南西双版纳自然保护区等。

二、自然保护区的建立和分区

（一）建立自然保护区的条件

建立自然保护区是保护自然资源和生态环境的战略性措施，它的根本目的是达到环境效益和社会效益的统一。要建立自然保护区必须具备如下条件：①典型自然生态系统，或已遭破坏但经保护预期能够恢复的。②珍稀濒危野生物的集中分布区或繁殖区域。③具有重要保护价值的水源涵养地。④具有特殊保护意义的自然风景区。⑤具有特殊保护意义的水域湖泊、沼泽、森林、荒漠等。⑥具有特殊保护价值的地质地貌、地层剖面、岩溶、化石产地火山等重要历史遗迹。⑦其他需要保护的自然区域。

（二）建立自然保护区的程序

1.实地科学考察

组织相关的科研和管理人员对保护区进行实地考察，掌握拟建自然保护区社会经济概况和自然情况，包括主要保护对象的历史追溯和现状，生物资源分类及储量，自然群落分布，自然地理情况，土地利用现状，边界走向及内部结构划分等。

2.编制可行性报告

在调研社会概况和自然地理概况的基础上，根据具体自然保护区主要保护对象依据类型划分原则确定自然保护区类型，并根据主要保护对象、类型和所在地点对保护区进行命名，明确建立自然保护区的可行性评价。

（三）自然保护区的分区

我国的自然保护区内部大多划分成核心区、缓冲区和试验区3个功能区。核心区是保护区内未经或很少经人为干扰过的自然生态系统，或虽然遭受过破坏，但有可能逐步恢复成自然生态系统的地区。该区以保护种源为主，又是取得自然本底信息的所在地，而且还是为保护和监测环境提供评价的来源地。核心区内严禁一切干扰。

缓冲区是指环绕核心区的周围地区。它是试验性和生产性的科研基地，是对各生态系统物质循环和能量流动等进行研究的地区，也是保护区的主要设施基地和教育基地。

试验区位于缓冲区周围，是一个多用途的地区。除了开展与缓冲区相类似的工作外，还包括有一定范围的生产活动，还可有少量居民点和旅游设施。

这是目前我国保护区主要的功能分区方法，实践证明，合理分区和区别管理不仅保护了生物资源，将保护区建成集教育、科研、生产、旅游等多种目的于一体、为社会创造财富的场所。

（四）原生境保护区（点）

1.保护物种的选择

目前需要保护的野生植物很多，但由于受人力、物力和财力的限制，不可能全都进行原生境保护。因此，要选择那些亟需进行原生境保护的物种，实行优先保护，然后逐步扩大。优先保护的物种应是列入《国家重点保护野生植物名录》的国家一级或二级保护的濒危珍稀植物。原生境保护区（点）建立应遵循分批分期建立的原则，对那些濒危状况严重的或具有重大影响的物种，应先期启动。

2.原生境保护区（点）的选择

（1）选择的原则

由于观赏野生植物各物种的地理分布不同，多数物种分布比较广泛，但对植物进行原生境保护的面积是有局限性的，所以必须科学地选择原生境保护区的位置。总的原则是以国家重点保护的野生植物生物多样性和遗传多样性丰富、具有代表性的分布地，作为观赏野生植物原生境保护区（点）。

（2）选择的方法

第一，对拟建立原生境保护区（点）的野生植物进行全面调查，了解地理分布和遗传多样性。第二，根据调查结果和遗传多样性的分析数据，确定该野生植物遗传多样性分布中心。第三，根据该野生植物遗传多样性分布中心，结合当地政府和农民对野生植物保护的意识、科学素养等因素，确定该野生物种保护区（点）的具体地理位置。

（3）野生植物原生境保护区（点）的管理

观赏野生植物原生境保护区（点）的管理，是一项长期而艰巨的任务，需建立固定的管理小组，管理人员必须具有极强的责任心，负责保护区的各项设施日常维护，观察被保护植物的保育情况并建立档案，防止破坏和偷盗保护区设施和被保护植物。同时协助监视和评估保护区周边的环境质量，定期报告保护区的管理情况。

（4）建立野生植物原生境保护区（点）相关保障机制

各观赏野生植物原生境保护区（点）每年将所有的记录资料上报国家林业局保护司，林业局或委托科研单位将上报的资料输入计算机，形成原生境保护区（点）管理数据库，对各原生境保护区和被保护物种的类型、分布、环境、遗传变异、消长情况的数据，以及保护区周边环境的动态监测数据，建立完整的数据库档案予以保存，并分析建立野生植物原生境保护信息网络系统和预警系统。事实上，野生植物原生境保护在中国尚属起步阶段，各方面的规章制度均不健全。虽然国家颁发了《中华人民共和国野生植物保护条例》，但是具体到观赏野生植物原生境保护区管理，还没有制定相关的专项法规。观赏野生植物原生境保护区（点）的建设和管理，是一项长期而艰巨的任务，目前已建的大多数原生境保护区的投资均较少，要达到十分理想的保护效果是很困难的。因此，应加大此方面的资金投入。

（五）生态恢复

生态系统在遭受自然灾害造成损失后，可以通过生态系统的自然演替恢复到原来的群落结构，甚至相似的物种组成。然而，由于人类活动（旅游、过度采挖等）毁坏的生态系统可能已经丧失了自然恢复的能力。因此就要寻求一种生态恢复措施进行生态系统中物种与生境的复原或修整，这些过程就是恢复生态学所关注的问题。

1.生态恢复研究的内涵

有关生态恢复的定义有很多，不同的学者持有的观点各不相同。较有代表性的定义是美国生态学认为生态恢复就是有目的地把一个地方改建成定义明确的、固有的、历史上的生态系统的过程，目的是竭力仿效那种特定生态系统的结构、功能、生物多样性及其变迁过程。

2.生态恢复技术

生态恢复应用的技术主要有生态恢复规划技术（遥感技术RS、地理信息系统GIS、全球定位系统GPS，简称3S技术）及生态恢复工程技术和生态恢复生物技术。在大的空间尺度上，生态恢复研究所需要的许多数据往往是通过遥感手段获得的，而在收集、存贮、提取、转换、显示、分析这些容量庞大的空间数据时，地理信息系统是一个极为有效的计算机工具，因此3S技术是生态系统重要的规划技术。

生态恢复工程技术与生态恢复生物技术有机结合应用于生态恢复，不同类型和不同退化程度的生态系统应选用不同的生态恢复技术。根据生态系统类型的不同，生态恢复技术包括土壤生态恢复技术、湖泊水体生态恢复技术、退化及破坏植被的生态恢复重建技术、水土保持与小流域开发生态恢复技术和自然保护区生态恢复工程与技术，其中自然保护区生态恢复工程与技术是生态恢复中重要的技术手段，自然保护区的建设对濒危物种的保护、对生物多样性保护、对景观和生态系统多样性的保护具有十分重要的意义。

三、观赏植物资源的可持续利用

我国是世界上观赏植物资源多样性最丰富的国家之一，具有悠久的观赏植物栽培与应用的历史，是世界观赏植物文化最发达的国家之一。我国原产的观赏植物种类达12万种，其中有很多是我国特产的优良种类，如全世界200种蔷薇中，我国原产82种；全世界900余种杜鹃花中我国原产的有530种，占60％。但目前我国对野生花卉资源仍以直接利用为主，由于人类干扰和过度采挖，野生植物资源生境萎缩和数量锐减，如兰花、苏铁等花卉资源遭到严重破坏甚至某些种类在野外已经很难发现。

（一）观赏植物资源的再生性与可持续利用

1.观赏植物资源保护存在的主要问题

（1）资源本底不清。对我国原产花卉及观赏植物的具体数目和分布至今没有权威的名录和报告。

（2）重要花卉资源破坏严重。一些经济价值较高的花卉资源遭到严重破坏，如我国兰花在所有产区均受到毁灭性破坏，以四川、云南和贵州等省最为突出。

（3）原产花卉利用率低。我国野生花卉资源开发利用程度极低。目前真正得到开发利用的野生花卉资源种类有限，不足总数的5％，一些珍贵的野生花卉品种还未开发利用。

（4）国产花卉产业化水平低。我国野生花卉应用开发研究工作滞后，在野生花卉种质资源的收集、整理、保存、新品种选育、规模化生产技术应用等方面的研究较少，在人工繁育和产业化技术方面正在起步阶段。

因此，目前在我国可持续利用野生植物资源的思想并没有树立起来，具体表现在三个方面：①经济落后地区因急于脱贫，而滥挖和低价出卖野生植物资源，如一些偏远地区有人把野生兰花以每年10t左右的速度卖到国外。②以"短、平、快"为特征的科技资助政策和急功近利的思想的存在。我国科研人员大量引进原产我国而国外培育的优良品种，而对野生观赏植物的研究不够的情况大量存在。③保护种质资源相关的有效法律、法规仍未健全。

2.观赏植物资源再生性

能够循环使用或在损坏后能够快速恢复的叫做再生资源。植物资源的可再生性是建立在一定生态环境条件下的植物种群的健康发展、持续进化的基础上的。种群的大小、生存力、与其他物种和环境的相互作用关系等都成为影响物种长期发展的决定性因素。要做好观赏植物的可持续保护，应对其可再生1生进行探讨。再生可分为自然再生和人为辅助再生。自然再生是指受自然灾害损伤不是很严重的野生观赏植物种群可通过自身修复更新达到原初水平。人为再生过程是指由于盗采野生观赏植物种群可能已经丧失了自然恢复的能力，要寻求一种生态恢复措施进行修整，以达到过去的状态。我国目前对于观赏植物的人为辅助再生的开展工作较迟缓，主要原因在于各方面资金技术的欠缺，再加上人们对于保护野生观赏植物的认识还不够，使得在保护过程中不能与当地居民协调平衡，使得保护过程比较艰难。

（二）观赏植物资源可持续利用的方法与途径

1.对野生花卉原生境实施就地保护

预计到2020年，在全国范围内新建50～100个野生花卉保护区或保护点，重点区域有长白山区、秦巴山区、冀南太行山区、甘肃南部、青岛崂山、舟山群岛、云南、藏东南和新疆等地，保护重点有兰科植物、苏铁属植物、野生玫瑰、百合科植物，以及山茶、杜鹃、报春花、蕨类、木兰科、蔷薇属、菊属、牡丹、芍药、攀援植物、高山花卉、虎耳草科、毛茛科观赏植物等。

2.加强异地保存设施建设

对于天然群体遗传组成发生较大变化的花卉植物，以及适应性差，对环境、气候等生态条件要求严格的种类，或存在潜在破坏威胁的野生花卉，需要在其群体中收集种子或繁殖材料，并在其原生境附近营建异地保存园（圃）进行集中保存，或建立花卉种质资源库。预计到2015年，建成"国家野生花卉种质资源保存库"，收集保存优良的野生花卉种质资源，并通过人工繁育扩大种群数量，使一些珍贵的野生花卉资源得以长期保存和市场开发。

3.推动国内原产花卉的产业化生产

优先开发具有栽培历史和文化基础并适合大众消费的国内原产花卉种类，因地制宜地发展具有地方特色的野生花卉商业化生产。

4.引种驯化野生花卉

野生花卉多数具有特殊的观赏特性，有些种类的生态适应性广，容易繁殖和栽培，可以直接应用到城市园林绿地中，提高城市绿地的植物多样性。预计到2015年，开发100种野生花卉用于全国城市园林绿化。

5.利用野生花卉基因资源培育新的花卉品种

选择具特别遗传性状的花卉植物作为亲本材料，利用传统育种技术和分子生物学的手段，培育新的优良品种。预计到2015年，挖掘30个优良基因，培育50个优良花卉品种。

6.利用野生花卉资源发展花卉旅游

野生花卉资源群落常形成优美的自然植物景观，可将保护野生花卉资源与花卉观赏旅游结合起来。

观赏植物已成为人们日常生活陶冶情操和文化交流的重要组成部分，但目前其种质资源正在遭受大面积和大尺度的毁坏，对观赏植物种质资源进行原生境保护与可持续利用势在必行从原生境保护的动因、主要理论、保护策略以及相关的国际公约、政策与法规和可持续利用方面阐述了观赏植物原生境保护的迫切性和具体实施方案。观赏植物资源保护方面、可持续性和再生过程等仍需要加大投入和关注。

参考文献

[1]KALEMA H, BUKENYA-ZIRABA R.Patterns of plant diversity in Uganda [J]. Boplogiske Skrifter,2005,55:331-341.

[2] MAY R M.Understanding diversity in the natural world and in higher education[J]. Bulletin ofthe British Ecological Society，1998：8-9.

[3] HAMILTON A C.The Quaternary history of African forests：its relevance to conservation[J]. African Journal of Ecology，1981，19：1-6.

[4] DAVIS.MERLEN G. New introductions and a special law for Galapagos[J]. Aliens，1998，7，10—11.

[5] WWF.The year the world caught fire[R]. WWF，Gland，Switzerland，1997.WANG J，LIU H，HU H，et al.Participatory approach for rapid assessment of plant diversity

[6] through a folk classification system in a tropical rainforest：case study in Xishuangbanna，China[J]. Conservation Biology，2004，18：1139—1142.

[7] GRIFO F，ROSENTHAL J.Biodiversity and human health [M]. Island Press，WashingtonD.C.，USA，1997.

[8] RACKHAM 0.Ancient woodland：its history，vegetation and uses in England.EdwardArnold，London，1980.

[9] CULLY A C，CULLY JR J F，HIEBERT R D.Invasion of exotic plant species in tallgrassprairie fragments[J]. Conservation Biology，2003，17：990.

[10] GEDDES p Cities in Evolution[M]. Williams and Norgate，London，1915.

[11] 张卫东 ，王惠利，吴金山等. 植物学理论及其资源保护研究[M]. 北京：中国原子能出版社，2015.

[12] 李景文，姜英淑，张志翔等. 北京森林植物多样性分布与保护管理[M]. 北京：科学出版社，2012.

[13] 陈芳清，王传华等. 三峡珍稀濒危植物疏花水柏枝的生态保护[M]. 北京：科学出版社，2015.

[14] 宋希强等. 观赏植物种质资源学[M]. 北京：中国建筑工业出版社，2012.

[15] 樊金栓等. 野生植物资源开发与利用[M]. 北京：科学出版社，2013.

[16] 邱英杰等. 辽宁野生动植物和湿地资源保护[M]. 沈阳：辽宁科学技术出版社，2014.

[17] 赵强，王延璞，索有瑞等. 西北野生药用植物红茂草资源的研究与利用[M]. 北京：化学工业出版社，2015.

[18] 赵建成，李敏，梁建萍，李琳.植物学[M]. 北京：科学出版社，2013.

[19] 臧德奎. 观赏植物学[M]. 北京：中国建筑工业出版社，2012.

[20] 赵强，王廷璞，余四九.红茂草生物碱正交提取工艺模式优化及清除自由基作用的研究[J]. 草地学报，2011.08（04）：206-214.

[21] 赵强，王廷璞，余四九等. 红茂草生物碱抑菌活性的测定[J]. 中国兽医科学，2008，38（12）：

[22] 董晓宁，赵强.杨明.秃疮花生物碱的提取与体外抑菌研究[J]. 中兽医学杂志，2010，02：6-11.

[23] 曹家树，秦岭. 园艺植物种质资源学[M]. 北京，中国农业出版社，2006。

[24] 张大勇. 植物生活史进化与繁殖生态学[M]. 北京：科学出版社，2004.

[25] 党岩，马志宏，苟想珍等. 秃疮花水溶性制剂的毒性实验[J]. 动物医学进展，2011，32（12）.